黄河流域水量分配方案优化及综合调度关键技术丛书

黄河流域水资源均衡调控与动态配置

王 煜 彭少明 周翔南 武 见 郑小康 等 著

科学出版社

北 京

内 容 简 介

本书由黄河“八七”分水方案制定与运用评价、流域水资源动态均衡配置原理方法与技术、变化环境下黄河分水方案优化研究三部分构成。书中揭示了基于水-沙-生态多因子的流域水资源动态配置机制，创建了统筹公平与效率的流域水资源均衡调控原理，研发了流域水资源与动态均衡配置方法与模型系统，优化提出了分阶段的分水方案调整建议，为提高流域水资源规划及水量分配工作提供理论指导和技术参考。

本书可作为分水方案制定、水资源配置、水资源规划与管理等方向科研人员和政府部门管理人员的参考用书，也可供水资源方向相关专业研究生参考阅读。

图书在版编目(CIP)数据

黄河流域水资源均衡调控与动态配置 / 王煜等著. —北京：科学出版社，2022. 10

(黄河流域水量分配方案优化及综合调度关键技术丛书)

ISBN 978-7-03-073248-4

Ⅰ. ①黄…　Ⅱ. ①王…　Ⅲ. ①黄河流域-水资源管理-研究　Ⅳ. ①TV213. 4

中国版本图书馆 CIP 数据核字（2022）第 175436 号

责任编辑：王　倩 / 责任校对：郑金红
责任印制：吴兆东 / 封面设计：无极书装

科学出版社 出版
北京东黄城根北街 16 号
邮政编码：100717
http://www.sciencep.com
北京建宏印刷有限公司 印刷
科学出版社发行　各地新华书店经销
*
2022 年 10 月第　一　版　开本：787×1092　1/16
2024 年　3　月第二次印刷　印张：18 1/2
字数：432 000

定价：238. 00 元

（如有印装质量问题，我社负责调换）

“黄河流域水量分配方案优化及综合调度关键技术丛书”编委会

本书编写组

组　长　王　煜

成　员

王　煜　彭少明　武　见　畅建霞　吴泽宁

周翔南　郑小康　尚文绣　明广辉　蒋桂芹

王慧亮　乔　钰　靖　娟　方洪斌　王威浩

李克飞　狄丹阳　王学斌　李小平　严登明

鲁　俊　陈　娜　赵新磊　王林威　贺丽媛

崔长勇　张新海　潘轶敏　葛　雷　牛　晨

总　序

黄河是中华民族的母亲河，也是世界上最难治理的河流之一，水少沙多、水沙关系不协调是其复杂难治的症结所在。新时期黄河水沙关系发生了重大变化，“水少”的矛盾愈来愈突出。2019 年 9 月 18 日，习近平总书记在郑州主持召开座谈会，强调黄河流域生态保护和高质量发展是重大国家战略，明确指出水资源短缺是黄河流域最为突出的矛盾，要求优化水资源配置格局、提升配置效率，推进黄河水资源节约集约利用。1987 年国务院颁布的《黄河可供水量分配方案》（黄河“八七”分水方案）是黄河水资源管理的重要依据，对黄河流域水资源合理利用及节约用水起到了积极的推动作用，尤其是 1999 年黄河水量统一调度以来，实现了黄河干流连续 23 年不断流，支撑了沿黄地区经济社会可持续发展。但是，由于流域水资源情势发生了重大变化：水资源量持续减少、时空分布变异，用水特征和结构变化显著，未来将面临经济发展和水资源短缺的严峻挑战。随着流域水资源供需矛盾激化，如何开展黄河水量分配再优化与多目标统筹精细调度是当前面临的科学问题和实践难题。

为破解上述难题，提升黄河流域水资源管理与调度对环境变化的适应性，2017 年，“十三五”国家重点研发计划设立“黄河流域水量分配方案优化及综合调度关键技术”项目。以黄河勘测规划设计研究院有限公司王煜为首席科学家的研究团队，面向黄河流域生态保护和高质量发展重大国家战略需求，紧扣变化环境下流域水资源演变与科学调控的重大难题，瞄准“变化环境下流域水资源供需演变驱动机制”“缺水流域水资源动态均衡配置理论”“复杂梯级水库群水沙电生态耦合机制与协同控制原理”三大科学问题，经过 4 年的科技攻关，项目取得了多项理论创新和技术突破，创新了统筹效率与公平的缺水流域水资源动态均衡调控理论方法，创建了复杂梯级水库群水沙电生态多维协同调度原理与技术，发展了缺水流域水资源动态均衡配置与协同调度理论和技术体系，显著提升了缺水流域水资源安全保障的科技支撑能力。

项目针对黄河流域水资源特征问题，注重理论和技术的实用性，强化研究对实践的支撑，研究期间项目的主要成果已在黄河流域及临近缺水地区水资源调度管理实践中得到检验，形成了缺水流域水量分配、评价和考核的基础，为深入推进黄河流域生态保护和高质量发展重大国家战略提供了重要的科技支撑。项目统筹当地水、外调水、非常规水等多种水源以及生活、生产、生态用水需求，提出的生态优先、效率公平兼顾的配置理念，制订的流域 2030 年前解决缺水的路线图，为科学配置全流域水资源编制《黄河流域生态保护和高质量发展规划纲要》提供了重要理论支撑。研究提出的黄河“八七”分水方案分阶段调整策略，细化提出的干支流水量分配方案等成果纳入《黄河流域生态保护和高质量发展水安全保障规划》等战略规划，形成了黄河流域水资源配置格局再优化的重要基础。项目研发的黄河水沙电生态多维协同调度系统平台，为黄河水资源管理和调度提供了新一代智能化工具，依托水利部黄河水利委员会黄河水量总调度中心，建成了黄河流域水资源配置与调度示范基地，提升了黄河流域分水方案优化配置和梯级水库群协同调度能力。

项目探索出了一套集广义水资源评价—水资源动态均衡配置—水库群协同调度的全套水资源安全保障技术体系和管理模式，完善了缺水流域水资源科学调控的基础认知与理论方法体系，破解了强约束下流域水资源供需均衡调控与多目标精细化调度的重大难题。“黄河流域水量分配方案优化及综合调度关键技术丛书”是在项目研究成果的基础上，进一步集成、凝练形成的，是一套涵盖机制揭示、理论创新、技术研发和示范应用的学术著作。相信该丛书的出版，将为缺水流域水资源配置和调度提供新的理论、技术和方法，推动水资源及其相关学科的发展进步，支撑黄河流域生态保护和高质量发展重大国家战略的深入推进。

中国工程院院士 王浩

2022 年 4 月

序

黄河流域水资源总量不足、时空分布不均，与经济社会发展格局不匹配。流域水资源供需矛盾尖锐，经济社会缺水与生态用水保障不足并存，是中国水资源问题最为突出的流域之一。自20世纪70年代以来流域用水刚性需求持续增长，水资源供需矛盾日益加剧，黄河下游出现严重断流。1987年国务院颁布的中国大江大河首个分水方案——《黄河可供水量分配方案》（黄河“八七”分水方案），是黄河流域水资源管理和调度的基本依据，对黄河流域水资源有序开发、节约集约利用发挥了积极的推动作用。近年来在气候变化、自然变迁、人类活动等多重因素影响下，黄河天然径流量持续减少，用水需求不断增长，流域供需失衡进一步加剧，亟须创新水资源调控新理论与新方法以适应变化环境带来的新问题与新挑战。为进一步提升变化环境下黄河流域水资源配置的适应性，“十三五”国家重点研发计划项目“黄河流域水量分配方案优化及综合调度关键技术”设置了研究课题“黄河流域水资源均衡调控与动态配置”（2017YFC0404404）。课题聚焦黄河流域水资源科学分配，按照理论研究—技术创建—模型开发—方案优化—示范应用总体思路，创建流域水资源动态均衡配置原理方法与技术，提出了2030年前减少黄河流域缺水10亿~20亿 m^3的路线图，支撑流域水资源优化配置与科学调控。

课题研究经历了4年的联合攻关，在黄河流域水资源动态均衡配置方面开展了深入研究，破解了长期制约变化环境下黄河流域水资源管理与合理配置的重大科学和实践难题，取得了一系列创新成果。一是以流域水资源综合价值为驱动，以用水公平协调性为引导，构建了流域水资源社会福利函数，创建了统筹公平与效率的流域水资源均衡调控原理，开创了缺水流域水资源调控的新途径。二是提出了流域刚性–刚弹性–弹性需水分层分析方法、流域用水公平协调性表征方法以及流域水资源综合价值评估方法，建立了考虑水–沙–生态多因子的流域水资源动态配置机制，创建了流域水资源均衡调控与动态配置技术体系，发展了缺水流域水资源优化配置技术。三是构建了面向环境变化、实现供需联动、体现均衡调控的黄河流域水资源动态均衡配置模型，为黄河水量分配方案优化调整提供新平台，开展变化环境下黄河分水方案多场景优化研究，提出了黄河“八七”分水方案调整多阶段策略与优化建议。

研究成果具有很强的实用性，已在黄河流域水资源管理、规划及工程论证中开展了广泛的应用，取得了显著的社会经济生态效益。研发的配置模型应用于北洛河、无定河、洮河、渭河、伊洛河等支流的分水方案编制，成果得到水利部的批复。提出的水资源均衡配置原理和水资源适应性调控方案等成果为引黄济宁工程、岱海生态应急补水工程、郑州西水东引工程、山东黄水东调应急工程等重大工程论证提供了重要支撑。黄河流域水资源配置方案及优化调整建议已被纳入《黄河“八七”分水方案调整方案制定》《黄河流域生态保护和高质量发展水安全保障规划》等国家重大咨询和规划，成为黄河流域分水方案调整技术分析的重要基础，有力支撑了黄河流域生态保护和高质量发展重大国家战略的深入推进。

该书是在课题研究成果基础上的总结和凝练，包含了水资源系统优化的理论创新、社会福利经济学的方法创新、生态经济学的应用创新，以及黄河流域科学分水的实践创新，开拓了流域水资源复杂巨系统优化调控新方向。该书的出版对于完善变化环境下流域水资源配置理论与方法，提升流域水资源合理分配和科学调控水平具有重要意义，可为水资源规划、管理、工程论证等领域的研究与实践提供重要参考。

王焜

2022 年 6 月

前　　言

黄河是我国西北、华北地区的重要水源，其以占全国2%的径流量承担着全国15%耕地和12%人口的供水任务，同时还承担着向流域外部分地区远距离调水的任务。黄河流域人均河川径流量为473m^3，不足全国平均水平的1/4，是我国水资源极其短缺的地区之一。黄河流域是国家重要能源基地和粮食主产区，自20世纪70年代以来用水刚性需求持续增长，水资源供需矛盾不断加剧，下游频繁断流。

1987年国务院颁布的《黄河可供水量分配方案》（黄河“八七”分水方案）是我国大江大河第一个流域性分水方案，对河道内生态环境用水和河道外经济社会用水进行了平衡与分配，对河道外用水进行了各个行政区域的平衡与分配。该分水方案是黄河流域水资源开发、利用、节约、保护的基本依据，是黄河水量调度与水资源管理的基本依据，是流域治理开发的重要支撑，对于流域国民经济发展规划、水利发展规划、工程建设安排具有重要的指导作用，对于流域经济社会可持续发展、生态环境良性维持具有重要的支撑作用。黄河“八七”分水方案以及之后的调度与管理实践为其他流域水量分配提供了可供借鉴的成功经验。

黄河“八七”分水方案实施三十多年来，对缓解黄河水资源供需矛盾、保障流域供水安全、维持河流基本生态流量等多个方面发挥了重要作用，已经成为黄河流域管理的关键技术支撑。三十多年间，流域经济社会情况以及河流状况发生了诸多新变化，流域水资源面临诸多新形势，黄河流域生态保护和高质量发展上升为重大国家战略，流域水沙条件和水沙调控能力发生显著改变，流域用水特征和用水结构发生变化，流域重大水源条件改变和调节功能增强，等等。变化环境下，流域分水方案如何适应与支撑黄河流域生态保护和高质量发展国家战略新要求？如何优化流域分水方案以更好适应水沙条件、经济社会发展、生态保护需求、工程布局等方面的变化，需要开展系统和深入的研究。

本书是国家重点研发计划项目（项目编号2017YFC0404400）之课题四“黄河流域水资源均衡调控与动态配置”（课题编号2017YFC0404404）的主要成果，王煜为项目首席科学家和课题负责人。本书针对“缺水流域水资源动态均衡配置理论”科学问题，创建基于综合价值与均衡调控的流域水资源动态配置理论，建立变化环境下缺水流域水资源动态均衡配置技术体系，提出适应环境变化的黄河流域水资源动态均衡配置方案和黄河“八七”分水方案优化调整政策性建议。主要内容包括三篇：第一篇是黄河“八七”分水方案制定与运用评价，第二篇是流域水资源动态均衡配置原理方法与技术，第三篇是变化环境下黄河分水方案优化研究。

本书具体撰写分工如下：第 1 章由王煜、彭少明执笔，第 2 章由周翔南、李克飞、赵新磊执笔，第 3 章由郑小康、严登明、崔长勇执笔，第 4 章由方洪斌、周翔南、靖娟执笔，第 5 章由彭少明、蒋桂芹、贺丽媛执笔，第 6 章由王煜、彭少明、靖娟执笔，第 7 章由武见、王威浩执笔，第 8 章由尚文绣、李小平、乔钰、鲁俊执笔，第 9 章由周翔南、武见执笔，第 10 章由武见、明广辉、乔钰、陈娜执笔，第 11 章由畅建霞、牛晨和王学斌执笔，第 12 章由吴泽宁、王慧亮和狄丹阳执笔，第 13 章由周翔南、武见执笔，第 14 章由明广辉、王林威、靖娟执笔，第 15 章由王威浩、周翔南、潘轶敏、葛雷执笔，第 16 章由王煜、周翔南执笔，第 17 章由周翔南、张新海执笔，第 18 章由王煜、彭少明、郑小康执笔。全书由王煜、彭少明、周翔南、武见、郑小康统稿。

在课题研究和本书写作过程中，得到了中国工程院王浩院士、中国科学院刘昌明院士，以及水利部黄河水利委员会副主任薛松贵教授级高级工程师、水利部黄河水利委员会科学技术委员会主任陈效国教授级高级工程师等诸多专家的悉心指导，并得到课题组成员的大力支持和帮助，在此表示衷心的感谢。变化环境下流域水资源管理研究现今仍处于探索阶段，本书研究内容还需要不断充实完善。由于黄河流域水资源均衡调控与动态配置问题具有复杂性，加之作者时间和水平有限，书中难免存在疏漏之处，敬请读者批评指正。

作　者

2021 年 12 月

目　　录

第一篇　黄河“八七”分水方案制定与运用评价

第二篇　流域水资源动态均衡配置原理方法与技术

第三篇　变化环境下黄河分水方案优化研究

第1章　研究目标、内容与技术路线

1.1　研究目标

本书针对“缺水流域水资源动态均衡配置理论”科学问题，创新水资源综合价值评估方法，提出流域水资源均衡调控策略，创建基于综合价值与均衡调控的流域水资源动态配置理论；建立流域水资源供需双侧联动分析方法，研发黄河流域水资源动态均衡配置模型；建立变化环境下缺水流域水资源动态均衡配置技术体系，提出适应环境变化的黄河流域水资源动态均衡配置方案和《黄河可供水量分配方案》（黄河“八七”分水方案）优化调整政策性建议，开展黄河水量动态优化配置的应用示范。

1.2　研究内容

按照理论研究—技术创建—模型开发—方案优化—示范应用总体思路，重点开展4个方面研究：一是流域水资源综合价值评估，二是基于综合价值与均衡调控的流域水资源动态配置理论，三是基于供需双侧联动的黄河流域水资源调控策略研究，四是黄河流域水资源动态均衡配置。

（1）流域水资源综合价值评估

针对黄河流域水资源的特点，研究水资源经济、社会与生态环境服务功能的表现形态，界定水资源的综合价值内涵及构成；提出水资源经济价值核算方法；研究水资源社会价值的体现形式和定量评估方法；研究水资源生态环境价值定量评估方法；研究水资源综合价值的统一度量方法，评估黄河流域水资源的综合价值。

（2）基于综合价值与均衡调控的流域水资源动态配置理论

研究基于综合价值驱动的水资源系统优化方法；分析省际、河段、部门之间用水的竞争性关系，统筹公平与效率，构建流域水资源均衡调控原理；解析资源、经济、社会、生态、环境等子系统的互馈机理和水资源系统的均衡机制，研究子系统协调度的表征方法；创建基于综合价值与均衡调控的流域水资源动态配置理论。

（3）基于供需双侧联动的黄河流域水资源调控策略研究

识别流域层面影响水资源供需的共同因子，建立流域水资源供需双侧联动的分析方法。从供给侧研究非常规水源利用、拦沙挖沙换水、输沙水量年际优化等调控措施；从需求侧研究高效节水、调整产业结构、优化产业布局等调控措施。研究共同因子作用下的流域水资源供需形势，构建流域水资源调控的方案集。

(4) 黄河流域水资源动态均衡配置

耦合流域水资源综合价值和流域五个子系统协调度，研发黄河流域水资源动态均衡配置模型，并研究求解方法；构建黄河流域水资源系统网络图，考虑黄河流域水沙变化、经济社会发展、生态环境演变、工程调控措施等，优化提出适应未来环境变化的黄河流域水资源动态均衡配置方案。开展动态均衡配置方案综合评估，提出黄河“八七”分水方案优化调整建议。

1.3 技术路线

按照理论研究—技术创建—模型开发—方案优化—示范应用总体思路开展研究。

(1) 理论研究

以生态学、社会学、环境学、经济学等基本理论为基础，界定水资源的综合价值内涵及构成，研究水资源经济价值定量核算与社会价值、生态价值评估方法，创建综合价值的概念和分析方法。结合多目标优化理论，研究基于综合价值驱动的水资源系统优化方法。建立流域资源、经济、社会、生态、环境五维协同的均衡度表征方法，统筹公平与效率，创建流域水资源均衡调控原理。以综合价值驱动为基础，集成均衡调控目标、手段、方法、方式，创建缺水流域水资源动态均衡配置理论。

(2) 技术创建

采用计量经济学生产函数理论，研究水资源经济价值核算方法；采用社会学方法，计算水资源在社会保障与社会稳定等方面的社会价值；以生态学理论为基础，计算水资源生态价值；以能值理论为基础，提出基于能值理论的水资源综合价值统一度量方法。基于历史统计资料与统计模拟方法，考虑公平与效率、收益与风险等方面，分析资源、经济、社会、生态、环境等子系统均衡的一致性本质和矛盾性表现，采用系统动力学方法，解析子系统间的互馈机理和水资源系统的均衡机制。采用因子分析或相关分析的方法，识别流域层面影响水资源供需的共同因子；以系统动力学为基础，研究流域供水子系统与用水子系统的耦合机制。基于以上研究，创建基于综合价值与均衡调控的水资源动态均衡配置技术。

(3) 模型开发

考虑资源再生、经济发展、社会公平、生态稳定、环境改善等多目标需求，分析影响系统均衡的变量和约束，研究流域水资源动态配置的目标函数和约束方程。以多目标均衡与优化、水资源综合价值评估、水资源供需联动模拟、交互式决策评价等为核心模块，研发适应环境变化具有时空分析、过程模拟、目标协调功能的黄河流域水资源动态均衡配置模型。考虑水资源配置群决策层次性，采用智能优化算法对模型进行求解。

（4）方案优化与示范应用

考虑黄河流域水沙变化、经济社会发展、生态环境演变、工程调控措施等，构建黄河流域水资源调控的方案集。构建黄河流域水资源系统网络图，应用流域水资源动态配置模型，研究各方案用水与经济、社会、生态环境的效应关系，利用协同学原理和交互式决策技术，研究优化提出适应环境变化的黄河流域水资源动态均衡配置方案。开展动态均衡配置方案综合评估，提出黄河“八七”分水方案优化调整建议，并开展示范应用。

1.4 研究框架

本书研究主要包括三部分：一是黄河“八七”分水方案制定与运用评价，二是流域水资源动态均衡配置原理方法与技术，三是变化环境下黄河分水方案优化研究，见图 1-1。

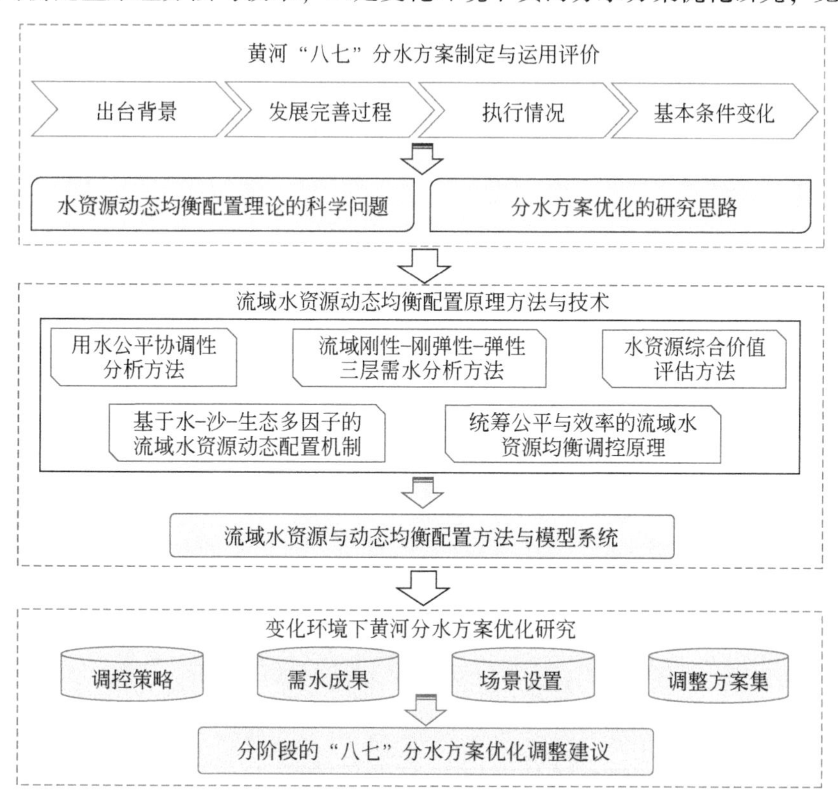

图 1-1 技术路线

黄河“八七”分水方案制定与运用评价，梳理了分水方案出台背景、发展完善过程、执行情况、基本条件变化，在此基础上提出变化环境下缺水流域水资源动态均衡配置理论的科学问题及分水方案优化的研究思路。

流域水资源动态均衡配置原理方法与技术，创建了基于水-沙-生态多因子的流域水资源动态配置机制，构建了统筹公平与效率的流域水资源均衡调控原理，提出了流域刚性-刚弹性-弹性三层需水分析方法、用水公平协调性分析方法、水资源综合价值评估方法，研发了流域水资源与动态均衡配置方法与模型系统。

变化环境下黄河分水方案优化研究，建立了流域供给侧及需求侧调控策略，提出了黄河流域经济社会和河流生态需水成果，分析了分水方案优化场景设置，开展了变化环境下分水方案多场景优化研究，建立了多场景下分水方案调整方案集，提出了分阶段的黄河“八七”分水方案优化调整建议。

第2章 国内外相关研究进展

水资源合理配置是实现水资源公平、持续利用的有效调控措施之一，已成为当今世界关注的热点，水资源合理配置研究的发展，是与水资源的持续利用和人类社会协调发展密不可分的，随着人们的认识水平、科学技术和配置实践的不断深化，对于水资源合理配置的认识和理解也呈现出一个不断深化的过程（王浩和游进军，2008）。国内外水资源配置研究历程见图2-1。

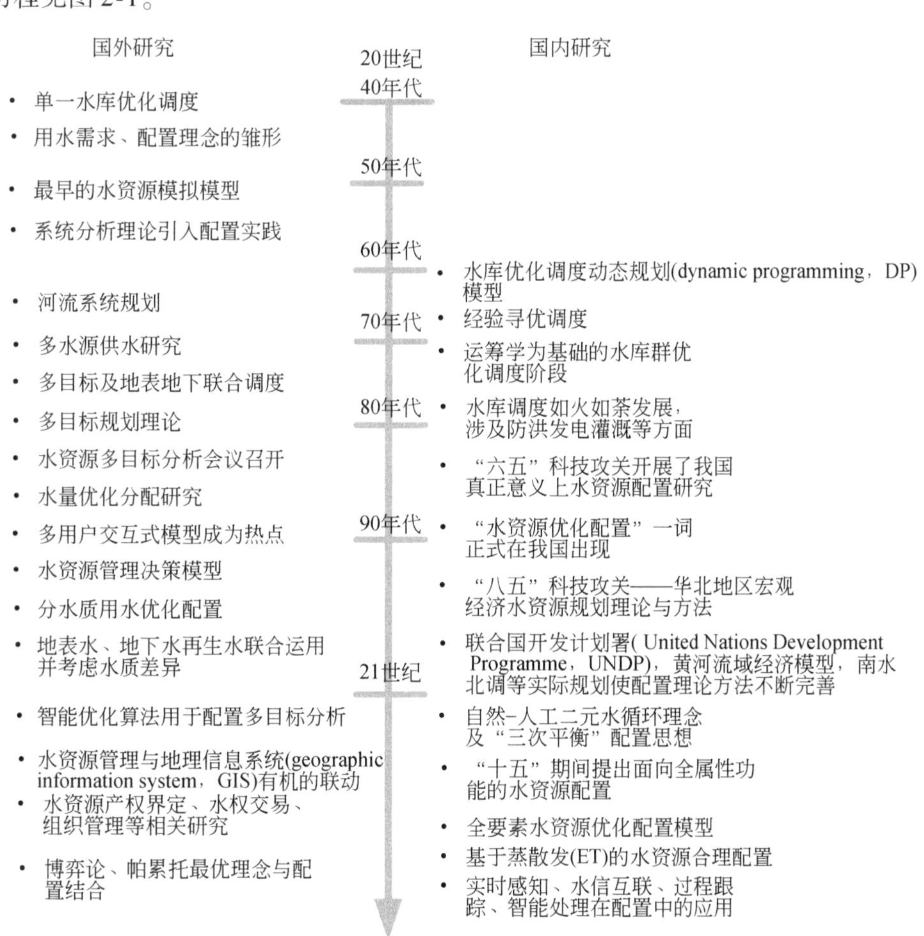

图2-1 国内外水资源配置研究历程

2.1 国外研究进展

关于水资源配置的研究，国外最早始于20世纪40年代。国外学者以系统分析为手段针对水库优化问题展开研究工作，拉开了系统性研究水资源问题的序幕。真正意义上的水资源配置研究来自同一时期的美国学者，其研究内容包括估算未来用水需求等方面，体现出水资源配置理念的雏形（赵鸣雁等，2005）。系统分析理论与优化方法的引入为水资源系统研究工作创造了良好的理论环境，随后计算机技术的迅猛发展为大规模模拟水资源系统提供了强有力的硬件保障。

20世纪50～60年代，在理论方法与技术手段综合提升的有利条件下，对复杂的水资源系统进行更合理、更详细的描述成为可能，水资源配置技术得到迅速的发展。1950年，美国总统水资源政策委员会的报告，是最早综述水资源开发、利用和保护问题的报告之一，该报告的出台推动了行政管理部门进一步开展水资源方面的调查研究工作。1953年，美国陆军工程师兵团（United States Army Corps of Engineers，USACE）开发出最早的水资源模拟模型，用于解决六座运行调度的实际问题。Emery 和 Meek（1960）构建出解决尼罗河流域水库调度问题的模拟模型。Maass 等（1962）出版的《水资源系统设计》深入探讨了利用计算机技术结合系统分析方法在水资源配置领域应用的可行性。该研究开启了水资源系统分析的新局面，随后在系统分析理论配置研究及实践中得到了推广与应用，对完善水资源合理优化配置理论体系起到了推动作用。Hufschmidt 和 Fiering（1966）利用模拟技术对利哈伊（Lehigh）河流系统进行规划。

20世纪70年代，伴随计算机技术、系统分析理论和模拟技术的发展及其在水资源领域的应用，关于水资源配置的研究成果逐渐增多。Joeres 等（1971）利用线性规划理论编程进行了多水源供水方面的研究。伯拉斯1972年所著的《水资源科学分配》是最早比较系统地研究水资源分配理论与方法的专著，该专著较为全面地论述了水资源开发利用的合理方法，围绕水资源系统的设计和应用这个核心问题，着重介绍了运筹学数学方法和计算机技术在水资源工程中的应用（伯拉斯，1983）。Dudley 和 Burt（1973）采用动态规划方法研究了水库给灌区供水问题，并利用马尔可夫链对动态递推方程进行了加权。Mulvihill 和 Dracup（1974）在处理城市废污水与供水问题时采用了非线性方法，并在此基础上建立了联合规划模型。Haimes 和 Hall（1974）对多目标水资源系统的功能进行了探讨，并考虑地下水与地表水联合调度问题，从多目标多水源的角度推动了水资源配置模型技术的发展。Cohon 和 Marks（1975）采用三种标准建立了实用的评价多目标水资源规划的编程技术。Grigg 和 Bryson（1975）构建了基于系统动力学的水资源规划模型。Singh 和 Titli（1978）总结了前人的研究成果，并在此基础上分别探讨了优化控制理论和流域系统分解。

1979 年，美国麻省理工学院应用模拟模型技术对阿根廷科罗拉多（Colorado）流域水量的利用进行了规划研究，提出了基于多目标的规划理论。之后，Herbertson 和 Dovey（1982）利用模拟模型技术，实现了在潮汐海湾多利益冲突部门之间的水量分配。

20 世纪 80 年代，由于计算机的广泛使用、地理信息系统（geographic information system，GIS）的蓬勃发展以及系统工程理论方法体系的日趋完善，关于水资源配置的研究在广度和深度上得到不断延伸。Pearson 和 Walsh（1982）用多个水库的控制曲线，以产值最大为目标，输水能力和预测的需求值作为约束条件，用二次规划方法对英国西北水务局（NW Water Authority）区域的用水量优化分配问题进行了研究。同年，水资源多目标分析会议在美国召开，进一步推动了多目标决策理论与技术在水资源管理领域的应用（Haimes and Allee，1982）。加拿大内陆水研究中心（Canada Centre for Inland Waters）针对渥太华（Ottawa）流域采用线性规划网络流算法解决了该区域水资源规划与调度问题。Romijn 和 Tamiga（1982）的相关研究考虑了多用水部门之间的利益关系及水资源的多功能性，建立了多层次的水量分配模型，体现了配置规划中多层次多目标的思想。Sheer（1983）利用优化和模拟相结合的技术在华盛顿哥伦比亚特区建立了城市配水系统。Yeh（1985）对过去 20 年的成果进行了总结，并详细论述了系统动力学的相关方法。Willis 和 Yeh（1987）运用线性规划以费用最小及缺水损失最小为目标函数，求解了一个具有地表水库和地下水源的联合管理运行问题。Willis 等（1989）将地下水方程嵌入规划模型的约束条件，针对中国华北平原地区构建了地表水-地下水耦合规划模型，对农业产出进行了最优化处理，为当地安排农业生产提供了决策支持。为了体现资源分配的公平性以及公众可参与性，多用户交互式的模型逐渐成为热点。Salewicz 和 Loucks（1989）开发出一套用户之间交互式流域协商模拟模型，以帮助协调各用户之间的利益冲突。

20 世纪 90 年代，经济社会快速发展与水资源短缺之间的矛盾愈演愈烈，各国水污染事件频发、水危机不断加剧。此时水资源配置研究更加侧重于与实际问题相结合，国外学者研究的侧重点逐渐开始转向生态环境效益及水资源质量（Lefkoff and Gorelick，1990；Lee et al.，1993；Matthews，1995；Somlyódy，1997；Gu and Dong，1998；Dottridge and Jaber，1999）。同时，随着经济社会快速发展与水资源短缺之间的矛盾愈演愈烈，各国水污染事件频发、水危机不断加剧。为了实现水资源的可持续利用，水资源配置的研究更加重视生态环境与社会经济的协调发展。1990 年，由联合国出版的《水与可持续发展指南：原则和政策》充分分析了水资源与经济社会发展的关系，确定了水资源开发在可持续发展中的基本准则和地位。Camara 等（1990）研制出水资源管理决策模型，提升了人机沟通的便捷性。Afzal 等（1992）针对巴基斯坦某个地区的灌溉系统建立了线性规划模型，对不同水质的水量使用问题进行了优化，在劣质地下水和有限地表水可供使用的条件下，模型能得到一定时期内最优的作物耕种面积和地下水开采量等成果。Watkins 和 Mckinney

(1995) 提出了一种伴随风险和不确定性的可持续水资源规划模型框架，建立了具有代表性的水资源联合调度模型，并采用非线性混合整数规划求解。Fleming 等（1995）建立了地下水水质水量管理模型，建模以经济效益最大为目标，考虑了水质运移的滞后作用，并采用水力梯度作为约束来控制污染扩散。Wong 等（1997）提出了支持地表水、地下水联合运用的多目标多阶段优化管理的原理和方法，在需水预测中考虑了当地地表水、地下水、外调水等多种水源的联合运用，并考虑了地下水恶化的防治措施。Percia 等（1997）根据多水源联合供水思想，以经济效益最大作为目标函数，在考虑用户用水水质差异的条件下，构建了多水源联合配置模型。

21 世纪以来，智能优化算法发展迅猛，国外学者开始在智能优化算法、水资源配置机制、流域/区域水资源管理体制和政策等方面寻求突破，期望从根本上解决配置冲突（Abolpour et al.，2007；de Lange et al.，2010；Perera et al.，2005；Sethi et al.，2006；Zaman et al.，2009）。同时，经济模型、水管理模型、水文模型及 GIS 之间相互耦合也成为发展的新趋势。Grimble（1999）对水短缺问题进行了探讨，认为水需要通过市场机制在不同用户或用途之间进行分配或配置，改进效率、提高可持续利用程度。Minsker 等（2000）考虑到水文的不确定性，运用遗传算法建立了水资源配置多目标分析模型，用于模拟水资源系统中多目标间的不确定性。Rosegrant 等（2000）将水文模型与经济发展模型相耦合，用来改善水资源利用的效益评价。Yang 等（2001）开发出不同时空尺度下多目标水资源配置模型，利用灰色模拟技术率定地下水模型参数，在此基础上将两者进行耦合。Tisdell（2001）研究了澳大利亚博德（Border）河昆士兰（Queensland）地区水市场的环境影响，研究结果表明，水权交易有可能使生产需水和天然流量情势之间矛盾增加，因此需要在生产需水和环境需水之间平衡。Kelman（2002）针对经济用水超过了水资源承载能力的干旱地区，讨论了水分配机制，提出了基于不同用户的机会成本的分配模型。Mckinney 和 Cai（2002）采用面向对象的手段，使 GIS 与水资源管理系统有机联动，从而更加真实地模拟流域水资源动态分配。Mahan 等（2002）认为采用市场机制可以提高水的利用效率，并通过网络模型在量化短期效率提高下重新分配地表水源。Kralisch 等（2003）提出一种神经网络方法用以解决城市引水与农业高用水之间的平衡关系。之后，一些学者在市场经济机制、水资源产权界定、水权交易、组织管理等对水资源配置产生的影响方面进行了相关研究。Babel 等（2005）考虑社会、经济、环境和技术等方面的因素协调，提出了一个互动整合水资源配置模型。Wang 等（2008）采用博弈论的思维，将水市场、政策管理、水权交易等纳入水资源配置过程，建立了基于水权分配的资源配置模型。Prodanovic 和 Simonovic（2010）基于系统方法，构建了耦合水文模拟和描述社会经济过程的模块，研究了加拿大泰晤士河上游（Upper Thames）流域在气候模式变化和社会经济发展耦合情景下的风险与脆弱性。Nyagumbo 和 Rurinda（2012）分析了相关政策和制度框架对农业用水管理的影响。Kucukmehmetoglu（2012）在流域跨境问题的背景下集成了博弈论和帕累托最优化理念，提出了一套基于国家战略层面的水资源配置思路。Read 等（2014）给出了基于最优性和稳定性所产生的不同水资源分配方案，探讨了不同形式的最优化配置与社会稳定性的关系。Davijani 等（2016）考虑社会效益和经济效益，构建多目标优化模型，并采用元启发式算法进行求解，研究了干旱地区的水资源优化配置问题。Nafarzadegan 等（2018）通过增强具有区间参数的多目标优化问题的交互式算法，在得到的最优解的质量和可靠性之间取得平衡，使政策制定者有机会了解有关利益集团偏好情况的土地和水资源分配方案的潜在最佳折中方案。总之，国外在水资源配置的研究方面经历了从单一目标到多重目标，从单一水库调度到流域/区域综合管理再到国家战略规划几个发展阶段。

2.2 国内研究进展

我国水资源时空分布极不均匀，水资源短缺和水环境恶化问题严重影响经济社会的可持续发展（陈家琦等，2002）。虽然我国在水资源科学分配方面的研究起步较迟，但发展很快。经过近 60 年的发展，水资源配置已经成为水资源规划管理的核心工作，发展成水文水资源学科的一个重要分支，影响到经济和生态建设的多个方面（王浩和游进军，2016）。经过几十年的发展，我国水资源配置研究取得了丰硕的成果，主要集中于配置理论、配置方法和配置机制的研究上。

2.2.1 配置理论

20 世纪 60 年代，开始了以水库优化调度为先导的水资源分配研究，这一时期的研究主要集中于单一的防洪、灌溉、发电等水利工程，研究的目标是实现工程经济效益的最大化。吴沧浦构建了基于年调节水库的最优化运用 DP 模型，是国内学者首次在微观层次上提出优化配置的思想（卢文峰和胡蝶，2014）。随后，水库优化调度研究得到了快速的发展，分别经历了以常规调度方法为主的经验寻优调度阶段和以运筹学为基础的水库群优化调度阶段，其间涵盖防洪调度、发电调度及水库供水灌溉调度。施熙灿等（1982）采用马尔可夫过程决策规划开展了水库优化调度研究。张勇传等（1982）提出了用于优化调度的变向探索法，在水电站调度实践中取得了明显的经济效益。董子敖等（1983）提出了改变约束法，用于水电站优化调度在满足设计保证率下达到发电量最大。裘杏莲和陈惠源（1989）针对大型水电的特点，构建了动能指标优化计算模型，并取得了满意的应用效果。胡振鹏和冯尚友（1990）针对水库运行风险，建立了“分解-集结”模型，以协调矛盾为出发点提出了水库长期运行方案建议。董增川和叶秉如（1990）提出了一种基于空间分解的水电站库群优化调度新方法，对红水河梯级的优化调度进行了实际计算。

20世纪80年代初，华士乾（1988）采用系统工程方法进行了水资源利用问题研究，成为我国水资源配置研究的雏形。从“六五”国家科技攻关计划开始，针对不同阶段出现的问题，在水资源配置理论方面形成了几个代表性的阶段。

（1）就水论水配置阶段

“六五”国家科技攻关计划项目“华北地区地下水资源的开发利用及其管理”对华北地区水资源数量、地表水和地下水的国民经济可利用量进行了评价，为水资源配置奠定了基础（陈志恺，1981）。20世纪80年代初，由华士乾教授为首的研究小组对北京地区的水资源利用系统工程方法进行了研究，该项研究考虑了水量的区域分配、水资源利用效率、水利工程建设次序以及水资源开发利用对国民经济发展的作用（华士乾，1988）。“七五”国家科技攻关计划项目“华北地区及山西能源基地水资源研究”中突出了“四水”转化机理分析和水资源合理利用，进行了以需定供模式下的地下水和地表水联合配置研究（沈振荣等，1992）。就水论水配置阶段，在分析思路上存在“以需定供”和“以供定需”两种配置模式。前者以经济效益最优或经济用户缺水量最小为唯一目标，以过去或目前的国民经济结构和发展速度资料预测未来的经济规模，通过该经济规模预测相应的需水量，并以此得到的需求水量进行供水工程规划；后者以水资源的供给可能性进行生产力布局，强调资源的合理开发利用，在可供水量分析时与地区经济发展相分离，没有实现资源开发与经济发展的动态协调。这一阶段将水资源的需求和供给分离开来考虑，忽视了与区域经济发展的动态协调，对于影响配置的社会经济因素缺乏互动性的分析。

（2）基于宏观经济的水资源配置阶段

1991年，“水资源优化配置”一词正式在我国出现，拓展了水资源配置及相关问题的研究方向。1995年出版的《水资源大系统优化规划与优化调度经验汇编》较系统总结了20世纪80～90年代初期我国水资源调度及规划领域的新理论、新方法。随着水资源开发利用与区域经济发展模式更为密切，结合区域经济发展水平，重点研究水与国民经济的关系，在此基础上提出了基于宏观经济的水资源优化配置理论。

“八五”国家科技攻关计划项目“黄河治理与水资源开发利用”重点研究了水与国民经济的关系，将宏观经济、系统方法与区域水资源规划实践相结合，形成了基于宏观经济的水资源优化配置理论，并在这一理论指导下提出了多层次、多目标、群决策方法，形成了水与经济发展协调关系下的配置模式，进行了华北地区水资源优化配置的方案研究（许新宜等，1997）。1992年，水利部黄河水利委员会（简称黄委）勘测规划设计研究院与美国水资源管理公司合作开发了黄河流域水资源经济模型，是黄河流域水资源领域首个功能丰富、先进和实用的数学计算模型（常丙炎等，1998）。冯尚友（1991）提出了水资源系统工程理论，给出了防洪、灌溉、供水等不同方面的水量优化分配模型和分析求解方法。刘健民等（1993）采用大系统递阶分析方法建立了模拟和优化相结合的三层递阶水资源系统模拟模型，对京津唐地区的水资源配置开展了应用研究；邯郸、安阳等区域也开展了以水资源规划为目标的区域水资源配置工作（尹明万等，2003）。黄晓荣等（2006）分析了宁夏目前经济结构下水资源利用效率及产出效益，开展了基于宏观经济结构合理化的宁夏水资源合理配置。刘金华（2013）在揭示社会经济、水资源和生态环境系统规律的基础上，构建了水资源与社会经济协调发展分析模型，以淮河流域为例，基于投入产出编制方法，编制完成了淮河流域 2009 年竞争型投入产出表。

基于宏观经济的水资源优化配置，通过投入产出分析，从区域经济结构和发展规模分析入手，将水资源优化配置纳入宏观经济系统，以实现区域经济和资源利用的协调发展，该理论不是单纯着眼于水资源系统本身，而是认为水资源系统是区域自然-社会-经济协同系统的一个有机组成部分。区域宏观经济系统的长期发展，既受其内部因素的制约，如投入产出结构、消费积累结构、调入调出结构、技术进步政策、投资政策及产业政策的影响，同时也受外部自然资源和环境生态条件的制约（王浩等，2002）。一方面经济规模的增长会促进水需求的增长，另一方面水供给的紧缺也会限制经济的增长并促使经济结构进行适应性调整。这一阶段的水资源配置目标主要是经济效益最大化，从社会经济整体出发将水资源作为资源条件，扩大了配置分析的范围，形成了水与经济的双向反馈机制。由于水与社会经济的复杂关系，复杂性适应性理论、多目标风险分析、人工智能算法等不同分析方法也逐步被引入水资源配置模型构建。作为宏观经济核算重要工具的投入产出表，只是反映了传统经济运行和均衡状况，投入产出表中所选择的各种变量经过市场而最终达到一种平衡，忽视了资源自身价值和生态环境的保护。因此，基于宏观经济的水资源优化配置虽然考虑了宏观经济系统和水资源系统之间相互依存、相互制约的关系，但并未把环保作为一种产业考虑到投入产出的流通平衡中，忽视了水循环演变过程与生态环境系统之间的相互作用关系，必然会造成环境污染或生态遭受潜在的破坏。

（3）面向社会经济、水资源与生态环境协调发展的水资源配置和综合调控阶段

20 世纪末，随着经济的快速发展，各地水资源供需矛盾日益突出，水污染加剧，生态环境不断恶化，传统的水资源配置模式已不能满足需要。水资源系统是由宏观经济-社会-水资源-生态-环境组成的复杂系统，各子系统间相互依存、相互制约。水资源合理配置的目标，是协调各子系统之间的关系，追求各系统的可持续发展。

在“九五”国家科技攻关计划项目“西北地区水资源合理开发利用及生态环境保护研究”中，将水资源系统与社会经济系统、生态环境系统联系起来统一考虑水资源的合理配置，提出了基于二元水循环模式的水资源合理配置理论与方法（王浩等，2003a）。在“十五”国家科技攻关计划重大项目“水安全保障技术研究”中，提出了面向全属性（自然、环境、生态、社会、经济五种属性）功能的流域水资源配置概念，首次提出并实践了以“模拟-配置-评价-调度”为基本环节的流域水资源调配四层总控结构，并且实现了水资源宏观配置方案和实时调度方案的耦合与嵌套，为流域水资源调配研究提供了较为完整的框架体系。冯耀龙等（2003）基于可持续发展理论，构建了面向可持续发展的区域水资源优化配置模型。畅建霞和黄强（2005）以控制论为基础，建立了水资源系统演变可再生性维持的多维临界调控理论，并将其成功应用于黄河流域。刘丙军和陈晓宏（2009）根据协同学理论，分别对社会、经济和生态环境子系统设置序参量，结合信息熵原理，构建了一种基于协同学原理的流域水资源配置模型。甘泓等（2013）在科学认知水循环多维属性和特征基础上，深入辨析水资源、经济、社会、生态、环境五维系统特征，建立了水循环多维临界整体调控模型体系，提出了海河流域合理的水资源开发利用阈值。杨朝晖（2013）选取国内生产总值（gross domestic product，GDP）、粮食产量、污染负荷量等目标，统筹考虑社会经济和生态环境对水资源的需求，建立了面向生态文明的水资源调控模型。王煜等（2014）建立了水资源综合调控框架体系，优选与区域水资源承载力水平相适应的经济规模和结构，实现了区域水资源可持续利用。夏军等（2015）针对水资源脆弱性的适应性调控，设置了用水总量调控、用水效率调控、水功能区达标调控、生态需水调控和综合调控五个不同方案进行研究。

这一阶段，可持续发展理论、协同学理论、控制论等广泛应用于水资源的优化配置，配置目标不再单纯追求经济效益最大，而是追求水资源综合效益最优。水资源优化配置充分考虑当前发展的经济形势，遵循资源、经济、社会、生态环境协调的原则，在保护水环境的同时合理地开发利用，既满足了经济发展的需求下的水资源供给，又保障了可供持续利用的水环境，促进国民经济、社会、生态、水环境协调发展。该类型优化配置的研究主要侧重于“时间序列”（如当代与后代、人类未来等）上的认识，对于“空间分布”上的认识（如区域资源的随机分布、环境格局的不平衡、发达地区和落后地区社会经济状况的差异等）基本上没有涉及。同时，针对当前环境剧烈变化流域和缺水流域，水资源优化配置理论和方法研究仍显不足，未来仍是研究的热点和难点。

（4）广义水资源配置阶段

以往的水资源配置未能将社会、经济、人工生态和天然生态统一纳入配置体系中，并且对天然降水和土壤水的配置涉及较少；配置目标也仅考虑传统的人工取用水的供需平衡缺口，对于区域经济社会和生态环境的耗水机理并未详细分析。

“十五”国家科技攻关计划项目“水安全保障技术研究”中提出了广义水资源配置，将大气有效降水、土壤水和再生水纳入水源范围，同时充分考虑中水回用等再生性水资源利用，并在宁夏地区开展应用（裴源生等，2007；赵勇等，2007）。魏传江（2006）根据自然-人工二元水循环、区域社会经济需水特点、流域经济生态耗水平衡、径流过程，构建出基于水资源多重属性的全要素水资源优化配置模型，并提出了较完备的全要素水资源优化配置理论体系。汤万龙（2007）在 ArcSWAT 应用技术上，从宏观角度构建了基于 ET 的流域管理模式。蒋云钟等（2008）提出了以可消耗 ET 分配为核心的水资源合理配置技术框架，围绕 ET 指标进行了水平衡分析与分配计算，并进行了实例研究。周祖昊等（2009）在综合考虑自然水循环天然耗水和社会水循环用水耗水的基础上，进行各区域、各部门 ET 的分配，并在海河流域中得到了初步应用。

广义水资源配置的对象为包括土壤水和降水在内的广义水资源，扩大了传统的资源观；配置范围在传统的生产、生活和人工生态的基础上，考虑了天然生态系统；配置指标基于全口径配置指标全面分析区域经济生态系统水资源供需平衡状况，包括传统的供需平衡指标、地表地下耗水供需平衡指标和广义水资源供需平衡指标。广义水资源配置理念较为超前，而目前的水资源配置工作一般基于现有的水资源评价口径开展，对于大气降水、土壤水等水源缺乏相应的基础数据积累，因此在实际使用中存在较大困难，同时，基于耗水的配置也存在 ET 的监测控制困难的问题。

（5）跨流域大系统配置阶段

南水北调工程是跨流域大系统配置研究的重要推动因素，由于南水北调涉及长江、淮河、黄河、海河四大流域，水量分配存在多水源、多用户、多阶段、多目标、多决策主体，水资源合理配置是确定工程规模的基础（许新宜，2001）。为构建清晰可行的配置思路和定量方法，王浩等（2003b）在《黄淮海流域水资源合理配置》中提出了“三次平衡分析”的理论方法，为复杂大系统水量配置和规划分析提供了可行的分析途径。跨流域调水工程涉及调水区、受水区的水量分配。徐良辉（2001）提出了包含调水区与受水区所在流域整体进行系统模拟的系统概化和模型构建技术，并在松花江流域规划中进行了应用。王劲峰等（2001）提出了区际调水时空优化配置理论模型，该模型通过设定调水工程最优运行的目标和相关约束，实现对水资源进行时间、空间和部门的分配。考虑跨流域工程运行受需求、工程和水价成本、本地水与外调水关系等多个因素影响，系统仿真理论、供应链管理理论、“水银行”、多目标线性规划等分析方法也被引入跨流域调水的配置和调度分析中，并在南水北调受水区得到广泛应用（赵勇等，2002；王慧敏等，2004；于陶等，2006；游进军等，2008）。

大系统水资源配置技术既要考虑调水工程的优化调度效应，也需要从水量配置效益角度分析水源区、受水区、营运方等不同利益主体间的协调关系。而目前跨流域调水的规划论证分析（一般在本地水不足基础上考虑调水）和建成后的运行需求（需要优先供外调水保证工程的运行）存在一定偏差，因此对于已建调水工程配置一般还是在预定分水方案和配置优先序基础上与本地水实现优化配置，尚不能完全反映复杂大系统特点。

（6）水量水质一体化配置阶段

水量与水质是水资源的两个基本属性，两者是互为依存的统一体。随着人口增长、经济社会发展，水资源需求不断增加，排污量增长，面临的水质与水量双重压力不断加大，水量水质一体化配置成为当前研究的热点问题。

邵东国和郭宗楼（2000）开展了水量调度影响下的水质变化状况研究，主要是从水源角度分析水量分配状态下的水质变化。王同生和朱威（2003）开展了太湖流域的分质供水的相关研究，并在引江济太调水之后进一步开展了大量关于水量水质联合调控的实例研究。但分质供水属于静态的水量水质联合配置，不能动态分析系统水量分配下的水质联动变化，因此水量水质统一模拟配置逐渐变得更为必要。水量水质联合模拟和评价是水量水质一体化配置的基础，牛存稳等（2007）以黄河为例在分布式水文模型模拟的基础上提出了水量水质联合模拟与评价方法。严登华等（2007）以水量水质双总量控制为约束条件，分析了区域水资源合理配置。吴泽宁等（2007）以生态经济效益最大为目标，建立了区域水质水量统一优化配置模型。董增川等（2009）、付意成等（2009）、张守平等（2014）采用数值模拟、水资源系统网络等方法构建了水量水质联合模拟和配置模型。彭少明等（2016）以黄河兰州—河口镇河段为研究对象，采用分解、协调、耦合和控制技术，建立了水量水质一体化配置模型，优化提出了河段水量水质一体化配置方案。

水量水质一体化配置的相关研究经历了基于分质供水的水量配置；在水量过程模拟基础上分析水质过程，进而进行水量配置；在动态联合水量和水质实现时段内紧密耦合的联合动态模拟配置。目前的研究主要集中于前两个层面，对于联合动态模拟配置的研究还不够系统，目前仍是水量水质一体化配置研究的重点和难点。

我国水资源配置相关研究自 20 世纪 80 年代正式提出后，在之后的水资源规划管理中得到了重视。从“六五”国家科技攻关计划到“八五”国家科技攻关计划，重点研究了水资源配置的基础理论以及与社会经济发展之间协调关系和相应的解决措施，相继提出了水资源评价方法、“四水”转化模式和地下水地表水的联合调配以及基于宏观经济的水资源合理配置理论与方法；之后，随着经济社会的快速发展，水资源供需矛盾日益突出，面向社会经济、水资源与生态环境协调发展的水资源配置和综合调控成为研究的热点及焦点，同时，广义水资源的配置得到了研究；随着南水北调工程的建设和经济发展所面临的水质与水量压力加大，跨流域大系统配置和水量水质一体化配置得到了发展。

2.2.2 配置方法

水资源合理配置是生产实际的需要，为了满足不同地区、不同水资源配置类型的要求，我国在水资源配置实践和方法研究方面都进行了大量的探索。随着 UNDP 华北水资源管理项目、华北地区宏观经济水资源配置模型、世界银行黄河流域经济模型、新疆北部地区水资源可持续开发利用项目等的开展，开发和改进了水资源配置优化模型和模拟模型，有效地解决了一批区域性水资源综合规划问题，并取得了较好的效果，迅速带动了我国水资源合理配置研究的工作，研究内容和研究深度不断拓宽，研究方法从模拟技术和常规优化技术（线性规划、非线性规划、整数规划、动态规划等）发展到优化技术与模拟技术相结合，以及随机规划、模糊优化、神经网络、遗传算法、复杂系统理论、边际效益、供应链理论等新技术的应用。主要代表性成果如下：

沈佩君等（1994）针对地区性多种水资源的联合优化调度问题，根据具体地区水资源系统运行特点，建立了包含分区管理调度和统一调度模型在内的大系统分析协调模型，并采用风险分析方法提出了地区性水利建设对策。方创琳（1996）运用灰色计算模型对2000 年河西走廊绿洲生态系统进行了现状动态模拟和前景预测分析，提出了以适度投入与产出为主要内容的可持续发展方案，其是保证河西走廊经济持续发展和生态环境良性循环的最佳对策方案。王劲峰等（2001）针对我国水资源供需平衡在空间上的巨大差异造成区际调水需求的情况，提出了水资源在时间、部门和空间上的三维优化分配理论模型体系，包括含 4 类经济目标的目标集、7 类变量组合的模型集和 6 种边际效益类型的边际效益集，由此组成了 168 种优化问题，并提出了一种解析解法。赵建世等（2002）在分析水资源配置系统的复杂性及其复杂适应机理分析的基础上，应用复杂适应系统（complex adaptive system，CAS）理论的基本原理和方法，构架出了全新的水资源配置系统分析模型，并应用这种分析方法对南水北调工程对受水区水资源配置的影响进行了简要的研究。贺北方等（2002）研究和提出了一种基于遗传算法的区域水资源优化配置模型，利用大系统分解协调技术，将模型分解为二级递阶结构，同时探讨了多目标遗传算法在区域水资源二级递阶优化模型中的应用。龙爱华等（2002）基于边际效益递减和边际成本递增原理，运用水资源利用的边际效益空间动态优化方法，研究了黑河中游张掖地区调水后启动分水的时序和数量，阐述了净边际效益的求解过程和处理方法。魏加华等（2004）针对流域水量调度中来水和用水随机性特点，将自适应控制理论引入流域水量调度，建立了黄河流域水量调度模型，提出了自适应轨迹跟踪水量调度方法。王慧敏等（2008）将供应链理论与方法、技术思想、信息、契约设计引入南水北调东线水资源配置与调度中，重点论证了供应链理念引入的可行性，并分析了南水北调东线水资源配置与调度供应链的概念模型和运作模式。李晨洋和张志鑫（2016）针对灌区水资源调度系统中的不确定性和复杂性，以灌区多水源联合调度系统收益最大为目标函数，引入区间数、模糊数、随机变量表示系统中的不确定性，对地表水和地下水在各作物之间配水目标进行了优化。

2.2.3 配置机制

目前水资源配置所依赖的内在机制大致包括四类，即以边际成本价格进行水资源配置、以行政管理手段的公共（行政）水资源配置、以水市场运行机制进行水资源配置和以用户进行水资源配置，因此现行国内外水资源配置模式主要包括四种，即市场配置、行政配置、用户参与式配置以及综合配置模式。

中华人民共和国成立以来，我国水资源配置大致经历了四个阶段。

1）第一阶段（1949～1965 年）。这一阶段供水不收费，水资源配置是国家按需无偿配置。

2）第二阶段（1966～1978 年）。这一阶段水资源所有权益和经营权益有所体现，但这一阶段我国仍实行计划经济体制，水资源管理高度集中，水资源开发利用严格按照国家行政指令进行。

3）第三阶段（1978～1997 年）。这一阶段是我国水资源产权和配置制度改革和政策变迁的时期，经济杠杆成为调控手段之一。社会经济体制逐步向市场化转变，人们开始意识到水资源产权对水资源配置的重要性，《水利工程水费核订、计收和管理办法》（1985年）和《取水许可证制度实施办法》（1993 年）等出台。但仍以计划经济体制为主，水权交易的市场分配尚处于朦胧状态，特别是 1988 年《中华人民共和国水法》的颁布，加强了以行政配置为主的依法配水方式。

自 20 世纪 80 年代起，我国以政府部门为主要角色开展了以流域分水为主、以水量分配为核心的水资源配置的实践。其中黄河流域作为我国水资源最为紧缺、供需矛盾最为突出、生态环境最为脆弱的地区，面临发展不平衡、不协调、不可持续等诸多问题。为缓解黄河流域供需矛盾，减少下游断流风险，1987 年国务院以《国务院办公厅转发国家计委和水电部关于黄河可供水量分配方案报告的通知》（国办发〔1987〕61 号）批准《黄河可供水量分配方案》（简称“八七”分水方案），该方案成为我国首个大江大河分水方案。漳河流域位于山西省东南部、河北省南部与河南省北部三省交界地区，是海河流域的重要组成部分。漳河流域多年来两岸争水、争滩地纠纷不断，为解决漳河水事纠纷，1989 年国务院以《国务院批转水利部关于漳河水量分配方案请示的通知》（国发〔1989〕42 号）文件，批准并转发了水利部《关于漳河水量分配方案的请示》。为遏制黑河流域下游生态环境不断恶化趋势和解决突出的水事矛盾，1992 年国家计划委员会以《关于〈黑河干流（含梨园河）水利规划报的复函》（计国地〔1992〕第 2533 号文件）批复了《黑河干流（含梨园河）水资源分配方案》（简称“九二”黑河水量分配方案）。永定河是海河流域的重要水系之一，流经山西省、河北省、北京市和天津市。永定河流域水资源严重短缺，随着流域内人口急剧增加和经济社会快速发展，用水量大幅度增长，上下游之间用水矛盾日益突出。2007 年 12 月，国务院以《国务院关于永定河干流水量分配方案的批复》（国函〔2007〕135 号）文件正式批复《永定河干流水量分配方案》。大凌河是东北沿渤海西部诸河中一条较大的独流入海河流，大凌河流域水资源短缺，来水年内和年际差异大，地下水超采严重，用水矛盾比较突出。2008 年 11 月，水利部以《水利部关于大凌河流域水量分配方案的批复》（水资源〔2008〕497 号）文件正式批复《大凌河流域水量分配方案》。

4）第四阶段（1998 年至今）。这一阶段开展了以水权、水价、水市场为主的市场配置水资源有效性和管理模式研究，但我国水资源配置模式仍以行政指令配置为主，部分地区出现了市场配置和用户参与式配置。

2001 年浙江省东阳—义乌首开水权交易之先河，标志着我国水资源配置制度改革，已经在实践中朝着市场化的方向迈开了实质性的步伐。2003 年，按照治水新思路，应用水权、水市场理论，水利部黄河水利委员会、内蒙古自治区和宁夏回族自治区水行政主管部门于 2003 年开展了水权转换工作试点工作。河西走廊地区等西北内陆河流域也实施了以农民用水者协会形式出现的用户参与式配置模式。

随着水权制度探讨的深化和水权界定的明晰，国内学者还进行了大量探索。胡鞍钢和王亚华（2000）就跨区域水资源分配问题，从政治经济学的视角提出“准市场”分配水资源的思路，在平等参与的基础上建立规范的政治民主协商制度。甘泓等（2008）提出以边际成本价格进行水分配来优化配置水资源，水价与边际成本相等的水量分配是经济上有效和社会最优的水资源分配方式，明晰水资源产权，即完善水权制度来优化配置水资源。胡振鹏等（2001）从产权和制度经济学角度研究我国流域水资源产权特性与制度建设，促进水资源配置帕累托最优的实现。王先甲和肖文（2001）对目前水资源分配中的集中分配机制和市场分配机制的各自特点进行了分析，通过对两种分配机制的数学模型解的关系推导，认为市场分配在分配稀缺水资源方面的作用和效率，可以保证在平衡价格体系下实现集中分配机制的最大整体效益，同时又能避免集中分配机制不能向用户传递水资源稀缺信息等弊端。徐华飞（2001）提出运用俱乐部机制来优化配置水资源，以政府为导向，运用市场机制的一些手段来达到优化配置水资源这一共同的目标。清华大学 21 世纪发展研究院和中国科学院–清华大学国情研究中心组成联合课题组，以黄河为背景，从自然科学和社会科学两方面，探讨如何引入水权和水市场优化水资源配置，以及转型期水管理体制改革问题，对转型期水资源配置问题进行了前瞻性的研究。王亚华（2003）认为完善流域水资源分配制度应从九类机制着手，即初始分配机制、再分配机制、临时调整机制、监控机制、激励机制、惩罚机制、信息机制、利益整合机制、保障机制。胡继连和葛颜祥（2004）认为在竞争性水权制度下，水权的分配主要有 6 种模式，即人口分配模式、面积分配模式、产值分配模式、混合分配模式、现状分配模式和市场分配模式。对于水权分配过程中出现的利益冲突和缺陷，可以采用政府调控、民主协商和水权转让的机制进行协调与弥补。汪恕诚（2004）在调查宁夏、内蒙古后，总结了两个地区从实际出发进行水权转换的实践探索，指出水权转换是黄河流域水资源优化配置的重要手段，是解决经济发展用水和水资源短缺问题的一把钥匙。解建仓和张永进（2005）应用完全信息非合作动态博弈的方法研究了初始水权分配和水市场的宏观调控问题，建立了以水资源总效益最大化为目标的两阶段动态博弈模型，阐明了最优初始水权分配方案和水资源费率方案的计算思路与方法。彭祥和胡和平（2006）运用非合作博弈理论构建了黄河流域水资源配置的均衡模型，证明了制度缺陷和个体理性的存在。冯文琦和纪昌明（2006）建立了以水资源社会总效益最大为目标的完全信息动态博弈模型，并用逆向归纳法求出了此模型的子博弈精炼纳什均衡解，得到了用户在水市场中可行的最优交易方案。佟金萍（2006）运用 CAS 理论定量描述了水资源配置的系统演进。胡继连（2010）探讨了农用水权的界定、实施效率及改进策略，提出组建农民用水者协会的试点，从而避免农民用水者协会发生“寻租”现象，保障农户权益。王先甲等（2010）通过数学模型证明，水权交易既可以改善有限水量的整体使用效率，也可以改善各交易用户的净收益，即水权可交易时的用水效率高于水权不可交易时的用水效率。付湘等（2016）基于非合作博弈论，建立主从关系的用户博弈模型分析河流水资源分配，基于个体效益不能达到帕累托最优状态，采用合作博弈方法，建立水资源用户合作博弈模型。

2.3 研究发展趋势

2.3.1 河道内水资源配置

在气候变化、自然变迁、人类活动等因素的影响下，河川径流、泥沙、经济社会需水等不断变化，给水资源配置带来了巨大挑战。一些研究设计了不同频率来水、不同需水和不同工程条件下的水资源配置方案集，为变化环境下的水资源配置提供了决策支持，但受到方案数量限制，这种方法对变化环境的应对能力不强，特别是难以处理突发或极端情况。近年来越来越多的研究开始借助水文预报技术进行水资源动态配置，如根据不同时长的水文预报成果制定长期、中期和短期的水资源配置方案，实时更新水文预报数据、滚动修正水资源配置方案，考虑预报不确定性的水资源动态配置技术等。当前水资源动态配置主要考虑径流的丰枯演变，对于多泥沙河流来沙条件的变化考虑不足，目前鲜见多沙河流水资源动态配置的相关研究。

黄河流域水少沙多、水资源时空分布不均，是我国水资源供需矛盾最突出的流域之一。黄河“八七”分水方案的出台及后续的全河水量统一调度，有效协调了各省（自治区）用水矛盾，推动了水资源合理利用。随着经济格局的变化，黄河流域水资源供需矛盾日益加剧，近年来沿黄各省（自治区）多次提出增加分水指标，但受到资源约束，“八七”分水方案调整困难重重。黄河流域是我国重要的生态屏障和经济地带，2019 年 9 月，习近平总书记在黄河流域生态保护和高质量发展座谈会上明确指出要“共同抓好大保护，协同推进大治理”，这就要求黄河水资源配置更加符合生态保护和经济社会发展需求，调整“八七”分水方案迫在眉睫。同时，黄河是多沙河流，大量水资源被用于输送泥沙，但近年来黄河流域来水来沙均呈现显著的减少趋势，需动态调整分水方案以提高对变化环境的适应性。

在水资源最大刚性约束的基础上合理配置水资源是保障黄河流域生态保护和高质量发展的关键。通过调整“八七”分水方案，为提升河道内生态保护和维护沿黄各省（自治区）高质量发展提供水资源保障。研究针对变化环境下黄河流域水资源供需新局面，提出了变化水沙条件下的黄河流域水资源动态均衡配置方法，在保障河道外“八七”分水指标的基础上，应用高效输沙理论节约河道内输沙水量，增加河道内生态水量和河道外分水指标。

2.3.2 河道外水资源配置

1. 水资源公平分配

跨界河流密集分布在全球水系之间。实现跨界河流水资源的公平、合理分配是解决跨界的核心。由 20 世纪 50 年代起，国内外专家开始水资源合理分配的探索，由初步系统分析模拟到注重生态、社会公平，从水资源配置理论、方法、机制以及配置效果进行大量研究，为跨界河流水资源的公平分配奠定了理论基础。

跨界河流的公共性造成流域各区域之间分配跨界河流水资源的复杂性。不同国家地区对水量分配的依据不同，以需求量和多年平均水量为基础、支流绝对主权、平均分配水量一系列依据，均无法合理、公正地立足于各区域利益。20 世纪初，澳大利亚政府通过立法规定水资源是公共资源，水权归州政府所有，分离了水资源与土地所有权的联系，由州政府调整和分配水权（孙永健，2008）。荷兰代尔夫特 IHE 学院提出了国际河流公平分水的定量标准，分别按流域面积、流域内人口比例等分配水资源量。从一定角度实现了水量的合理分配（刘戈力和曹建廷，2007）。Feng 等（2006）提出以多年平均水量、最大取用水量和最小维持水量作为跨境水量分配的参考。Arjoon 等（2016）整理了跨境流域水资源利益共享研究的发展，提出了区域相关者共享跨界水量的思路和方法。Bender 和 Simonovic（2000）、Fattahi 和 Fayyaz（2010）、Zeleny（1973）纷纷将折中规划法应用于集成跨界水资源管理的多目标优化问题当中。近年来，一些研究者试图研究破产理论对不同自然资源分配问题的适用性。Madani 等（2014）在一个假设的地下水危机问题中，使用一系列破产规则解决水资源冲突的实用性。Sechi 和 Zucca（2015）认为，在传统破产博弈的基础上建立一个考虑干旱、水文和水资源短缺的合作博弈模型可以使分配法则更加有效。Oftadeh 等（2016）认为，在水资源的分配中需要考虑法律、经济、社会和政治等因素，否则设计的分配法则很难被接受。

目前，我国关于用水公平性文献大多是以全国范围或省级区域为研究区，市级区域用水公平性的研究还较少。马海良等（2015）采用对比柱形图、加权变异系数、基尼系数、泰尔指数等多种方法，对中国各省份水资源利用的差异性进行分析，构建用水匹配指数，通过指数矩阵对各省份水资源消耗的公平性进行评价。王小军等（2011）根据我国人口、用水定额、城镇生活用水、农村生活用水数据，计算分析了 1980 ~ 2000 年我国用水基尼系数变化过程。张志果和邵益生（2013）利用基尼系数评价了 1998 ~ 2007 年我国城镇居民用水公平程度的变化。董璐等（2014）利用基尼系数、水资源消费杠杆系数和灰水承载压力系数对 1997 ~ 2011 年我国用水公平性进行了分析，结果表明，时间维度上我国用水处于“相对公平”阶段，空间维度上我国大部分地区属于中高度用水不公平区域。章恒全等（2019）从水资源禀赋、生产用水、生活用水三方面分析了湖北省的用水公平性，利用基尼系数分别测算了湖北省时间维度和空间维度总用水量-水资源量、生产用水量-GDP、生活用水量-人口的基尼系数。马艳红等（2019）根据 2016 年山西省水资源统计数据，运用洛伦兹曲线与基尼系数的方法，绘制水资源与人口、GDP 和各种用水类型的洛伦兹曲线并计算基尼系数，分析山西省水资源的匹配性。李建芳等（2010）通过计算人口、GDP、参考作物蒸发蒸腾量、降水量等指标与用水量的基尼系数，评价了石羊河流域用水公平性。武萍等（2018）采用基尼系数分析了青海省水资源与人口数量、工农业用水和产值的匹配状况。何慧爽（2015）通过分析用水结构和生产率的基尼系数，为我国用水公平和效率的研究提供了新视野。邓益斌和尹庆民（2015）采用分解的泰尔指数计算出长江水资源利用效率差异，从而提出提高水资源利用效率的建议。张吉辉等（2012）采用基尼系数、不平衡指数两种测算方法分析了中国水资源分布和配置与人口、GDP 及土地面积之间配置的平衡性。

综上所述，水资源是人类生产与生活的重要资源，人类的生存与发展都离不开对水资源的利用。我国近年来人口、经济与水资源的协调度已有所提升，但各省市之间的差距仍不可忽视。追求用水量与水资源分布的优化配置及各类型用水的公平协调是人口、经济与水资源全面协调可持续发展的必要条件。如何定量分析不同行业、部门主体对于水资源配置方案的认可程度，即如何根据不同行业部门主体的用水特征建立一个适当的指标为水资源配置的公平协调性分析提供合理的基础数据支撑。如何协调生活、生产和生态子系统之间的制约与竞争关系；如何协调上下游、不同地级市、省份和子流域之间的供需关系，达到流域内的公平协调；如何协调和满足当下与未来对水资源需求，保持人类社会的永续发展。

2. 水资源价值核算

在水资源价值的核算方法研究方面，目前应用较广的方法有影子价格法（袁汝华等，2002）、成本分析法（郑宏丽和刘玉东，2002）、可计算一般均衡（computable general equilibrium，CGE）模型法（赵永等，2008）、模糊数学模型核算法（罗定贵，2003）、能值核算法（陈丹等，2006）等。影子价格只能反映水资源的稀缺程度以及水资源与总体经济效益间的关系，忽略了供给方的定价因素，不能代替水资源本身的价值。成本分析法包括四种方法，即边际成本分析法、完全成本分析法、平均成本分析法和边际社会成本分析法。从长期来看，由于供水系统投资大、周期长且资本不可分割，供水的边际成本难以按经典的含义进行计算。平均成本分析法也未能反映水资源的原始价值以及环境因素，不利于高效用水以及水资源合理配置，有待进一步研究。CGE 模型法通过对一般均衡经济系统的数值模拟分析，反映市场经济中的要素决定资源配置的基本机制。但 CGE 模型法所要求的资料数据庞大，难以实践应用。模糊数学模型核算法在一定程度上有助于水资源价值的核算，但该方法难以全面评估水资源的经济、社会、生态环境价值。

上述几种水资源价值核算方法均为定量核算水资源价值提供了多种思路，但由于所处时代的不同且各研究者的研究角度、方法和理论偏好等存在主观差异，各核算方法都不可避免地带有一定的局限性和研究范围的片面性（姜文来等，1998）。科学、全面地核算水资源价值应从生态经济系统整体的角度出发，分析水资源生态经济系统的能量流动和价值转移，寻求可以将水资源生态经济系统不同类型、不同量纲的投入产出进行统一量化的方法。

因此，部分学者开始采用能值理论计算水资源价值。能值理论和分析方法由美国著名生态学家 Odum 于 20 世纪 80 年代提出，该理论从地球生物圈的基本理化作用出发，采用能值这个统一度量单位对生态系统和环境资源价值进行客观的衡量与评估（Odum，2002）。陈丹等（2008）采用能值核算方法计算出南方某沿海县域的天然水资源价值。吕翠美（2009）使用能值方法统一度量了郑州市水资源的经济价值、社会价值和生态环境价值。以上学者在一定程度上实现了水资源价值的统一量化，但缺乏对水资源社会价值的深入研究。李友辉和孔琼菊（2010）利用能值分析理论和方法，分析了江西省农业水资源生态经济系统的能量转换过程，建立了江西农业水资源生态经济系统能值投入与产出分析的时间序列。齐雪艳等（2013）建立基于能值理论的湿地发展水平评价模型，构建评价指标体系并以东居延海湿地为例进行应用研究。上述研究范围涉及农业水资源、湿地等生态经济系统，研究区域为市级行政区，将其研究思路拓展到面积广、水情复杂的黄河流域仍有许多亟待解决的问题。

能值分析方法提供了统一的度量标准，但使用能值理论分析黄河流域水资源价值，进而研究流域水权交易尚有一些难点需要突破：第一，水资源社会价值的量化需体现水资源的公平属性，输沙价值需要结合河流动力学分析计算。如何依据能值分析方法，实现黄河流域水资源社会价值、输沙价值的量化是难点之一。第二，计算资源、物质和能量等的太阳能值转换率涉及生态经济系统内生态流的传递、转化过程，如何准确地计算黄河流域水体太阳能值转换率是另一个难点。针对流域水资源价值内涵与构成体系不完整、统一度量方法不完善等问题，分解水资源经济、社会与生态环境服务功能的表现形态，界定水资源的综合价值内涵及构成，研究水资源综合价值的统一度量方法，评估黄河流域水资源的综合价值。

2.4 研究瓶颈

水资源优化配置是一个典型的多目标、多层次、多过程复杂问题，在多目标优化决策理论、方法和模型等方面取得了丰富成果与应用。但是，针对当前环境剧烈变化的缺水流域，水资源优化配置研究仍显不足，主要表现为以下几个方面。

（1）亟须创新水资源优化配置理论与科学调控方法

随着经济社会发展和全球环境变化，流域水短缺、水污染、水生态等问题相互交织，水资源科学调控具有综合性、多源性、动态性、多目标等特征。随着供需矛盾的尖锐，部门之间的用水竞争更加激烈，变化环境下水资源配置影响因素逐渐增多，如何使有限的水资源发挥最大的价值？如何使各子系统均衡协调发展？需要分析水资源在经济、社会、生态、环境系统中的作用和价值，研究系统均衡调控的机制和原理，并将其纳入配置体系，以更加科学合理地实现水资源优化配置，但以目前水资源综合价值为导向的优化理论和方法不成熟、以系统均衡调控为手段的配置模式不健全，因此亟须创新水资源优化配置理论与科学调控方法。

（2）对水量分配方案的适应性与动态优化问题研究不足

以黄河“八七”分水方案为例，实施 30 多年来流域水资源情势发生重大变化：水资源量持续减少、时空分布变异，用水特征和结构变化显著，同时流域经济社会发展、工程布局、生态保护需求等方面也发生了重大变化，未来 10 ~ 30 年将面临经济发展和水资源短缺的严峻挑战。纵观国内外水资源调配研究，主要围绕水资源的分配机制，重点探索优化方法，而对水量分配方案的适应性与动态优化问题关注不够。

第一篇

黄河“八七”分水方案制定与运用评价

第3章 黄河流域水资源及开发利用现状分析

黄河天然径流量呈现一定的减少趋势，下垫面变化是径流量减少的主要原因，未来仍面临一定的减少风险。自20世纪50年代以来，随着流域国民经济发展，黄河供水量不断增加，1980～2018年黄河流域内总用水量由343.0亿m^3增加到415.2亿m^3，增加了72.2亿m^3，其中工业、生活用水增幅较大。1980年以来黄河流域节水力度不断增强，用水效率大幅提高，人均用水量由420m^3减少到341m^3。

3.1 黄河天然径流量及其变化趋势

3.1.1 黄河天然径流变化

黄河水资源具有年际变化大、年内分配集中、空间分布不均等我国北方河流的共性，同时还具有水少沙多、水沙异源、水沙关系不协调等特有的个性，年际变化大、年内分配集中、连续枯水段长。近40年来，由于人类活动影响，流域下垫面变化显著，黄河天然径流显著减少。

黄河径流量呈现持续减少趋势，见表3-1和图3-1。根据黄河流域历次水资源调查评价结果，1919～1975年黄河天然径流量为580.0亿m^3（黄河“八七”分水方案采用的径流系列，1956～1975年下垫面条件），1956～2000年黄河天然径流量为534.8亿m^3（第二次水资源调查评价，1980～2000年下垫面条件），1956～2016年黄河天然径流量为490.0亿m^3（第三次水资源调查评价，2001～2016年下垫面条件），与1919～1975年系列相比减幅达16%。在空间分布上，黄河上游天然径流量衰减5.2亿m^3，占全河衰减量的5.8%；中游天然径流量衰减69.8亿m^3，占全河衰减量的77.5%，其中河口镇—龙门区间是天然径流量衰减最严重的区域，减少了40.9亿m^3。黄河下游天然径流量衰减15.0亿m^3，占全河衰减量的16.7%。从天然径流量变化来看，黄河出现了1969～1974年连续枯水段（平均径流量为422.5亿m^3）、1990～2002年枯水段（平均径流量为395.3亿m^3）和1961～1968年连续丰水段（平均径流量为613.3亿m^3）。

表 3-1　不同成果的天然河川径流量变化

成果	单位	兰州	河口镇	龙门	三门峡	花园口	利津
《黄河流域第三次水资源调查评价》(1956～2016 年)(①)	亿 m^3	324.0	307.4	339.0	435.4	484.2	490.0
《黄河流域水资源综合规划》(1956～2000 年)(②)	亿 m^3	329.9	331.7	379.1	482.7	532.8	534.8
绝对差值(①-②)	亿 m^3	-5.9	-24.3	-40.1	-47.3	-48.6	-44.8
占比例 [(①-②)/②]	%	-1.8	-7.3	-10.6	-9.8	-9.1	-8.4
《黄河可供水量分配方案》(1919～1975 年)(③)	亿 m^3	322.6	312.6	385.1	498.4	559.2	580.0
绝对差值(①-③)	亿 m^3	1.4	-5.2	-46.1	-63.0	-75.0	-90.0
占比例 [(①-③)/③]	%	0.4	-1.7	-12.0	-12.6	-13.4	-15.5

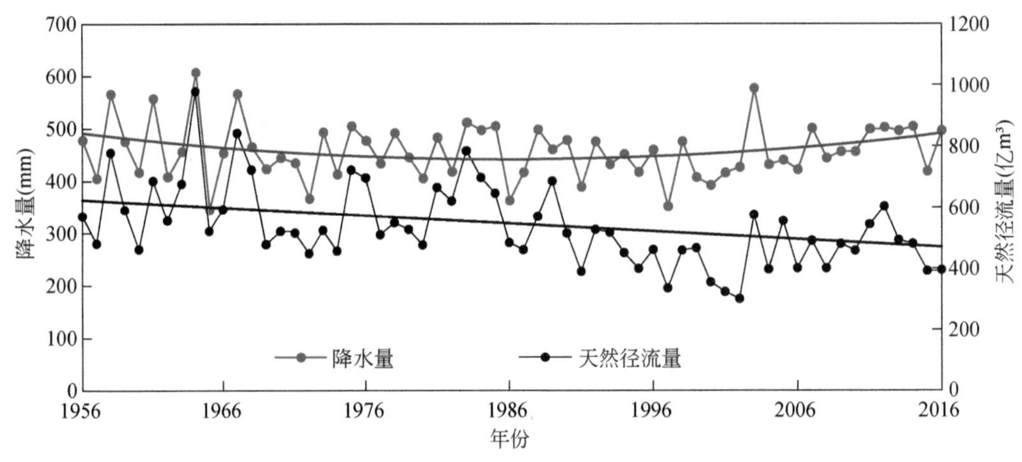

图 3-1　黄河流域 1956～2016 年系列降水量与天然径流量变化

3.1.2　下垫面变化是径流减少的主要原因

降水呈现丰—枯—丰的周期性变化特征。从黄河流域 1919～2016 年系列百年尺度降水变化来看，黄河流域年降水过程存在 3 年、15 年、36 年、65 年和 96 年左右变化的主要周期，见图 3-2。根据历史观测资料，黄河流域 1956～2016 年多年平均降水量为 452.2mm，黄河流域1956～2016 年历史降水量呈现出丰—枯—丰三阶段变化，其中1956～1980 年年均降水量为 457.0mm，1981～2000 年年均降水量为 438.6mm，2001～2016 年年均降水量为 461. 6mm，见图 3-3。1956 ~ 2016 年降水虽有波动性特征，但无论是黄河流域整体，还是主要属于产水区的兰州以上和河口镇—花园口区间，都没有明显的增加或减少趋势。

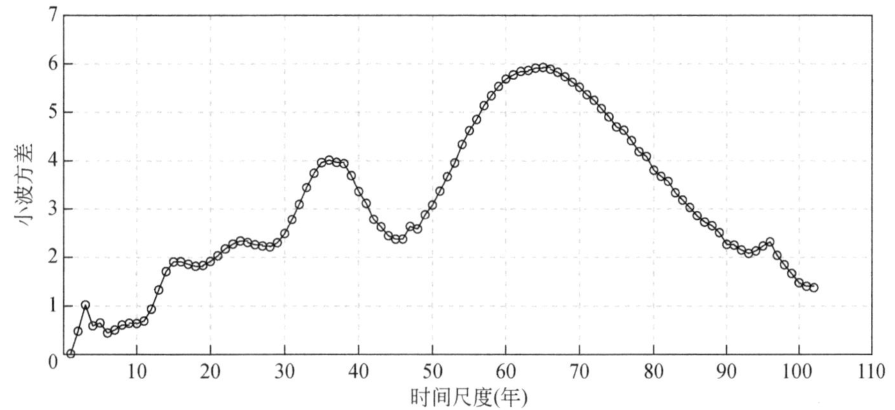

图 3-2　黄河流域 1919 ~ 2016 年系列年降水量小波方差

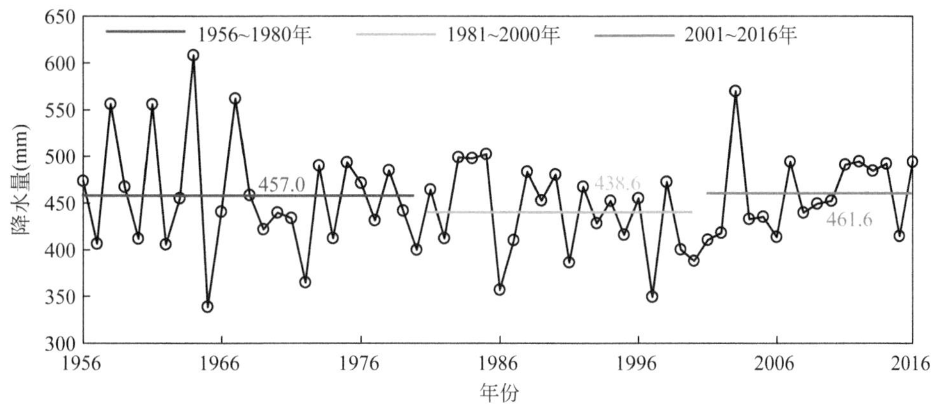

图 3-3　黄河流域 1956 ~ 2016 年历史降水变化特征

第一次水资源调查评价、第二次水资源调查评价和第三次水资源调查评价黄河流域降水量分别为 465. 7mm、445. 8mm 和 451. 9mm。总的来看，黄河流域三次调查评价面积基本一致，降水量有所变化主要是由系列不同、出现不同丰枯段等因素导致，说明降水量变化不是引起黄河天然径流量减少的主要原因，主要是人类活动的影响。

3. 1. 3　黄河天然径流量未来还将面临衰减风险

受自然条件变化和人类活动影响，自 20 世纪 80 年代以来，黄河水资源量衰减严重。

未来黄土高原水土保持工程的建设、地下水的开发利用、能源开发、雨水利用将进一步改变流域下垫面条件，导致产汇流关系向产流不利的方向变化，即使在降水量不变的情况下，黄河天然径流量仍将进一步减少，黄河可供水量不足的问题更加突出，并成为制约黄河流域生态保护和高质量发展重大国家战略的瓶颈。

3.2 水资源开发利用历程和现状

3.2.1 水资源开发利用历程

黄河流域水资源开发利用历史悠久，早在公元前246年战国时期，秦国就兴修郑国渠引泾水灌溉农田115万亩，变关中为良田。秦汉时期宁夏平原已经开始引黄灌溉，由于黄河水的淤灌，荒漠泽卤变成良田，久享“塞上江南、鱼米之乡”的美誉。北宋时期黄河下游开展了引黄河水沙淤灌农田，1076年引黄、汴河放淤开封及东西沿汴两岸农田。20世纪20年代，李仪祉先生在陕西主持修建泾惠渠等“关中八惠”，成为国内一批较早的、具有先进科学技术的近代灌溉工程。

中华人民共和国成立后，黄河流域进行了大规模的水利建设，不仅改造扩建了原来的老灌区，还兴建了一批大中型水利工程，到1980年流域内新建、扩建和改善的有效灌溉面积达到6493万亩①，若包括下游流域外引黄灌溉面积，达8000万亩。除向农业供水外，还建成了一批工业、城镇供水工程和流域外远距离调水工程。

黄河水资源开发利用取得了巨大成就，黄河以占全国2%的径流量，15%的耕地面积，保障了占全国12%人口的小康社会与生态文明建设。根据第一次全国水利普查成果（2013年6月），黄河流域内共修建蓄水工程15 274座，总库容达到909.27亿m^3；引水工程14 982处，规模为169 720m^3/s；提水工程19 327处，规模为7087m^3/s。同时建成规模以上机电井工程55.68万眼，年供水量为113.98亿m^3。此外还建成少量污水回用工程和雨水利用工程，以及向流域外供水涵闸和提水站120余座。

自20世纪50年代以来，随着国民经济的发展，黄河的供水量不断增加。1950年，黄河流域供水量约为120.0亿m^3，主要为农业用水，1980年黄河流域总供水量为446.31亿m^3，2000年总供水量达到506.34亿m^3，2018年总供水量为516.22亿m^3。1980～2018年黄河流域供水量增加69.91亿m^3，年均增长率为0.38%，其中，1980～2000年供水量增加60.03亿m^3，年均增长率为0.63%；2000～2012年供水量增加17.26亿m^3，

① 1亩≈666.67m^2。

年均增长率为 0.28%；2012 ~ 2018 年供水量减少 7.38 亿 m³，年均增长率为 -0.24%。1980 ~ 2018 年黄河流域供水量变化情况见图 3-4 和表 3-2。

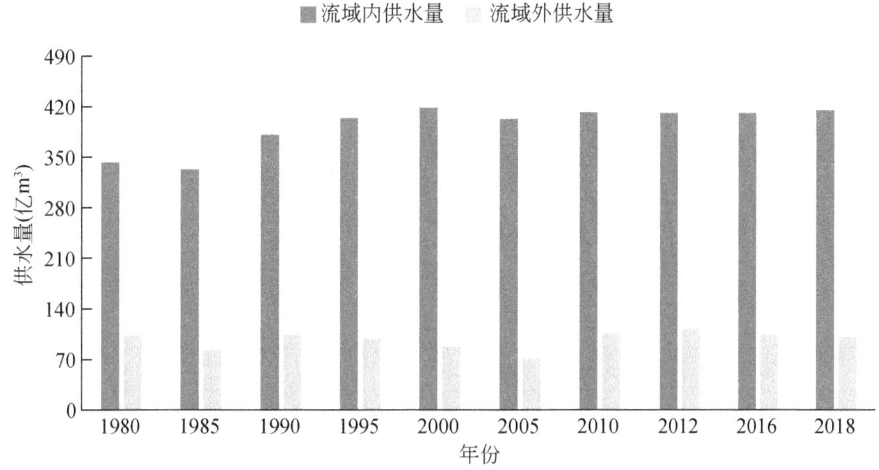

图 3-4 黄河流域 1980 ~ 2018 年供水量变化趋势

表 3-2 黄河流域 1980 ~ 2018 年供水量变化情况 （单位：亿 m³）

年份	流域内供水量				向流域外供水量	供水量合计
	地表水	地下水	其他供水	合计		
1980	249.16	93.27	0.52	342.95	103.36	446.31
1985	245.19	87.16	0.71	333.06	82.74	415.80
1990	271.75	108.71	0.66	381.12	103.99	485.11
1995	266.22	137.64	0.75	404.61	99.05	503.66
2000	272.22	145.47	1.07	418.76	87.58	506.34
2005	261.12	138.39	3.50	403.01	71.36	474.37
2010	278.92	129.02	4.40	412.34	105.78	518.12
2012	273.14	130.63	7.30	411.07	112.53	523.60
2016	277.81	121.87	11.48	411.16	103.60	514.76
2018	284.01	117.17	13.95	415.13	101.09	516.22

3.2.2 现状供用耗水量

(1) 供水量

2018 年黄河流域各类工程总供水量为 516.22 亿 m³，其中向流域内供水 415.13 亿 m³，向流域外供水 101.09 亿 m^3。流域内供水量中，地表水供水量为 284.01 亿 m^3，占流域内总供水量的 68.4%；地下水供水量为 117.17 亿 m^3，占流域内总供水量的 28.2%，其他水源供水量为 13.95 亿 m^3，占流域内总供水量的 3.4%，详见表 3-3。

表 3-3 黄河流域 2018 年供水量调查统计 （单位：亿 m^3）

省（自治区、直辖市）	流域内供水量				流域外供水量	合计
	地表水	地下水	其他水源	合计		
青海	12.55	3.09	0.11	15.75	0	15.75
四川	0.25	0.04	0.00	0.29	0	0.29
甘肃	32.18	4.38	2.24	38.8	2.52	41.32
宁夏	63.69	6.14	0.28	70.11	0	70.11
内蒙古	70.78	25.88	2.67	99.33	0.52	99.85
陕西	38.42	28.47	2.58	69.47	0	69.47
山西	28.22	19.71	3.05	50.98	1.17	52.15
河南	28.04	22.39	1.14	51.57	23.26	74.83
山东	9.88	7.07	1.88	18.83	68.81	87.64
河北和天津					4.81	4.81
合计	284.01	117.17	13.95	415.13	101.09	516.22

黄河流域各省（自治区）供水对地表水的依赖相对较大，尤其是黄河上中游地区，流域内青海、甘肃、宁夏、内蒙古地表水供水量分别为 12.55 亿 m^3、32.18 亿 m^3、63.69 亿 m^3 和 70.78 亿 m^3，其中地表水供水比例分别为 79.7%、82.9%、90.8% 和 71.3%。陕西、山西、河南、山东等省地表水、地下水供水比例相对均衡。

（2）用水量

2018 年黄河流域内各部门总用水量为 415.13 亿 m^3，其中农业用水量（包括农田灌溉和林牧渔畜用水）为 288.58 亿 m^3，占总用水量的 69.5%，是黄河流域第一用水大户；工业用水量为 54.62 亿 m^3，占总用水量的 13.2%；生活用水量（包括居民生活和城镇公共用水）为 50.86 亿 m^3，占总用水量的 12.2%；生态环境用水量为 21.07 亿 m^3，占总用水量的 5.1%，详见表 3-4。

黄河上中游地区（含青海、四川、甘肃、宁夏、内蒙古、陕西、山西）农业用水量占总用水量的比例为 72.1%，工业用水量占总用水量的比例为 11.9%；生活用水量、生态环境用水量占总用水量的比例分别为 11.6%、4.4%。除四川外，黄河流域其他省（自治区）农业用水所占比例均最高，尤其是宁夏、内蒙古，农业用水占其总用水量比例分别达 84.2% 和 84.3%。

表 3-4 2018 年黄河流域内总用水量调查统计 （单位：亿 m^3）

省（自治区）	农田灌溉	林牧渔畜	工业	城镇公共	居民生活	生态环境	合计
青海	8.14	3.22	1.26	0.95	1.55	0.63	15.75
四川	0.03	0.19	0.02	0.01	0.04	0	0.29
甘肃	22.71	3.09	5.89	2.42	3.94	0.75	38.80
宁夏	52.50	6.56	5.29	1.08	2.11	2.57	70.11
内蒙古	77.65	6.09	7.04	0.76	3.42	4.37	99.33
陕西	31.74	7.32	12.11	2.85	11.02	4.43	69.47
山西	27.58	1.72	9.53	2.07	7.62	2.46	50.98
河南	26.53	2.76	10.53	1.57	5.40	4.78	51.57
山东	9.39	1.36	2.95	0.83	3.22	1.08	18.83
合计	256.27	32.31	54.62	12.54	38.32	21.07	415.13

（3）耗水量

2018 年黄河流域内耗水总量为 314.84 亿 m^3，其中地表水耗水量为 227.59 亿 m^3，地下水耗水量为 87.25 亿 m^3。流域内地表水耗水量占流域内总耗水量的 72.3%，地下水耗水量占 27.7%，详见表 3-5。

表 3-5 2018 年黄河流域内耗水量 （单位：亿 m^3）

省（自治区）	地表水	地下水	总量
青海	9.27	1.95	11.22
四川	0.22	0.04	0.26
甘肃	27.17	3.44	30.61
宁夏	37.65	4.21	41.86
内蒙古	57.18	20.2	77.38
陕西	32.57	20.84	53.41
山西	27.18	15.16	42.34
河南	26.22	16.22	42.44
山东	10.13	5.19	15.32
合计	227.59	87.25	314.84

3.2.3 现状水资源开发利用程度

水资源开发利用程度是评价流域水资源开发与利用水平的特征指标，涉及水资源量、供水量与消耗量、地下水开采量四个紧密关联的因素，用地表水开发利用率、地表水耗水率和地下水开采率 3 个指标具体表示。

根据《黄河水资源公报》，2001 ~ 2018 年黄河流域利津断面平均天然径流量为 471 亿 m^3，平均地表水供水量为 372.67 亿 m^3，平均地表水耗水量已达到 303.62 亿 m^3，地表水开发利用率和地表水耗水率分别为 79.1% 和 64.5%，超过地表水可利用率。主要支流汾河、沁河、大汶河等开发利用率也达到较高水平。

根据《黄河水资源公报》，2001 ~ 2018 年黄河流域平均地下水供水量为 128.6 亿 m^3，其中平原区浅层地下水开采量约为 100 亿 m^3，占平原区地下水可开采量的 92%，但地区分布不平衡，部分地区地下水已经超采。据统计，2018 年黄河流域（河谷）平原（盆地）区，河南、山西两省由于长期过量开采地下水，已形成 5 个浅层地下水降落漏斗，黄河流域甘肃、宁夏、陕西共有 36 个浅层地下水超采区，均为中、小型超采区。

3.3 近年来用水量和用水水平变化

3.3.1 用水量变化情况

1980 ~ 2018 年黄河流域内用水增加主要为生活用水增加，用水量增加了 33.4 亿 m^3，占总用水量的比例从 5.1% 提高到 12.3%。1980 ~ 2012 年黄河流域内工业用水量持续增加，2012 ~ 2018 年用水量减少了 8.9 亿 m^3，用水比例从 15.5% 下降到 13.1%，工业用水量减少与工业发展速度变缓和工业节水有关。1980 ~ 2018 年黄河流域内农业用水量先增后减，农业用水比例由 87.0% 下降到 69.5%，2000 年以前农业用水增加与灌溉面积不断增加有关；2000 ~ 2018 年农业用水量减少 35.6 亿 m^3，而灌溉面积仍然增加，说明农业节水效果明显，节约水量不但满足新增灌溉面积用水需求，且部分转为工业用水。2005 ~ 2018 年生态环境用水逐渐增加，占总用水量的比例从 0.8% 增加到 5.1%，生态环境用水增加与国家大力倡导生态文明建设有关。1980 ~ 2018 年黄河流域内用水量及用水结构变化情况见表 3-6。

表 3-6　1980 ~ 2018 年黄河流域内用水量及用水结构

年份	用水量（亿 m^3）					用水结构（%）				
	农业	工业	生活	生态环境	合计	农业	工业	生活	生态环境	合计
1980	298.3	27.2	17.5		343.0	87.0	7.9	5.1		100
1985	280.6	32.0	20.5		333.1	84.2	9.6	6.2		100
1990	313.0	42.8	25.3		381.1	82.1	11.2	6.7		100
1995	319.9	54.1	30.6		404.6	79.1	13.4	7.5		100
2000	324.2	59.5	35.1		418.8	77.4	14.2	8.4		100
2005	307.5	58.8	33.4	3.3	403.0	76.3	14.6	8.3	0.8	100
2010	299.7	61.8	40.6	10.2	412.3	72.7	15.0	9.8	2.5	100
2012	283.7	63.5	52.3	11.6	411.1	69.0	15.5	12.7	2.8	100
2016	287.4	54.7	54.5	14.6	411.2	69.9	13.3	13.3	3.5	100
2018	288.6	54.6	50.9	21.1	415.2	69.5	13.1	12.3	5.1	100

注：农业用水包括农田灌溉和林牧渔畜用水；生活用水包括居民生活用水和城镇公共用水。因保留小数位数问题，数据存在微小差别。

从各行业用水变化情况看，1980 ~ 2018 年工业用水年均增长率为 1.85%，其中 1980 ~ 1995 年，工业用水为快速增长阶段，年均增长率为 4.7%，在 1985 ~ 1990 年工业用水年均增长率达 6.0% 之后，工业用水增长率减缓，1995 ~ 2000 年工业用水年均增长率降低到 1.9%，2000 ~ 2005 年工业用水年均增长率进一步降低到 -0.2%，2005 ~ 2012 年工业用水年均增长率回升到 1.1%，2012 ~ 2018 年工业用水年均增长率下降到 -2.5%。随着小康社会建设，居民生活水平提高，生活用水量增长较快，1980 ~ 2018 年生活用水年均增长率达 2.8%，其中，2005 ~ 2018 年生活用水年均增长率为 3.3%。随着城市环境改善和生态文明建设，河道外生态环境用水量增加较快，2005 ~ 2018 年河道外生态环境用水量增加 17.8 亿 m^3，年均增长率为 15.3%。

3.3.2　耗水量变化情况

1. 黄河流域内外总耗水量情况

1987 年 9 月，国务院办公厅发布了《国务院办公厅转发国家计委和水电部关于黄河可供水量分配方案报告的通知》（国办发〔1987〕61 号），明确提出了在南水北调西线工程生效前黄河流域内外可耗用黄河水量为 370 亿 m^3。

根据《黄河水资源公报》，2001 ~ 2018 年黄河流域内外平均总耗水量为 395.18 亿 m^3，其中地表水耗水量为303.62亿m^3，占流域总耗水量的76.8%；地下水耗水量为91.56亿m^3，占流域总耗水量的23.2%。地表水耗水量中，流域内耗水量为205.83亿m^3，占流域总耗水量的52.1%，流域外耗水量为97.79亿m^3，占流域总耗水量的24.7%。黄河流域近年来耗水量情况详见图3-5和表3-7。

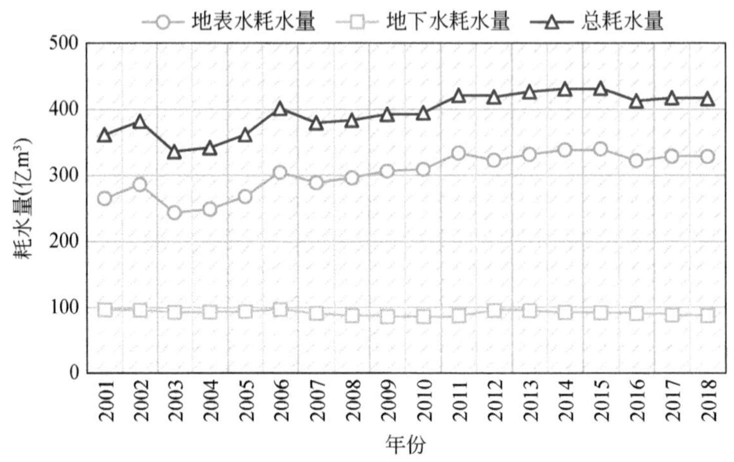

图3-5 黄河流域2001~2018年耗水量变化趋势

表3-7 黄河流域2001~2018年耗水量情况 （单位：亿m^3）

年份	地表水耗水量		地下水耗水量	总耗水量
	流域内	流域外		
2001	186.36	78.79	96.64	361.79
2002	186.52	99.53	96.18	382.23
2003	170.50	73.07	92.88	336.45
2004	179.81	69.16	93.33	342.30
2005	196.49	71.37	93.89	361.75
2006	205.76	98.98	96.99	401.73
2007	201.10	87.68	91.00	379.78
2008	201.13	95.01	87.40	383.54
2009	204.42	102.13	86.02	392.57
2010	203.39	105.77	85.70	394.86
2011	218.37	115.69	87.21	421.27
2012	210.67	112.53	95.65	418.85
2013	224.24	107.65	94.88	426.77
2014	221.98	116.71	92.38	431.07

续表

年份	地表水耗水量		地下水耗水量	总耗水量
	流域内	流域外		
2015	220.98	119.36	91.71	432.05
2016	218.62	103.60	90.65	412.87
2017	227.10	102.03	88.23	417.36
2018	227.59	101.09	87.25	415.93
2001 ~ 2018 年平均	205.83	97.79	91.56	395.18

2. 各省（自治区）地表水耗水及超指标情况

1999 年黄河实施水量统一调度以来，依据国务院批准的黄河“八七”分水方案，按照总量控制、丰增枯减的原则，确定了各省（自治区）地表水耗水量年度分配指标。2001 ~ 2018 年，甘肃共计 17 年超年度分配指标，年平均超指标引水 4.10 亿 m^3；宁夏共计 15 年超年度分配指标，年平均超指标引水 3.93 亿 m^3；内蒙古共计 16 年超年度分配指标，年平均超指标引水 9.19 亿 m^3；山东共计 16 年超年度分配指标，年平均超指标引水 17.0 亿 m^3。上游青海、甘肃、宁夏、内蒙古四省（自治区）年均超年度分配指标达 15.52 亿 m^3，超指标用水主要发生在兰州—河口镇区间。黄河流域近年来各省（自治区）超指标情况详见表 3-8 和图 3-6。

表 3-8　黄河流域各省（自治区）地表水耗水量历年变化　（单位：亿 m^3）

省(自治区)	指标	2001 年	2002 年	2003 年	2004 年	2005 年	2006 年	2007 年	2008 年	2009 年	2010 年	2011 年	2012 年	2013 年	2014 年	2015 年	2016 年	2017 年	2018 年
青海	实际耗水	11.3	11.7	10.9	10.6	10.8	13.6	13.3	11.7	11.0	10.5	10.5	9.0	9.4	9.3	9.5	9.5	9.3	9.3
	分配耗水	9.7	9.0	10.7	11.6	12.9	12.8	12.5	12.5	12.6	12.2	13.0	14.4	13.0	12.3	11.9	11.2	12.4	14.1
	实际-分配	1.6	2.7	0.2	-1.0	-2.1	0.8	0.8	-0.8	-1.6	-1.7	-2.5	-5.4	-3.6	-3.0	-2.4	-1.7	-3.1	-4.8
四川	实际耗水	0.2	0.3	0.3	0.3	0.2	0.2	0.2	0.2	0.2	0.2	0.2	0.3	0.3	0.3	0.3	0.2	0.2	0.2
	分配耗水	0.3	0.3	0.3	0.3	0.4	0.4	0.4	0.4	0.4	0.4	0.4	0.4	0.4	0.4	0.4	0.3	0.4	0.4
	实际-分配	-0.1	0	0	0	-0.2	-0.2	-0.2	-0.2	-0.2	-0.2	-0.2	-0.1	0.1	0.1	0.1	-0.1	-0.2	-0.2
甘肃	实际耗水	26.9	26.1	29.2	29.3	29.2	30.1	30.4	30.0	29.9	30.3	33.2	31.9	30.9	29.9	29.2	29.7	30.3	29.7
	分配耗水	21.1	19.4	22.6	25.2	27.3	27.6	27.1	27.1	27.1	27.9	28.0	29.2	28.3	26.4	25.7	24.2	26.4	30.3
	实际-分配	5.8	6.7	6.6	4.1	1.9	2.5	3.3	2.9	2.8	2.4	5.2	2.7	2.6	3.5	3.5	5.5	3.9	-0.6

续表

省(自治区)	指标	2001年	2002年	2003年	2004年	2005年	2006年	2007年	2008年	2009年	2010年	2011年	2012年	2013年	2014年	2015年	2016年	2017年	2018年
宁夏	实际耗水	37.0	35.7	35.6	37.7	42.1	39.0	39.4	38.6	38.0	35.5	37.0	37.6	38.9	38.8	38.9	36.2	37.2	37.7
	分配耗水	28.1	25.6	28.8	33.5	35.1	39.0	33.3	36.8	34.6	36.2	36.5	38.8	37.8	34.7	34.1	32.0	34.1	39.5
	实际-分配	8.9	10.1	6.8	4.2	7.0	0	6.1	1.8	3.4	-0.7	0.5	-1.2	1.1	4.1	4.8	4.2	3.1	-1.8
内蒙古	实际耗水	61.0	59.2	50.5	56.4	62.2	60.9	59.7	57.1	61.3	61.3	61.5	53.9	62.8	62.0	58.0	55.2	54.4	57.7
	分配耗水	40.6	37.3	44.0	48.5	52.9	55.7	49.6	56.5	52.9	50.2	54.7	54.3	54.3	51.0	49.4	46.7	51.2	58.5
	实际-分配	20.4	21.9	6.5	7.9	9.3	5.2	10.1	0.6	8.4	11.1	6.8	-0.4	8.5	11.0	8.6	8.5	3.2	-0.8
陕西	实际耗水	21.8	21.1	18.7	20.9	23.6	26.8	25.0	26.8	25.6	24.4	26.6	27.7	29.5	29.5	29.7	29.7	31.4	32.6
	分配耗水	26.4	24.2	28.2	31.5	34.1	35.0	33.4	33.9	33.9	28.4	34.6	43.3	35.4	33.0	32.1	30.3	33.0	37.8
	实际-分配	-4.6	-3.1	-9.5	-10.6	-10.5	-8.2	-8.4	-7.1	-8.3	-4.0	-8.0	-15.6	-5.9	-3.5	-2.4	-0.6	-1.6	-5.2
山西	实际耗水	10.5	10.4	9.6	10.1	11.8	12.9	13.6	14.5	15.1	18.2	20.5	20.7	22.1	23.2	26.6	28.8	28.9	28.4
	分配耗水	30.1	27.6	31.4	35.9	38.2	40.0	37.7	38.4	38.2	37.5	39.4	43.5	40.4	37.4	36.6	34.4	37.0	42.7
	实际-分配	-19.6	-17.2	-21.8	-25.8	-26.4	-27.1	-24.1	-23.9	-23.1	-19.3	-18.9	-22.8	-18.3	-14.2	-10.0	-5.6	-8.1	-14.3
河南	实际耗水	29.4	36.0	28.3	26.1	29.3	37.8	33.6	39.4	43.4	44.1	52.0	53.9	53.2	46.8	44.3	43.2	49.7	49.5
	分配耗水	38.9	35.5	40.1	46.3	48.8	51.7	48.3	49.7	46.7	48.7	50.9	57.4	52.2	48.1	47.1	44.3	47.3	54.8
	实际-分配	-9.5	0.5	-11.8	-20.2	-19.5	-13.9	-14.7	-10.3	-3.3	-4.6	1.1	-3.5	1.0	-1.3	-2.8	-1.1	2.4	-5.3
山东	实际耗水	63.4	80.3	50.6	49.6	57.3	80.5	71.6	67.6	73.4	74.5	78.9	81.6	81.3	92.5	98.6	86.4	85.2	78.0
	分配耗水	49.4	45.0	49.7	58.8	60.8	62.3	64.4	59.6	61.3	62.0	66.7	70.2	66.5	60.6	59.8	56.1	59.2	68.9
	实际-分配	14.0	35.3	0.9	-9.2	-3.5	18.2	7.2	8.0	12.1	12.5	12.2	11.4	14.8	31.9	38.8	30.3	26.0	9.1

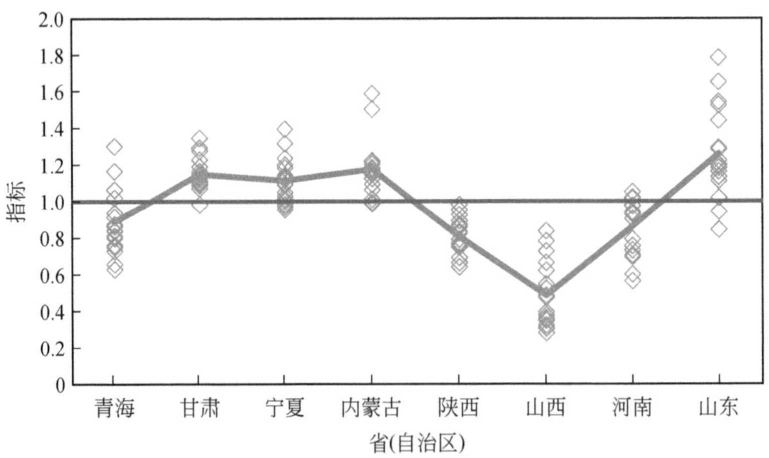

图 3-6　黄河流域各省（自治区）地表水超指标情况（2001 ~ 2018 年）

大于 1 为超指标用水

3.3.3 用水水平分析

1. 近年来用水水平变化

1980~2018 年黄河流域内总用水量由 343.0 亿 m^3 增加到 415.2 亿 m^3，增加了 72.2 亿 m^3，其中工业、生活用水增幅较大，分别增加了 27.4 亿 m^3 和 33.4 亿 m^3。农业用水占总用水量的比例由 1980 年的 87.0% 下降到 2018 年的 69.5%；工业用水占总用水量的比例由 1980 年的 7.9% 增加到 2018 年的 13.1%；生活用水占总用水量的比例由 1980 年的 5.1% 增加到 2018 年的 12.3%。

1980 年以来黄河流域节水力度不断增强，用水效率大幅提高。1980~2018 年，人均用水量由 420m^3 减少到 341m^3，其中 1980~2000 年，人均用水量由 420m^3 减少到 382m^3，2000~2005 年，人均用水量由 382m^3 减少到 357m^3，2005 年以后基本维持在 357~341m^3。与全国及其他流域水平相比，2018 年黄河流域人均用水量低于全国平均水平 91m^3，高于海河流域与淮河流域。与《黄河流域水资源综合规划（2012—2030 年）》规划水平年用水水平对比，2018 年黄河流域人均用水量低于 2020 年用水水平 71m^3。1980~2018 年黄河流域内用水水平见表 3-9。

表 3-9　不同年份黄河流域内用水量及用水水平分析

指标	人均用水量（m^3/人）	万元 GDP 用水量（m^3）	城镇居民用水［L/（人·d）］	万元工业增加值用水量（m^3）	农田实际灌溉定额（m^3/亩）
1980 年	420	3743	63	877	542
1985 年	380	2198	69	654	519
1990 年	398	1672	74	580	514
1995 年	397	1053	96	367	470
2000 年	382	638	101	233	449
2005 年	357	294	103	88	407
2010 年	357	175	114	56	394
2016 年	343	100	101	34	368
2018 年	341	60	104	21	362
《黄河流域水资源综合规划（2012—2030 年）》2020 年水平	412	127	115	53	379

续表

指标	人均用水量（m^3/人）	万元 GDP 用水量（m^3）	城镇居民用水［L/（人·d）］	万元工业增加值用水量（m^3）	农田实际灌溉定额（m^3/亩）
《黄河流域水资源综合规划（2012—2030 年）》2030 年水平	418	71	124	30	361
全国水平（2018 年）	432	66.8	139	41.3	365
海河流域（2018 年）	235	34.6	97	14.2	184
淮河流域（2018 年）	302	48	110	18.5	225
长江流域（2018 年）	450	65.6	155	67	418

注：增加值均折算为 2000 年可比价。

从农业用水分析，1980～2018 年，农田和林草灌溉面积分别增加了 1870 万亩和 961 万亩，而农林牧灌溉用水量减少了 9.7 亿 m^3，农田实际灌溉定额由 542m^3/亩减少到 362m^3/亩。一方面说明农田灌溉节水效果显现，农业用水定额下降明显；另一方面由于黄河水资源总量不足，1999 年以来黄河水资源实行了统一调度管理，在有限水资源条件下，农业用水往往被工业和生活用水挤占，陕西、山西的大部分农田采取非充分灌溉方式，减少灌溉次数，甚至不灌溉，据统计，目前黄河流域每年有 1000 多万亩的农田得不到有效灌溉。与全国及其他流域水平相比，2018 年黄河流域农田实际灌溉定额低于全国平均水平 3m^3/亩，高于海河流域与淮河流域。

从工业用水分析，1980～2018 年，万元工业增加值用水量（2000 年可比价）由 877m^3减少到 21m^3，减少 97.6%，表明黄河流域，特别是上中游地区，近年来严控项目审批手续，节水是项目立项的主要考核指标，空冷、闭式水循环等节水技术大力推广，工业用水重复利用率大幅度提高，工业用水定额下降明显。

此外，以现状用水水平与《黄河流域水资源综合规划》规划水平年用水水平对比分析可见，2018 年黄河流域人均用水量、万元工业增加值用水量低于 2020 年用水水平，说明在水资源量不足的情况下，为维持经济社会发展，黄河流域节水力度迅速增强，现状节水水平基本达到 2020 年水平。

2. 与国外其他地区比较分析

虽然近 30 年来黄河流域的水资源利用效率有较大幅度提高，但与发达国家和世界先进水平相比还有差距，其中，黄河流域万美元 GDP 用水量 414m^3 与发达国家平均水平 173m^3相比偏高 241m^3。黄河流域与世界部分国家和地区水资源利用效率比较见表 3-10。

表 3-10　黄河流域与世界部分国家和地区水资源利用效率比较

国家和地区		人均水资源量（m^3）	农业用水比例（%）	人均用水量（m^3）	万美元 GDP 用水量（m^3）	万美元工业增加值用水量（m^3）	年份
黄河流域		491	69.5	341	414	146	2018
高收入	美国	8 667	39.7	1 384	266	645	2015
	日本	3 392	67.6	628	133	66	2015
	德国	1 294	2.4	309	71	52	2013
	加拿大	77 640	12.6	1 067	243	841	2009
	韩国	1 260	41	726	285	51	2016
	澳大利亚	19 998	63.3	675	121	130	2016
	以色列	86	49	274	91	—	2010
中收入	中国	2 036	61.4	432	543	288	2018
	巴西	27 049	60	383	339	247	2010
	墨西哥	3 167	76.3	670	688	211	2016
	南非	790	62.5	292	382	152	2013
	泰国	3 252	90.4	845	1 825	225	2007
	哈萨克斯坦	3 568	66.7	1 281	1 211	989	2016
低收入	印度	1 080	90.4	613	4 594	341	2010
	菲律宾	4 565	82.2	860	4 398	1 417	2009
	巴基斯坦	279	94	1 038	10 807	392	2008
	乌克兰	1 229	30	324	1 092	2 023	2010

注：数据来自《中国水资源公报 2018》；GDP 为当年价。

第4章　黄河“八七”分水方案出台历史背景和研究历程

本章回顾了黄河“八七”分水方案出台的历史背景、研究历程以及在实践中不断细化和完善的过程，分析了1999年统一调度之前和之后两个时段的运用情况与效果，初步提出了变化环境下流域水资源面临的新形势。

4.1 历史背景

分水方案的出台是各个方面综合因素作用的结果，有研究表明，水资源和社会经济需水时空分布不匹配是分水方案产生的根本原因，黄河“八七”分水方案出台的直接原因是1970年以来的黄河严重断流等。

20世纪70年代黄河流域经济社会快速发展，地表水用水量由中华人民共和国成立初期的60亿～80亿m^3急剧增加至20世纪80年代初的250亿～280亿m^3，加上缺乏有效的规划和管理，上游省（自治区）无序引水，致使黄河下游自1972年开始频繁断流。1972～1987年，有11年发生断流，累计断流145天，年均断流长度260km，见图4-1。频

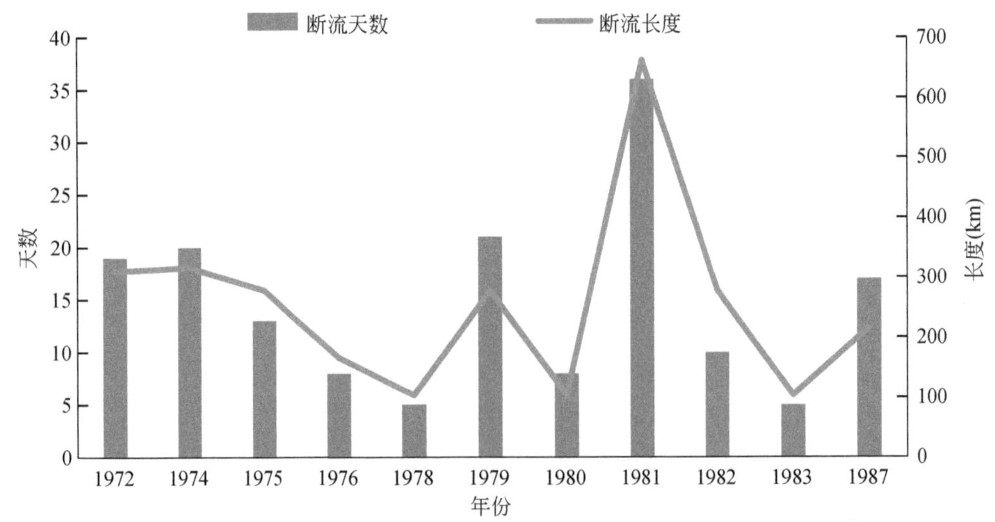

图4-1　1972～1987年黄河断流情况

繁断流一方面造成下游各省生活、工业和农业用水困难，阻碍经济社会稳定发展；另一方面造成河道淤积、水环境污染、威胁防洪安全且严重破坏下游生态环境。为缓解黄河断流严峻形势和水资源开发利用中无序引水问题，1982年在国家计划委员会和水利电力部的安排组织下，黄委协同沿黄各省（自治区），开展了黄河水资源利用规划和可供水量分配方案研究。

4.2 分水原则

黄河“八七”分水方案采用的黄河天然径流量是1919～1975年系列成果，即黄河天然径流量为580亿m^3，其中花园口断面为559亿m^3。现状年为1980年，规划水平年为2000年。其分水时考虑的主要分水原则如下：

1）优先保证人民生活用水和国家重点建设的工业用水。为使有限的黄河水资源取得国民经济的最大效益，应首先保证城市人民生活、农村人畜和重点工业的合理用水。工业布局要充分考虑水源条件，厉行节约用水，建设节水型的工业还要考虑防止污染问题。规划的主要能源基地、重点工业及城市生活用水包括山西能源基地、准格尔煤田、河津铝厂、中原油田、胜利油田、青岛用水以及天津临时抗旱补水等。

2）保证黄河下游冲沙入海水量是黄河水资源平衡中要优先考虑的问题。黄河年输沙量16亿t，淤积分布大致是利津以上河道淤积4亿t，输沙入海4亿t，利津以下三角洲地区淤积8亿t。为维持下游河道多年平均淤积量在3.8亿t左右，估计冲沙水量需要200亿～240亿m^3。

3）区分不同地区情况，适度发展引黄灌溉。由于黄河水资源数量有限，农业用水消耗量较多，从长远看，供需矛盾很大。因此在灌溉用水方面，首先搞好现有灌区的配套建设，厉行节约用水，注意提高经济效益。适当扩大农业高产地区和缺粮地区的灌溉面积；对兴建水源工程困难而又有一定降水的地方，考虑发展旱作农业；对降水很少、干旱缺水的宁夏、内蒙古地区的现有灌区，用水予以满足；对产沙较多的黄土高原地区，水土保持用水不加限制；对下游雨量较多，地下水较丰的广大平原，应坚持井渠结合，抗旱灌溉用水为主。

4）黄河航运与渔业用水水量，采取相机发展的原则，不再单独分配。

5）黄河水资源开发利用上下游兼顾、统筹考虑。龙羊峡水库建成生效后，控制了黄河年径流的36%，具有多年调节性能，不仅供给上游地区工农业用水，而且要保证中游地区能源基地用水，并照顾工农业用水。

6）鉴于目前流域内的地下水资源量待查清，部分城市附近地下水已呈现超采状况，为使发展规划建立在扎实可靠的基础上，今后工农业取用地下水的规模，基本上保持现状，工农业用水的增长部分，均考虑由河川径流补充。

基于以上原则，根据黄河流域长系列天然年径流过程、水库调节能力、运用条件及不同水平年各地区工农业需耗水指标，按干、支流，分河段进行历年逐月调节平衡计算。先支流而后干流，自上而下逐段平衡，求得干、支流各河段的供需关系及干流主要断面历年逐月来水过程。

4.3 出台历程

黄河“八七”分水方案研究和出台从1982年到1987年历经5年时间，分水方案出台历程见图4-2。

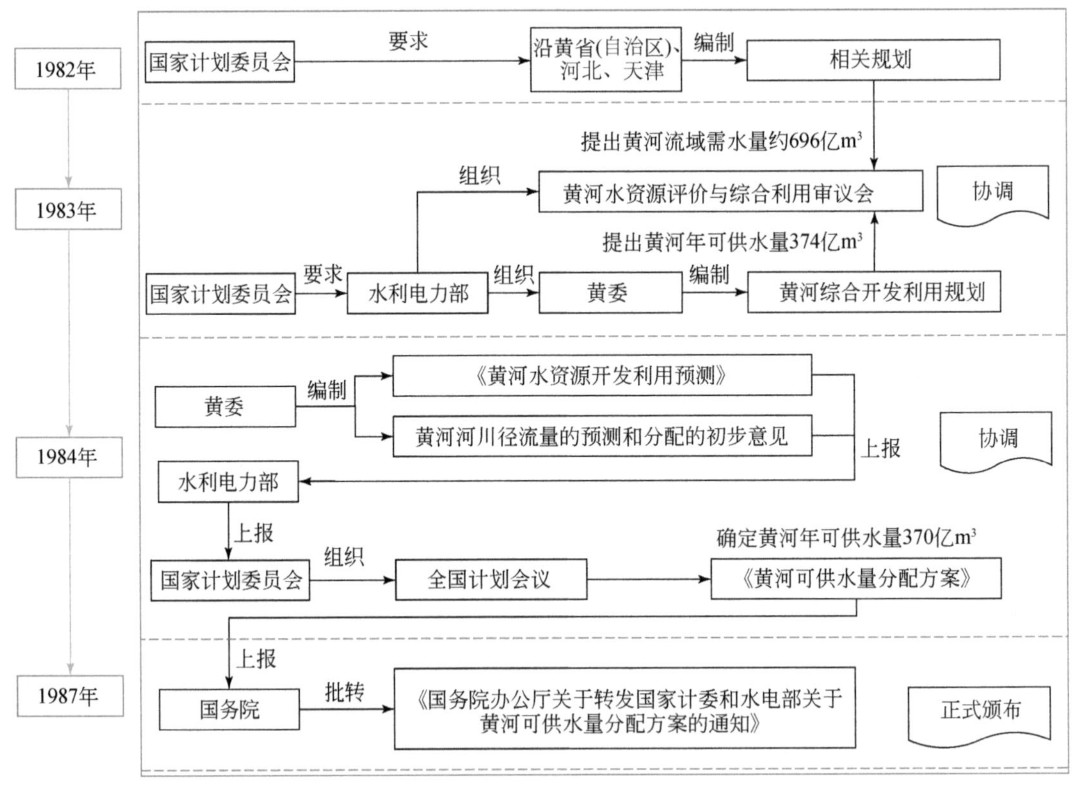

图4-2　分水方案出台历程

1982年11月，根据国家计划委员会的要求，黄河流域各省（自治区）及河北、天津编制了相关规划，以1980年为现状，各地考虑“四化”建设发展，预测2000年相关省（自治区、直辖市）需水量约为696亿m³，各省（自治区、直辖市）黄河需水量见表4-1。比1919～1975年黄河年均天然径流量580亿m³多116亿m³，黄河水资源供需矛盾凸显。

表 4-1　1983 年黄委提出的分配水量与各省（自治区、直辖市）需水量比较

（单位：亿 m^3）

指标	青海	四川	甘肃	宁夏	内蒙古	陕西	山西	河南	山东	河北和天津	合计
黄委分配水量	14	0	30	40	62	43	52	58	75	0	374
各省（自治区、直辖市）需水量	35.7	0	73.5	60.5	148.9	115	60.8	111.8	84	6	696.2

1983 年初，按照国家计划委员会和水利电力部要求，黄委编制完成了《黄河流域 2000 年水平河川水资源量的预测》，遵照"首先保证人民生活用水和国家重点建设的工业用水；同时要保持下游河道最少 200 亿 m^3 的排沙水量；其次是在搞好现有灌区的挖潜配套、节约用水、提高经济效益的基础上，适当扩大高产地区和缺粮地区的灌溉面积"的原则，提出流域可供水量 374 亿 m^3，见表 4-1。

1983 年 6 月，水利电力部主持召开黄河水资源评价与综合利用审议会，由于各省（自治区）提出的总需水量超过黄河多年（1919 ~ 1975 年）平均天然径流量，远大于黄委分配的水量，会议要求进一步研究黄河流域水资源分配方案。

1984 年黄委在调查研究的基础上，通过与沿黄各省（自治区）及河北、天津协调，充分考虑沿黄各省（自治区）及河北、天津未来用水需求以及黄河最大可能的供水量等因素，依据"保障基本用水"和"以供定需"原则，制订了《黄河可供水量分配方案》。该方案采用 1919 ~ 1975 年黄河年均天然径流量 580 亿 m^3，考虑保留河道输沙等生态用水 210 亿 m^3，将南水北调工程生效之前的总可供水量 370 亿 m^3 分配给流域 9 省（自治区）及相邻缺水的河北和天津。分配方案以 1980 年实际用水量为基础，充分考虑了有关省（自治区、直辖市）的灌溉发展规模、工业和城市用水增长以及大中型水利工程兴建的情况。

1987 年 9 月，国务院下发了《国务院办公厅转发国家计委和水电部关于黄河可供水量分配方案报告的通知》（国办发〔1987〕61 号）文件，批准了《黄河可供水量分配方案》，要求各省（自治区、直辖市）贯彻执行，我国大江大河首个分水方案就此产生，见表 4-2。

表 4-2　南水北调工程生效前黄河可供水量分配方案　　（单位：亿 m^3）

指标	青海	四川	甘肃	宁夏	内蒙古	陕西	山西	河南	山东	河北和天津	合计
年耗水量	14.1	0.4	30.4	40.0	58.6	38.0	43.1	55.4	70.0	20.0	370

4.4 分水方案的重要意义

黄河“八七”分水方案是我国大江大河第一个流域性分水方案，对河道内生态环境用水和河道外经济社会用水进行了平衡与分配，对河道外经济社会用水进行了各个行政区域的平衡与分配。该分水方案是黄河流域水资源开发、利用、节约、保护的基本依据，是黄河水量调度与水资源管理的基本依据，是流域治理开发的重要支撑。分水方案对于相关各省（自治区、直辖市）国民经济发展规划、水利发展规划、工程建设安排具有重要的指导作用，对于流域经济社会可持续发展、生态环境良性维持具有重要的支撑作用。分水方案以及之后的调度与管理实践为其他流域水量分配提供了可供借鉴的成功经验。

国际上很多缺水地区为了协调上下游、左右岸、各区域、各部门之间的利益冲突，围绕河流分水方案开展了大量关于分水机制、分水理论的研究，并进行了积极的实践探索，如墨累-达令河、科罗拉多河及尼罗河等都开展了流域水量分配。与这些河流分水方案相比，黄河“八七”分水方案具有显著的特点：一是体现了流域整体利益原则，分水方案由流域机构组织研究提出、有关行政区域参与协调、国家最终决策，是水资源作为国家基本自然资源和国有资源的合理配置，是国家层面对流域水资源利用的整体性安排，体现了流域整体利益的最大化；二是体现了以供定需和总量控制原则，黄河流域水资源供需不平衡，分水方案根据水资源与水环境承载能力首先确定正常年份可供水量，把可供水量作为供水量的约束条件来合理安排用水，合理控制各省（自治区、直辖市）用水总量，保证人民生活生产和生态用水要求；三是体现了发展的原则，分水方案既尊重了现状实际用水，又研究预测了各省（自治区、直辖市）未来灌溉发展、工业和城市增长以及大中型水利工程兴建的可能性，统筹兼顾并合理安排了上下游、各地区、各部门之间的用水要求；四是体现了保护生态环境的原则，在流域水资源供需矛盾十分尖锐的情况下，分配 210 亿 m^3 水量作为河道内生态环境用水，对维持河道健康生命以及国家生态文明建设具有很强的前瞻性。

第5章 黄河“八七”分水方案运用及评价

从1988~1998年和1998~2018年两个时段分析了“八七”分水方案运用情况和执行效果。基于动力系统理论构建了分水方案适应性评价模型，从稳定性、抗力、恢复力、敏感性等几个方面研究了分水方案适应性。从分水方案适应性变化来看，1999~2005年适应性上升，2005年以后适应性开始下降。

5.1 1988~1998年运用情况和执行效果分析

5.1.1 方案运用情况

1988~1998年各省（自治区）的分配水量参照黄河“八七”分水方案的指标，扣除四川省的0.4亿m^3和河北省、天津市的20亿m^3，其他沿黄8省（自治区）的分配水量为349.6亿m^3。黄委从1988年开始编制《黄河用水公报》，统计黄河流域用耗水情况，并与“八七”分水方案的指标进行对比分析。

1997年黄河来水遭遇特枯年份，下游断流问题愈来愈严重，国家提出要根据黄河实际来水量重新修订与完善黄河水资源分配方案和年度分配调度方案。为此，黄委1997年11月20日向水利部报送了《关于黄河枯水年份可供水量分配方案及调度实施意见的报告》（黄水政〔1997〕23号），提出枯水年份黄河可供水量的确定采用同比例折减的办法，折减系数为年度花园口水文站天然径流量与正常来水年份的比值，据此确定1997年流域分配水量为308亿m^3，除四川省和河北省、天津市外，其他沿黄8省（自治区）合计分配水量291亿m^3，由此开启了黄河“八七”分水方案指标根据年度来水情况进行动态调整的探索。

5.1.2 方案执行效果

（1）流域耗水总量得到控制，部分省（自治区）超指标引水突出

总体来看，流域耗水总量得到控制，部分省（自治区）超指标引水突出。1988~1998

年流域年耗水量为255.3亿～333.8亿m³，平均为290.8亿m³（表5-1）。除1997年外，其他年份的耗水总量均低于分水指标。内蒙古、山东等省（自治区）超耗水指标问题突出，见图5-1。内蒙古1988～1998年超指标耗水，多年平均超指标耗水量为6.9亿m³，1991年耗水量最大，为71.6亿m³，超用水指标13.0亿m³；山东省也年年超指标耗水，多年平均超指标耗水量为18.7亿m³，1989年耗水量最大，为134.8亿m³，超过用水指标64.8亿m³，见图5-2。

表5-1　1988～1998年黄河流域地表水耗水量　　（单位：亿m³）

指标	1988年	1989年	1990年	1991年	1992年	1993年	1994年	1995年	1997年	1998年	平均
流域耗水量	325.3	333.8	278.4	301.3	297.5	279.8	255.3	258.5	301.1	277.0	290.8

注：1988～1998年数据来源于《黄河用水公报》，其中1996年数据缺失。

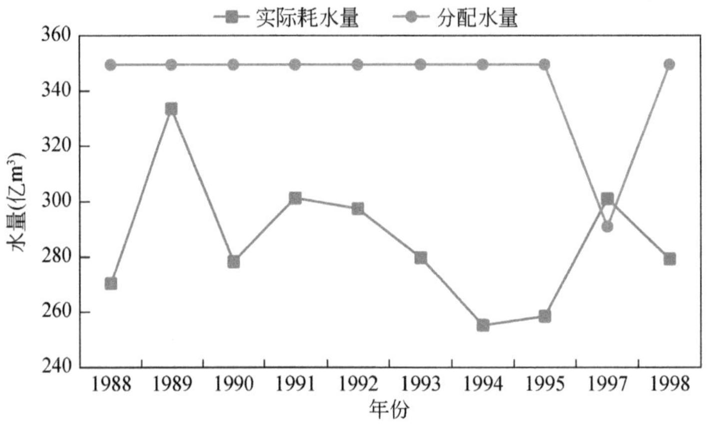

图5-1　黄河流域分配水量与实际耗水量

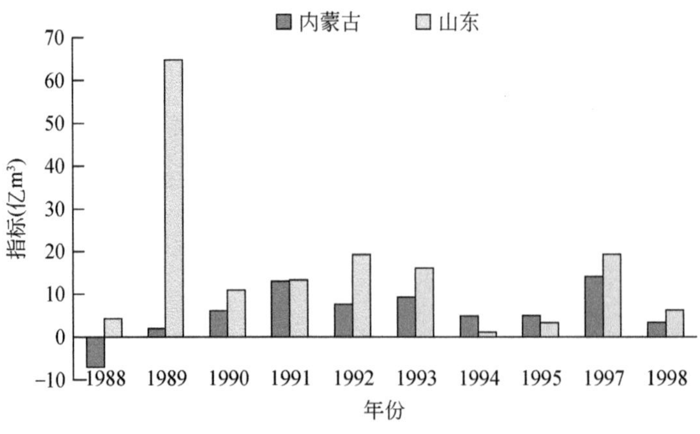

图5-2　内蒙古、山东耗水超指标情况

(2) 河道断流情势加剧

1988～1998年，缺乏调度和管理手段，黄河断流问题依然没有得到解决。1987年国务院批准了黄河“八七”分水方案，但流域机构的管理职能有限，黄河水资源尚未实现统一调度和管理，沿黄各省（自治区）取用水缺乏合理的协调机制，导致“八七”分水方案难以有效执行。这一阶段黄河流域用水量迅速增加，从1988年的445亿m^3增加至1999年的504亿m^3，增加了59亿m^3。与“八七”分水方案制定前（1972～1986年）相比，1988～1998年黄河断面问题呈现五大特点：①年内首次断流时间提前，由4月23日提前到1月1日；②断流次数增加，由年均24次增加到59次；③主汛期（7～9月）断流时间延长，由年均21天增加到176天；④全年断流天数由145天增加到888天；⑤平均断流长度增加，由260km增加到393km，详见表5-2。

表5-2　1988～1998年与1972～1986年黄河断流情况对比

时段	断流最早日期	断流次数合计（次）	7～9月断流天数合计（天）	全年断流天数合计（天）			平均断流长度（km）
				全日	间歇性	总计	
1972～1986年	4月23日	24	21	110	35	145	260
1988～1998年	1月1日	59	176	778	110	888	393

出现断流的原因主要有两个：一是利津断面天然径流量由1972～1986年的556.3亿m^3减少至1987～1998年的476.3亿m^3；二是内蒙古、山东两省（自治区）超指标用水严重，多为灌区引水，集中在4～6月农业用水高峰，年内用水过程影响入海水量。分析省（自治区）超指标用水和河流断流情势加剧的情况，既有流域机构没有被授权进行流域统一管理和开展水量调度等管理方面的原因，也有缺乏小浪底水库等大型骨干工程水量调节等工程条件方面的原因。中国科学院地学部（1999）报告指出：“由于没有建立起全流域水资源统一管理的机制与体制，无法对实际引水量实行有效监督与控制，分水方案并未得到有效落实，一遇枯水年份或用水高峰季节，沿黄引水工程都争先引水，造成分水失控。已建工程的引水能力远大于河道流量，一遇干旱同时引水，造成引水失控，下游河道断流”。

5.2　1999～2018年执行情况和效果分析

黄河“八七”分水方案实施十余年来，黄河断流问题依然没有得到解决，国家和社会各界对黄河断流情势非常关注。为缓解黄河流域水资源供需矛盾和黄河下游断流形势，经国务院批准，1998年12月国家计划委员会、水利部联合颁布实施了《黄河可供水量年度分配及干流水量调度方案》和《黄河水量调度管理办法》，授权黄委统一管理和调度黄河水资源，之后开展了20年的黄河水量调度实践，依据黄河“八七”分水方案，制定调度年份黄河水量分配方案、制定月旬水量调度方案、进行实时水量调度及监督管理等。同时，随着国家不断加强水资源管理，还进行了黄河“八七”分水方案细化，为分水方案落实提供了强力保障。分水方案细化成果与黄河“八七”分水方案的关系见图5-3。2006年颁布的《黄河水量调度条例》及之后的实施细则将支流纳入黄河水量调度体系中，并将各省（自治区、直辖市）报送干支流的年度和月、旬用水计划与水库运行计划、黄河重要支流控制断面最小流量指标及保证率等关键事宜纳入全河水量调度管理体系，形成了全年、干流河段和9条重要支流的水量调度统一调度机制。同时，随着国家不断加强水资源管理，还进行了黄河“八七”分水方案细化完善工作，为分水方案落实提供了强力保障。

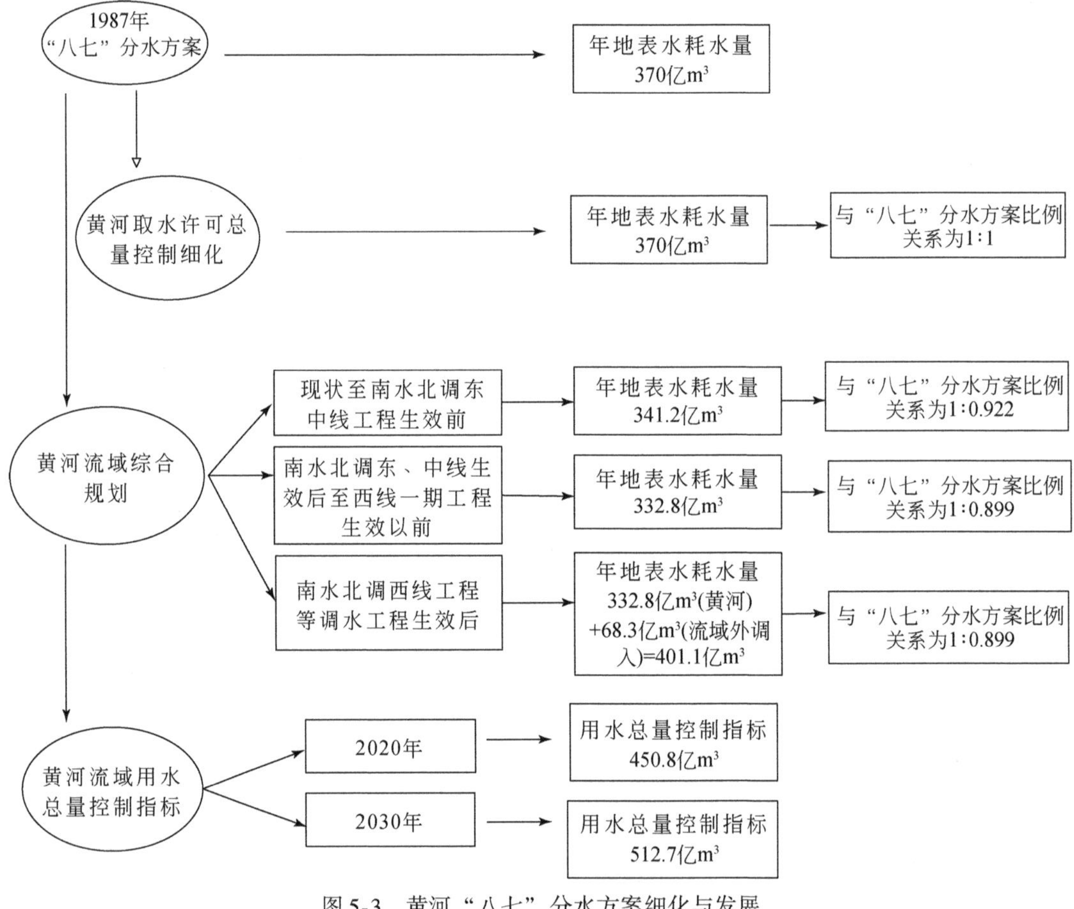

图5-3　黄河“八七”分水方案细化与发展

5.2.1　方案发展完善

黄河“八七”分水方案从制定至今不断发展完善，见图5-4。

图 5-4　黄河“八七”分水方案发展完善

1）不同来水情况下年度分水方案制定。在黄河年度水量调度中，按照“同比例丰增枯减、多年调节水库蓄丰补枯”的原则，制定年度各省（自治区、直辖市）可供耗水量分配方案（年度分水方案）。年度分水方案的制定分三步：首先根据当年汛期来水、各省（自治区、直辖市）用水和非汛期长期径流预报分析，确定本年度花园口站天然径流量；然后依据黄河“八七”分水方案和相关规划，考虑长期径流预报、骨干水库蓄水情况、各省（自治区、直辖市）用水计划建议，确定本年度黄河可供耗水总量；最后根据黄河“八七”分水方案中各省（自治区、直辖市）及各月份分配比例，结合本年度黄河可供耗水总量，确定各省（自治区、直辖市）和各月份黄河可供耗水量分配计划。

2）黄河取水许可总量控制。由于国务院批准的流域分水方案仅明确到省级行政区，对于各省（自治区、直辖市）内部的分水指标没有明确，地（市）、县级行政区域总量控制意识淡薄，影响到总量控制管理的有效实施和黄河水资源的依法精细管理、精细调度。按照“总量控制、可持续利用”等要求，2008 年黄委发布了《关于开展黄河取水许可总量控制指标细化工作的通知》，将各省（自治区、直辖市）分水指标细分到地级行政区和干支流，形成“流域—省（自治区、直辖市）—地（自治市）”3 级分水指标（表 5-3）。各省（自治区、直辖市）结合自身实际情况进行适当调整并实施，控制了引黄用水的快速增长，为流域水资源统一管理和调度奠定了基础。

表 5-3　各省（自治区、直辖市）分水细化方案年均耗水量　（单位：亿 m³）

省（自治区、直辖市）	干流	支流	合计
青海	4.94	9.16	14.10
四川	0	0.40	0.40
甘肃	13.28	17.12	30.40
宁夏	37.00	3.00	40.00
内蒙古	55.58	3.02	58.60
陕西	9.75	28.25	38.00
山西	22.60	20.50	43.10
河南	35.67	19.73	55.40
山东	65.03	4.97	70.00
河北和天津	20.00	0	20.00
合计	263.85	103.75	370.00

3）新径流条件下分水方案制定。2013 年 3 月 2 日，国务院批复《黄河流域综合规划（2012—2030 年）》，依据黄河水资源量的变化和跨流域调水工程的实施情况，在黄河“八七”分水方案基础上，分南水北调东线、中线生效前，南水北调东线、中线生效后至西线一期工程生效前，南水北调西线一期工程生效后 3 个阶段拟定黄河流域水资源配置方案。根据 1956～2000 年的径流系列，黄河多年平均地表径流量为 534.79 亿 m³。考虑到黄河水资源量的减少，统筹兼顾河道内外用水需求，在黄河“八七”分水方案的基础上配置河道内外水量，2000 年水平年配置河道外的水量为 341.16 亿 m³（耗水量），入海水量为 193.63 亿 m³，2020 年、2030 年配置河道外水量分别为 332.79 亿 m³、401.05 亿 m³。从 2017 年 7 月开始，年度分水方案编制以《黄河流域综合规划（2012—2030 年）》南水北调东线、中线生效后至西线一期工程生效前配置河道外水量 332.79 亿 m³为基础。

4）用水总量控制红线。2012 年 10 月，按照水利部《关于开展流域 2020 年和 2030 年水资源管理控制指标分解工作的通知》（办资源〔2011〕416 号），黄委开展了黄河流域用水总量控制指标制定，在《黄河流域水资源综合规划》成果的基础上，各水平年、各省（自治区）用水总量控制指标采用全国用水总量控制指标与《全国水资源综合规划》提出的配置水量的比例进行同比例折算得出，2020 年、2030 年黄河流域用水控制总量分别为 450.8 亿 m³、512.7 亿 m³，实现了用水与耗水双向控制，为实行最严格水资源管理制度提供了依据。

5.2.2　方案执行效果

黄河水量统一调度后，通过行政手段及工程技术手段有效地保障了黄河干流连续

21年不断流、抑制了用水的快速增长、支撑了经济社会和粮食安全、改善了流域生态环境。

1）黄河水量统一调度实现了黄河连续21年不断流。为缓解黄河流域水资源供需矛盾和黄河下游断流形势，经国务院批准，1998年12月，国家计划委员会、水利部联合颁布实施了《黄河可供水量年度分配及干流水量调度方案》和《黄河水量调度管理办法》，授权黄委统一管理和调度黄河水资源，通过科学配置、精细调度、严格管理，扭转了20世纪90年代黄河几乎年年断流的局面，实现了自1999年8月12日以来黄河连续22年不断流。

2）有效抑制了用水过快增长，用水效率提升显著。供给侧通过取水许可管理、用水总量红线控制严格约束，并开展了水权转让试点。从逐年计划分配耗水量与实际耗水量对比分析（表5-4），1999～2018年中有13年流域实际总耗水量小于计划分配耗水量，有效抑制了各省（自治区、直辖市）经济社会用水快速增长，推动了流域节水城市建设和产业结构优化升级。1999年以来年均用水总量基本维持在413亿m^3，流域内用水的微增长或者零增长实现了GDP年均13%的高速增长。需求侧在总量控制原则下，特别是统一调度以来，倒逼各省（自治区、直辖市）节约用水，用水效率提升显著，大幅降低了各省（自治区、直辖市）用水需求。黄河"八七"分水方案促进了各省（自治区、直辖市）不断加强节水力度，提高了水资源利用效率（表3-9）。2000～2018年，流域人均用水量由382m^3减少到341m^3，农田实际灌溉定额由6735m^3/hm^2减少到5430m^3/hm^2，万元GDP用水量由638m^3减少到60m^3，万元工业增加值用水量（2000年可比价）由233m^3减少到21m^3。2018年黄河流域人均用水量、万元工业增加值用水量、农田灌溉定额等用水效率指标均优于全国同期水平。

表5-4　1999～2018年分水方案执行情况及入海水量　　（单位：亿m^3）

年份	计划分配耗水量	实际耗水量	超耗水量	全年入海水量	非汛期入海水量
1999	310	299	-11	62	17
2000	293	272	-21	42	31
2001	258	265	7	41	33
2002	237	286	49	35	12
2003	271	244	-27	190	69
2004	308	249	-59	196	90
2005	328	268	-60	204	93
2006	343	305	-38	187	115
2007	324	289	-35	200	78

续表

年份	计划分配耗水量	实际耗水量	超耗水量	全年入海水量	非汛期入海水量
2008	340	296	-44	142	87
2009	335	307	-28	128	70
2010	320	309	-11	188	61
2011	348	334	-14	179	88
2012	366	323	-43	277	128
2013	347	332	-15	232	106
2014	321	339	18	109	71
2015	314	340	26	127	84
2016	296	322	26	81	37
2017	312	329	17	90	61
2018	354	328	-26	334	131
平均	316	302	-14	152	73

注："超耗水量"一列中正值为实际耗水量高于计划分配耗水量，负值为实际耗水量低于计划分配耗水量。

3）保障了枯水年份用水秩序，保障了流域供水安全。为应对2002～2003年特枯来水年份，制定了《黄河水量调度突发事件应急处置规定》，黄河水资源统一管理的应急制度得以确立，使整体上的超计划用水现象得到有效遏制，并在抗旱工作中发挥了巨大作用。2008年6月实施的《黄河流域抗旱预案》（试行），提出了黄河流域抗旱预案响应措施。黄河水量统一调度以来，出现了8个枯水年份，来水量均低于统一调度前断流比较严重的1995年和1997年，通过加强调度管理，协调各省（自治区、直辖市）用水，保障了流域及供水区生活、生产和生态环境用水安全。

4）有力支撑了社会经济发展和国家粮食安全。黄河流域及供水区的内蒙古、河南、山东、河北等省（自治区）为我国粮食主产区，宁夏、内蒙古、山西、陕西等省（自治区）为我国能源基地。黄河水量统一调度以来，黄河流域累计供水6000亿m^3以上，为流域及供水区人饮安全、粮食丰收、社会经济发展、能源安全提供了水源保障。1999～2018年，实施了16次引黄入冀补淀应急调水，累计向河北供水60亿m^3；20次向山东胶东跨流域调水，累计调水36亿m^3。

5）流域生态环境得到改善。黄河水量统一调度以来（1999～2018年），利津年均入海水量156.7亿m^3，比统一调度前（1990～1998年）均值增加5.3%；其中河口近海生态用水关键期4～6月入海水量平均为34.8亿m^3，较统一调度前4～6月均值增幅达104%。实施基于汛前调水调沙的黄河下游生态调度以及生态流量调度，累计向黄河三角洲自然保护区湿地补水 3.5 亿 m^3。

5.2.3 面临的问题

1）目前黄河流域干支流离功能性不断流以及维持河道适宜性生态环境的要求还有一定的差距。头道拐、利津断面下泄水量一些年份仍低于规划提出的河道内生态环境用水控制指标，离功能性不断流以及维持河道适宜性生态环境的要求还有一定的差距。1999 ~ 2018 年黄河入海水量年均 156.7 亿 m^3，最小为 41.9 亿 m^3，部分年份黄河干流河道内生态环境用水偏低，利津断面非汛期不能满足 50 亿 m^3 的生态水量下泄要求，见图 5-5。枯水年和特枯水年以来可供水量减少，生活生产用水压减难度大，需要启动应急抗旱等措施增加河道抗旱供水，一定程度上减少了河道生态水量。汾河、沁河、大黑河、大汶河等支流断流情况严重，河流生态功能受损；与 20 世纪 80 年代相比，黄河宁蒙、小北干流、下游等河段湿地萎缩，水污染严重。湿地面积减少 30% ~40%，河口三角洲天然湿地萎缩 50%。

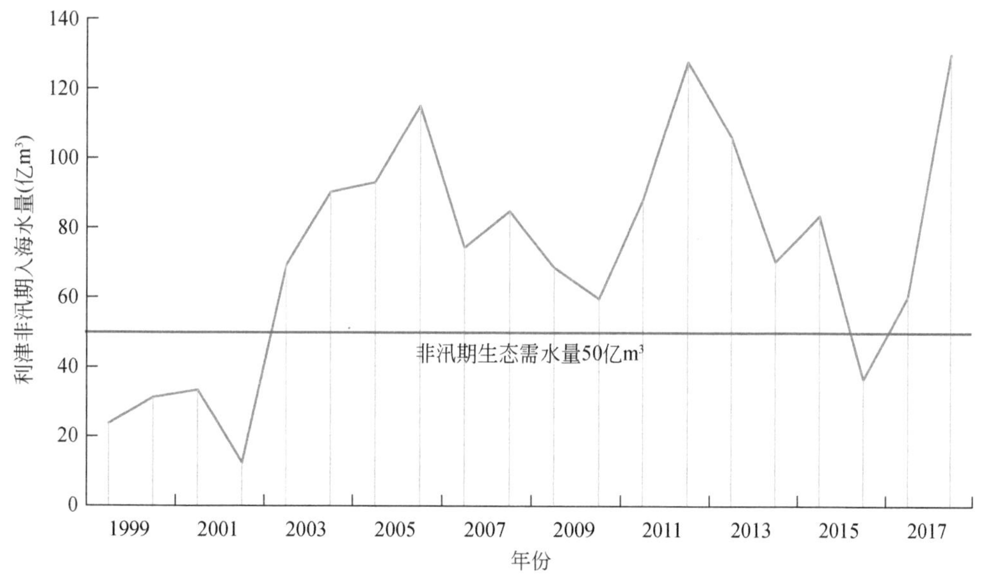

图 5-5　利津断面非汛期入海水量

2）各省（自治区）超指标用水现象时有发生。随着经济社会快速发展，河道外刚性耗水持续增长，由 1999 ~2008 年的 277 亿 m^3 增加到 2009 ~2018 年的 326 亿 m^3，缺水程度加剧。1999 ~2013 年除部分特枯年份 2001 年和 2002 年之外，流域实际耗水量均低于分配指标；2014 年之后，流域实际耗水量超过分配指标的年份开始增多，如 2014 ~2016 年，

分水方案不适配特征开始显现，见图5-6。流域多数省（自治区）已无剩余黄河分水指标

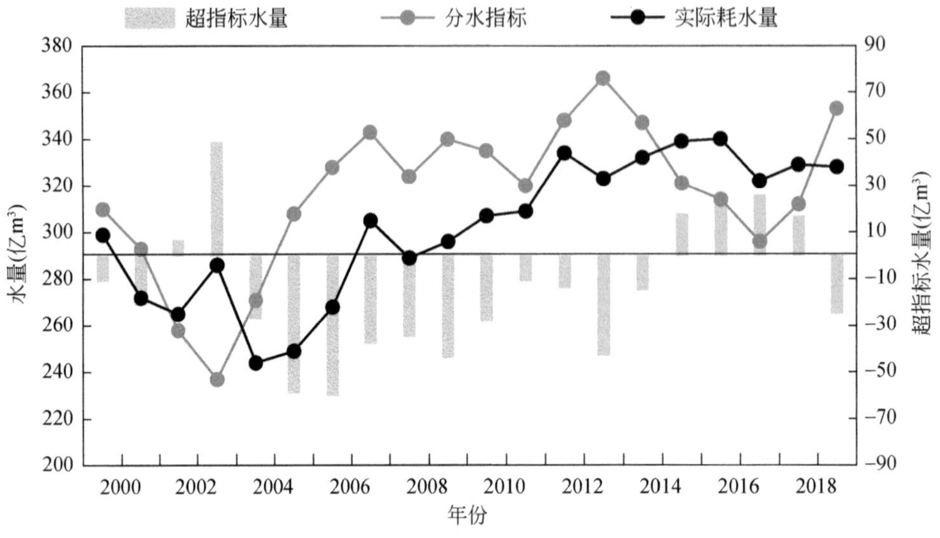

图5-6　黄河流域河道外分水指标及实际耗水量

或处于临界状态。其中，甘肃、宁夏、内蒙古及山东四省（自治区）历年超分水指标现象较严重，见图5-7。

3）取用水监控监测不到位。黄河水资源管理点多、线长、面广，涉及的取用水户和取水口门众多，监管任务重，在取用水户计量设施监测、用水计划管理、取水用途管制等方面，监管措施手段比较薄弱；监管对象属性、监管标准还不完善，难以满足强监管的要求。取用水在线监测覆盖程度不够，特别是支流用水在线监测覆盖程度偏低于干流。

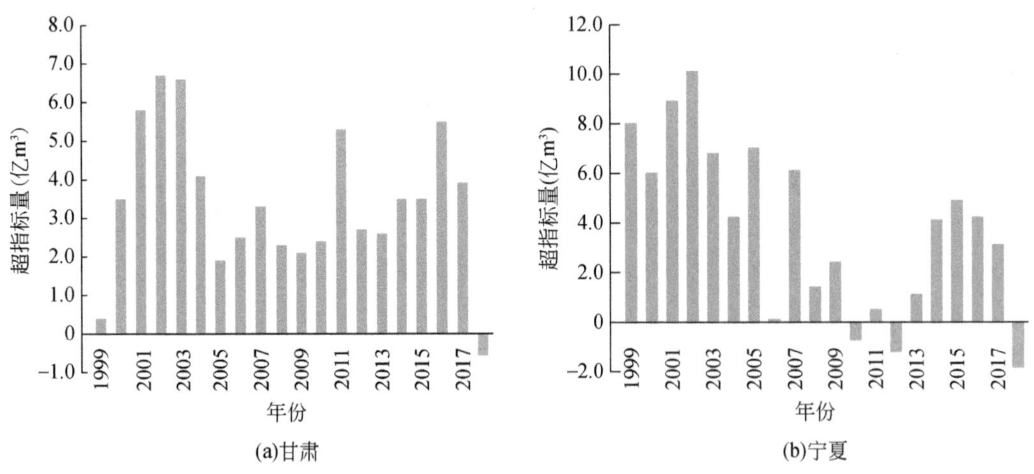

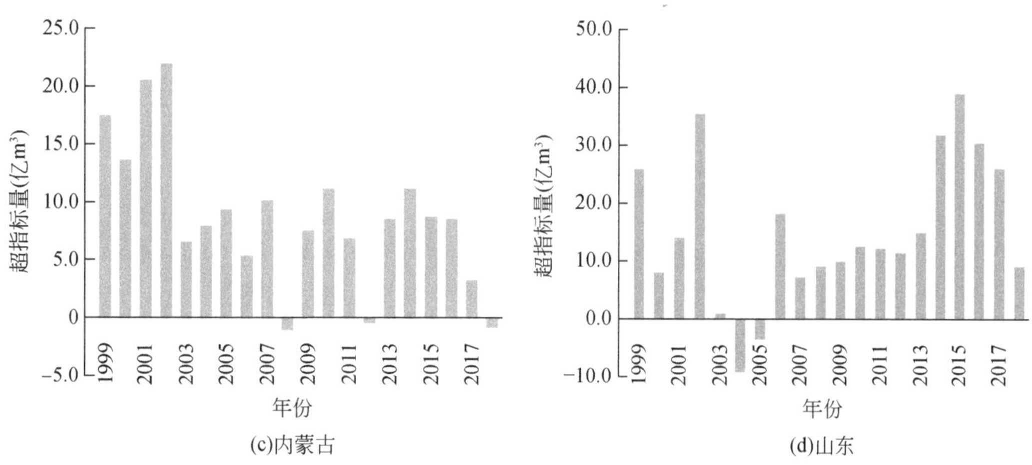

(c)内蒙古

(d)山东

图 5-7　1999～2018 年甘肃、宁夏、内蒙古、山东超指标情况

5.3　评价模型构建

5.3.1　基于动力系统理论的适应性评价

根据动力系统理论，适应性是系统对外界变化带来的干扰（压力）的一种适应能力。复杂系统在受到外界扰动时会产生一定的抵抗力，那么系统适应性就表现为受到外部扰动前后的状态差异，适应性越好，这种差别就越小。因此任一系统状态随时间变化 dx/dt 都可以用一个微分的方程描述，变化可分为两部分，一部分来自系统的自身维持现状稳定的内力，另一部分是外界打破系统现状的扰动力，当维持系统稳定的内力强于外界的扰动力时，系统表现适应性的稳定状态，见式（5-1）。

$$\frac{\mathrm{d}x}{\mathrm{d}t}=f_t(x)-g_t(x) \tag{5-1}$$

式中，f_t（x）用来描述 t 时刻系统 x 自身维持现状稳定的内力；g_t（x）表示外界打破系统现状的扰动力。

5.3.2　模型构建

流域水量分配方案适应性反映分水方案主导下流域水资源系统通过协调全流域水资源，并与外界环境主动交互不断调整自身结构功能、提高承载能力的过程。敏感性是分水方案对外界变化的响应程度，外界对分水方案的干扰程度，定量描述外界作用的力度。系统内部的应对力包括三个方面，即稳定性，系统自身的稳定能力；抗力，系统抵抗外界变化干扰的能力；恢复力，系统平衡遭到干扰后短期的恢复能力。将分水方案适应性评价数学解析表达为

$$A=C/S=\sqrt[3]{T\times B\times R}/S \tag{5-2}$$

式中，A 为适应性；C 为应对力；S 为系统对外界干扰的敏感性；T 为系统自身的稳定性；B 为系统抵制外界干扰的抗力；R 为系统平衡遭到干扰后短期的恢复能力。适应性大于 1 表明系统内部应对能力强于外界干扰的破坏力，系统具有适应性；适应性小于 1 则表明系统对环境变化的不适应。

5.3.3 指标体系

评价指标由系统层、准则层和指标层构成，系统层评价分水方案的适应性，准则层评价分水方案的敏感性、稳定性、抗力和恢复力，准则层由指标层综合构成。外界变化主要作用于流域用水量和可供水量，进而干扰系统的稳定和平衡，因此，分水方案的敏感性指标包括流域地表径流量变化率、经济总量变化率、用水总量变化率、地表水供水量变化率和黄河来沙量变化率，系统敏感性计算采用要素的变化率表示，变化率越大越敏感。分水方案的稳定性指标包括耗水量与分水指标拟合程度、生态水量满足程度、农业需水满足程度、用水弹性变化程度、水资源开发利用程度，前 3 项指标越大越稳定，后 2 项指标越小越稳定。用水效率的提升可显著提高对外界干扰的抵抗，分水方案的抗力指标包括农业用水比例降低率、工业水重复利用提升率、农业灌溉水利用系数、城镇管网漏失降低率和万元 GDP 用水量提升率，效率提升越高系统抗力越大。分水方案的恢复力指标包括用水结构转换潜力、工程调控潜力、节水潜力、地下水利用潜力、非常规水源利用能力，潜力越大表示系统受到干扰远离平衡后恢复力越强。黄河“八七”分水方案适应性评价指标体系见表 5-5。

表 5-5　黄河“八七”分水方案适应性评价指标体系

系统层	准则层	指标层	变量	物理意义
流域水量分配方案适应性综合评价	敏感性 S	地表径流量变化率	C_{11}	径流不确定性变化引起的敏感性
		经济总量变化率	C_{12}	经济发展引起的敏感性
		用水总量变化率	C_{13}	用水量变化引起的敏感性
		地表供水量变化率	C_{14}	地表供水量变化引起的敏感性
		黄河来沙量变化率	C_{15}	来沙量变化引起的敏感性

续表

系统层	准则层	指标层	变量	物理意义
流域水量分配方案适应性综合评价	稳定性 T	耗水量与分水指标拟合程度	C_{21}	耗水量与分水指标拟合程度高表明系统稳定
		生态水量满足程度	C_{22}	生态用水需求满足程度高表明系统稳定
		农业需水满足程度	C_{23}	农业需水满足程度高表明系统稳定
		用水弹性变化程度	C_{24}	空间均衡表明系统稳定
		水资源开发利用程度	C_{25}	水资源开发利用程度低表明系统稳定
	抗力 B	城镇管网漏失降低率	C_{31}	管网漏失降低表明系统抗干扰能力增强
		农业用水比例降低率	C_{32}	农业用水比例降低表明系统抗干扰能力增强
		工业水重复利用提升率	C_{33}	工业用水效率提升表明系统抗干扰能力增强
		农业灌溉水利用系数	C_{34}	农业灌溉效率提升表明系统抗干扰能力增强
		万元 GDP 用水量提升率	C_{35}	全行业用水效率提升表明系统抗干扰能力增强
	恢复力 R	用水结构转换潜力	C_{41}	三次产业用水转换潜力大表明系统受干扰后恢复力强
		工程调控潜力	C_{42}	工程调控潜力大表明系统受干扰后恢复力强
		节水潜力	C_{43}	节水潜力大表明系统受干扰后恢复力强
		地下水利用潜力	C_{44}	地下水利用潜力大表明系统受干扰后恢复力强
		非常规水源利用能力	C_{45}	非常规水源利用潜力大表明系统受干扰后恢复力强

5.3.4 熵权法

组成准则层的评价指标权重采用熵权确定。熵权法是突出局部差异的权重计算方法，是根据某同一指标观测值之间的差异程度来反映其重要程度的。当各个指标的权重系数的大小根据各个方案中的该指标属性值的大小来确定时，指标观测值差异越大，该指标的权重系数越大，反之越小。熵权法确定权重的主要步骤见式（5-3）~式（5-7）。

首先对准则层 5 项指标 17 年数据建立评价对象指标集 $c_{ij}(x)$（$i=1, 2, \cdots, 5$；$j=1, 2, \cdots, 17$），然后从各年信息中可分别求出 i 项 j 年的指标 P_{ij}所占的比例：

$$P_{ij} = \frac{c_{ij}(x)}{\sum_{j=1}^{17} c_{ij}(x)} \quad (i = 1,2,\cdots,5; j = 1,2,\cdots,17) \tag{5-3}$$

根据指标 i 的比重来计算其熵值 e_i：

$$e_i = -k \sum_{j=1}^{17} P_{ij} \ln P_{ij} \quad (i = 1,2,\cdots,5) \tag{5-4}$$

计算指标的差异系数 g_i：

$$g_i = 1 - e_i \quad (i = 1, 2, \cdots, 5) \tag{5-5}$$

计算各评价指标的权重 ω_i：

$$\omega_i = \frac{g_i}{\sum_{i=1}^{5} g_i} \quad (i = 1, 2, \cdots, 5) \tag{5-6}$$

准则层评价采用：

$$S = \sum_{i=1}^{5} \omega_i r_i(x) \tag{5-7}$$

式中，k 为熵值修正系数；S 为准则层评价值；ω_i 为 i 指标的权重；r_i（x）为 i 指标的评价值。

5.3.5 HP 滤波法

HP 滤波法是由 Hodrick 和 Prescott 提出的一种时间序列的谱分析方法，其理论基础是将时间序列（$Y=\{y_1, y_2, \cdots, y_n\}$）看作由不同频率成分的叠加，通过剖离频率较高的成分（波动项 $C=\{c_1, c_2, \cdots, c_n\}$），保留频率较低的成分（趋势项 $G=\{g_1, g_2, \cdots, g_n\}$），实现对长期的趋势项的度量，见式（5-8）。其基本原理是采用对称的数据移动平均方法设计的一个滤波器，从时间序列中得到一个平滑的序列，而 HP 滤波就是使式（5-9）构造的损失函数最小。最小化公式中的第一部分的本质是希望新的序列离原始时间序列尽可能近，也就是尽可能还原原始时间序列；而第二部分体现了新的序列 g_t 的平滑性。这部分越小，说明原始时间序列的变化越慢，也就是随时间的变化越不明显，最小化公式中的第二部分的本质是希望新的序列 g_t 能够尽可能平滑，从而使趋势序列的可预测性和可把握性越好。参数 λ 则是对两个部分的一种权衡，使其滤出既贴近原始时间序列，又具备一定光滑性的新序列。对于分水方案适应性组成的时间序列 Y 可以采用 HP 滤波法去除短期内各种扰动因素 C 的影响，生成趋势性序列 G，从而发现分水方案适应性的长期演变趋势。

$$y_t = g_t + c_t, t \in (1, \cdots, n) \tag{5-8}$$

$$\min\left\{ \sum_{t=1}^{n} (y_t - g_t)^2 + \lambda \sum_{t=2}^{n} [(g_{t+1} - g_t) - (g_t - g_{t-1})]^2 \right\} \tag{5-9}$$

式中，y_t 为序列 Y 中 t 时刻的取值；g_t 为趋势项 G 中 t 时刻的取值；c_t 为波动项 C 中 t 时刻的取值；λ 为均衡参数。

5.4 黄河“八七”分水方案评价结果

5.4.1 分水方案[①]敏感性分析

分水方案敏感性 5 项指标权重：地表径流量变化率 0.315、经济总量变化率 0.107、用水总量变化率 0.188、地表供水量变化率 0.206、黄河来沙量变化率 0.184。1999 ~ 2018 年，黄河“八七”分水方案实施以来，环境变化扰动引起系统敏感性呈波动上升趋势，见图 5-8。从过程来看，1999 ~ 2002 年地表径流偏枯、径流和黄河来沙变化扰动强烈，与分水方案的基准径流 580 亿 m^3 相比减少幅度在 40% ~ 50%，黄河来沙量为基准来沙量 10 亿 t 的 50% ~ 60%，这一时段的用水总量、地表水供水量变化不大，分水方案的敏感性处于较高水平。2003 ~ 2005 年地表径流有所增加，与基准相比径流减少幅度为 7% ~ 20%，地表径流变化扰动减弱，分水方案的敏感性有所降低。2005 ~ 2010 年地表径流较基准值偏枯 18% ~ 34%，黄河来沙量仅为基准值的 15% ~ 30%，经济发展速度提升等扰动强烈，分水方案的敏感性增加。2011 年黄河径流量接近基准值，来沙量不足基准值的 10%，2012 年为近 15 年的黄河径流量最高，达到 612 亿 m^3，来沙量 2.34 亿 t，分水方案的敏感性下降。2013 ~ 2018 年，受径流泥沙减少、经济快速增长等因素综合影响，分水方案敏感性增加。

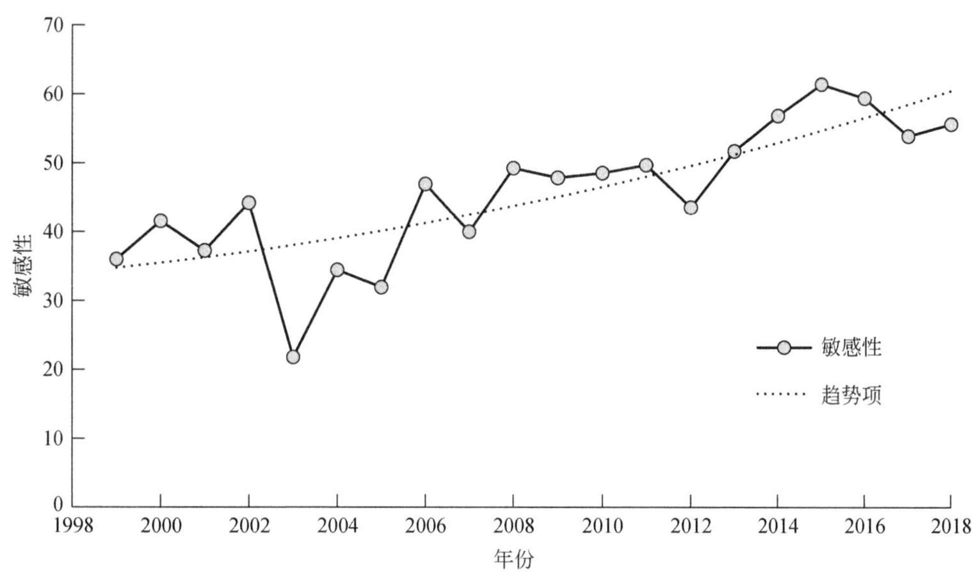

图 5-8　1999 ~ 2018 年分水方案敏感性变化

① 本节分水方案特指黄河“八七”分水方案。

5.4.2 分水方案稳定性分析

分水方案稳定性5项指标权重：耗水量与分水指标拟合程度0.342，生态水量满足程度0.223，农业需水满足程度0.086，用水弹性变化程度0.165，水资源开发利用程度0.184。1999～2018年，黄河“八七”分水方案实施以来，分水方案稳定性曲线呈先上升后下降的总体趋势，见图5-9。1999～2002年，在径流减少40%～50%的情况下，流域供需矛盾十分突出，流域用水量大大超过年度分水指标，分水方案耗水量与分水指标拟合程度低，其中2002年最低，仅为48.3亿m^3，生态水量满足程度低至37.9%，系统稳定性低。2003～2012年，由于地表径流有所增加，供需矛盾缓和，分水方案耗水量与分水指标拟合程度在85%以上，通过统一调度，黄河生态环境需水量基本得到满足，经济社会发展能力增强、用水弹性降低，系统稳定性增加。受地表径流减少，流域用水量增加等扰动，生态环境水量满足程度下降等因素影响，2013～2018年分水方案稳定性降低。

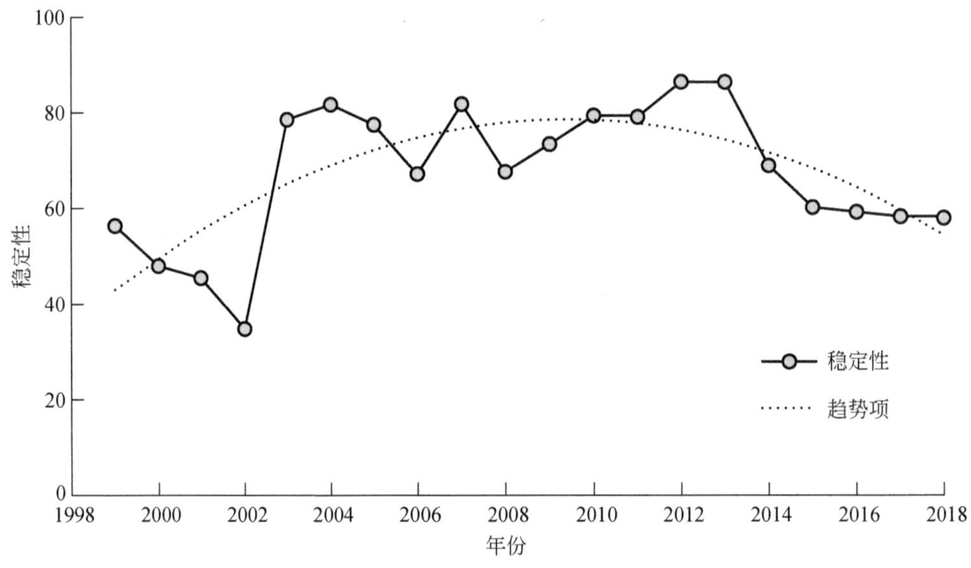

图5-9　1999～2018年分水方案稳定性变化

5.4.3 分水方案抗力分析

分水方案抗力5项指标权重：城镇管网漏失降低率0.097，农业用水比例降低率0.226，工业水重复利用提升率0.200，农业灌溉水利用系数0.261，万元GDP用水量提升率 0.216。黄河流域农业用水占总用水的 75% 左右，因此农业用水比例及农业用水效率是影响分水方案对外界变化干扰抗力的主要因素，其次是工业用水重复利用率和万元 GDP 用水效率，城镇管网漏失降低率可减少城镇生活用水量，也在一定程度上影响系统抗力。1999～2018 年黄河流域用水效率显著增长，农业用水比例从 83.6% 降低至 69.5%，农业灌溉水利用系数从 0.41 提高到 0.54，工业水重复利用率从 50% 提高到 74.5%，万元 GDP 用水量从 926m^{3}提高到 59.6m^3，城镇管网漏失率从 22.4% 降低到 12.5%。分水方案实施以来，流域的各项用水效率均大幅提升，因此抗力曲线呈显著上升趋势，见图 5-10。

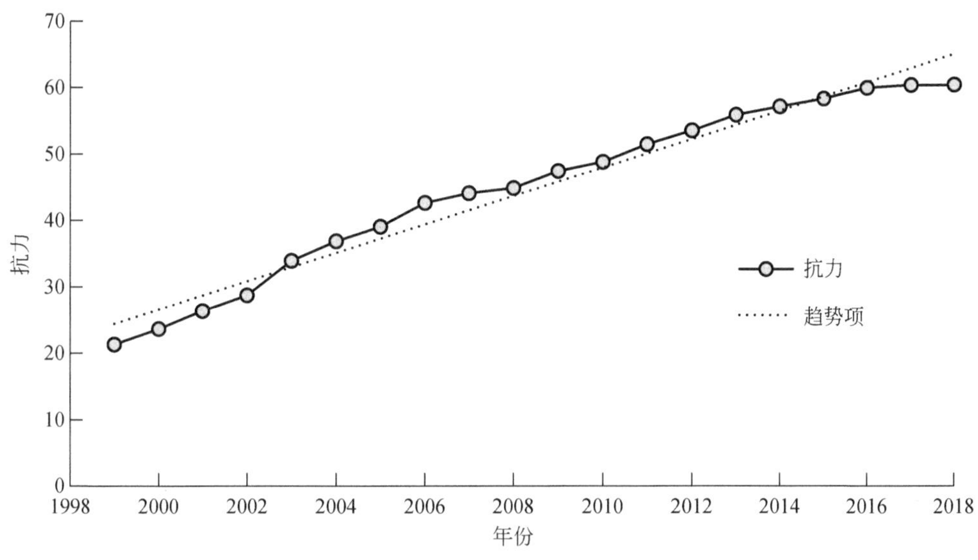

图 5-10　1999～2018 年分水方案抗力变化

5.4.4　分水方案恢复力分析

分水方案恢复力 5 项指标权重：用水结构转换潜力 0.223，工程调控潜力 0.181，节水潜力 0.259，地下水利用潜力 0.201，非常规水源利用能力 0.136。1999～2018 年，随着黄河流域节水措施的推进，用水效率不断提升，节水潜力不断释放，从 1999 年的 85.9 亿 m^{3}逐渐减小到 2018 年的 32.1 亿 m^3；在此期间，工业生活用水比例从 17.6% 提升至 25.4%，用水结构转换潜力不断下降；随着流域水资源开发利用程度的不断提升，自 2001 年控制地下水开采以来，开采潜力基本稳定，非常规水源利用量从 1999 年的 0.14 亿 m^{3}增加至 2018 年的 5.9 亿 m^3，相对应的开发潜力减小；流域径流调节能力从 1999 年的 348 亿 m^{3}提高至 2018 年的 679 亿 m^3，工程调控潜力也在减小。分水方案实施以来，随着水资源开发利用水平提高，相对应的潜力不断降低，系统恢复力呈下降趋势，见图 5-11。

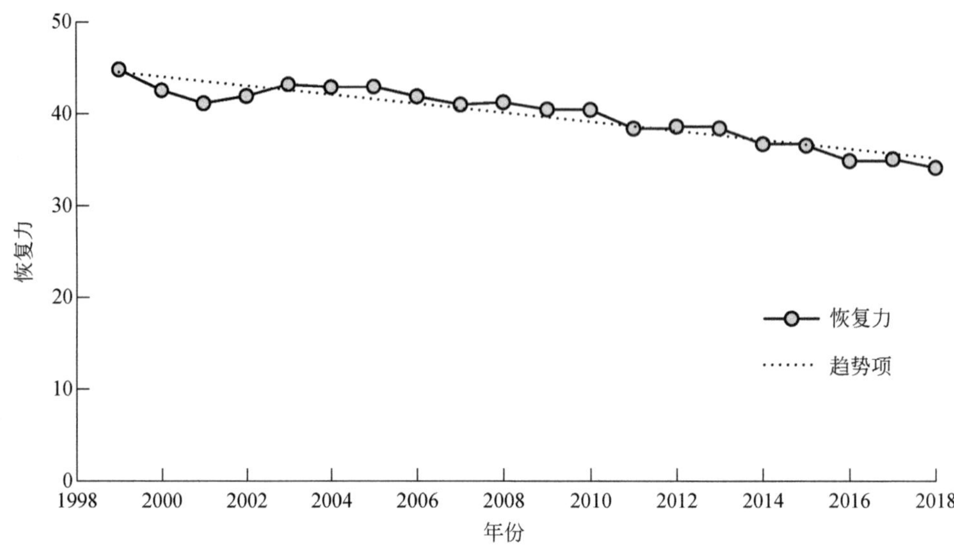

图 5-11　1999 ~ 2018 年分水方案恢复力变化

5.4.5　分水方案适应性评价

采用式（5-2）对 1999 年黄河“八七”分水方案的适应性进行系统评价，1999 ~ 2018 年中分水方案适应性值低于 1 的年份有 8 年，占 40%，总体上看，分水方案具有适应性。1999 ~ 2018 年分水方案适应性波动明显，呈现出先升后降的总体趋势，见图 5-12。1999 年黄河水量统一管理分水方案实施之初，适应性为 0.984，略低于 1，2000 ~ 2002 年受地表径流、黄河来沙等环境变化扰动，适应性波动下降，2002 年达到最小值 0.785，表现出不适应特征。2003 年受黄河径流量增加、用水效率提升、工程调节能力加强等影响，分水方案对外界敏感性降低，稳定性、抗力提高，适应性上升，达到最高值 2.232，表现出良好的适应性。2004 ~ 2012 年，随着径流相对偏丰、来沙减少，敏感性降低，年度耗水量与分水指标拟合程度和生态水量程度改善等引起系统稳定性增强，用水效率提升下抗力及潜力减少，恢复力减弱，适应性波动性变化。2013 年以后受径流、泥沙变化以及经济社会需水等多重扰动，适应性降低为 1.103，适应性呈现降低趋势，至 2014 年为 0.923，低于 1，2015 ~ 2018 年分别为 0.821、0.839、0.924 和 0.886。

采用式（5-8）的 HP 滤波法剥离随机变化的波动性，提取适应性变化趋势项，分水方案的适应性变化见图 5-12。从适应性的趋势项变化来看，适应性变化分为两个阶段，1999 ~ 2005 年为上升阶段，总体适应性从 1999 年的 1.081 上升到 2005 年的峰值 1.292；2005 年以后适应性开始下降，2013 年降到 0.998 以下，表现出不适应特征，2018 年继续下降为 0. 851。

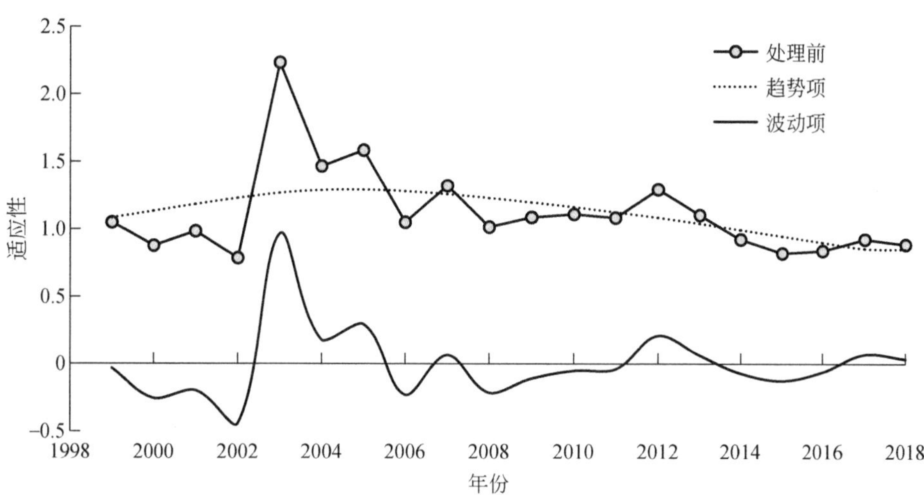

图 5-12　分水方案适应性评价

5. 4. 6　适应性提升策略

从分水方案的敏感性、稳定性、抗力、恢复力四个方面提出相应的调整策略。

1）减少敏感性策略。径流减少、年际变化大，输沙用水量大、可供水量不足是影响分水方案敏感性的主要因素。根据径流、泥沙变化调整年度分水量，通过工程调度提高径流年际年内过程分布，减少径流变化带来的敏感性；根据黄河年度来沙量，利用水库塑造高效输沙水流条件，提高输沙效率、减少输沙用水量，将输沙用水控制在 100 亿 m^3，增加可供水量。

2）增加稳定性策略。黄河流域水土资源空间分布不均衡、经济社会需水快速增长造成经济社会用水挤占生态用水，部分省（自治区）超过分水量指标是影响分水方案稳定性差的主要因素。根据流域水资源承载能力和区域资源禀赋条件，在经济社会布局上，确定相对优势产业，优化流域总体规模、合理布局产业，控制流域需水过快增长，实现用水的空间适配与均衡。

3）提升抗力策略。流域整体用水效率不高、农业灌溉水无效利用量偏大、工业用水重复利用率偏低，是影响分水方案抗力的主要因素。按照资源-经济-生态协同要求，优化各产业用水结构，发展高效农业、控制农业灌溉用水量，将黄河流域农业用水比例压缩至 60% 以内，控制高耗水工业，推进全社会节水，提高全行业用水效率。

4）提升恢复力策略。非常规水源利用不足、过度依赖地表径流，供用水结构灵活性不高是影响分水方案恢复力的主要因素。根据黄河流域微咸水、云雨水及再生水等分布情况，加快微咸水淡化、云雨水利用量，逐步将非常规水源利用量增加到 28 亿 m^3，比例达到 5%，增加流域水资源可利用量。

从影响分水方案适应性的四个方面识别了主要因素，黄河径流和入黄泥沙变化是影响敏感性的主要因素，经济社会发展和用水需求增长是影响稳定性的主要因素，用水结构和用水效率是影响抗力的主要因素，非常规水源利用量和工程调控能力是影响恢复力的主要因素，系统提出分水方案与水资源管理调整的策略。

第 6 章 黄河流域水资源面临新形势

黄河“八七”分水方案实施三十多年，对缓解黄河水资源供需矛盾、保障流域供水安全、维持河流基本生态流量等多个方面发挥了重要作用，已经成为黄河流域管理的关键技术支撑。三十多年间，流域经济社会情况以及河流状况发生了诸多新的变化，流域水资源面临诸多新的形势。

6.1 国家重大战略要求

在 2019 年 9 月召开的黄河流域生态保护和高质量发展座谈会上，黄河流域生态保护和高质量发展上升为重大国家战略。在中央和国务院印发的《黄河流域生态保护和高质量发展规划纲要》中，明确提出加强生态保护、黄河长治久安、水资源集约节约利用、流域高质量发展和传承弘扬黄河水文化五大任务，黄河流域战略地位进一步突出，黄河流域治理和管理面临新的发展机遇。

根据《黄河流域生态保护和高质量发展规划纲要》和相关水安全保障规划，流域生态保护重点是统筹水量、水质、水动能、水生态，协调上下游、左右岸、水域陆域，加强河湖空间管控，实施生态调度，保障基本生态流量，推进“三区一廊道”① 水生态保护格局，复苏河湖生态环境，提高水生态系统质量和稳定性，维持黄河健康生命，实现人水和谐共生。水资源节约集约，重点是坚持节水优先、还水于河，全面实施深度节水控水行动，完善水资源配置格局，提升水资源配置效率，完善流域供水网络，构建“总量控制、集约高效、格局合理、多源互补、丰枯调剂”的流域水资源安全保障体系，实现水资源集约安全利用。

在国家重大战略下，流域生态保护和高质量发展对流域水资源优化配置与分水方案调整提出了新的要求，如何保障必需的生态用水，如何保障上中游刚性的生活用水，如何适应和支撑流域经济社会高质量发展等都需要深入系统研究。水利部指出，黄河“八七”分水方案已经执行三十多年，要开展“八七”分水方案实施情况评估，需结合未来经济社会

① “三区”指河源区、黄土高原地区和黄河口三角洲湿地保护区；“一廊道”指黄河干支流两岸形成的生态廊道。

发展布局、水资源配置格局，研究“八七”分水方案是否需要调整、如何调整，并提出调整的思路和意见。因此，从国家战略需要和政策顶层设计的层面，在黄河流域生态保护和高质量发展的大背景下，“八七”分水方案适应性和调整方案需要开展相关研究，以更好支撑国家重大战略推进。

6.2 流域重大水源条件变化

现状，南水北调东线一期、中线一期工程生效后，其供水区包含了河北、天津的部分地区，根据2002年国务院批复的《南水北调工程总体规划》和2013年国务院批复的《黄河流域综合规划（2012—2030年）》，黄河向河北配置水量6.2亿m^3，不再考虑向天津配置水量，海河流域水资源供需分析考虑引黄供水量为6.2亿m^3，目前已经在黄河水量调度中执行。未来，南水北调东线二期规划及引江补汉工程规划，从供水重叠区域、工程技术、供水成本、水价承受能力等方面综合分析，具有置换山东、河南黄河流域外部分用水指标的可能性。

此外，2030年考虑古贤水利枢纽投入运行。该枢纽位于黄河中游干流碛口—禹门口河段，坝址控制流域面积49万km^2，总库容129.42亿m^3，是黄河干流梯级开发规划总体布局中七大骨干工程之一，是黄河水沙调控体系的重要组成部分，在黄河水沙调控体系中具有承上启下的战略地位，在黄河综合治理开发中具有十分重要的作用。

6.3 经济社会发展及用水特征变化

6.3.1 流域用水总量和结构性变化

随着经济持续快速发展，流域内经济空间分布发生了较大变化。黄河流域经济总量从“八七”分水方案研究的基准年（1980年）的330亿元增加至2018年的69 620亿元，年均增幅15.1%。各省（自治区）GDP占比发生了显著变化，与1980年相比，甘肃、山西、青海等省有所减小，内蒙古、河南、陕西、山东、宁夏等省（自治区）有所增加，见图6-1。

1980～2018年流域内用水总量年均增幅0.5%，从1980年的343亿m^3增加至2018年的415亿m^3。在用水结构方面，青海、宁夏、河南、山东用水量占比分别减小了0.3个百分点、4.4个百分点、0.9个百分点和2.0个百分点，甘肃、内蒙古、陕西、山西用水量占比分别增加了0.8个百分点、4.6个百分点、0.7个百分点和1.5个百分点，见图6-2。

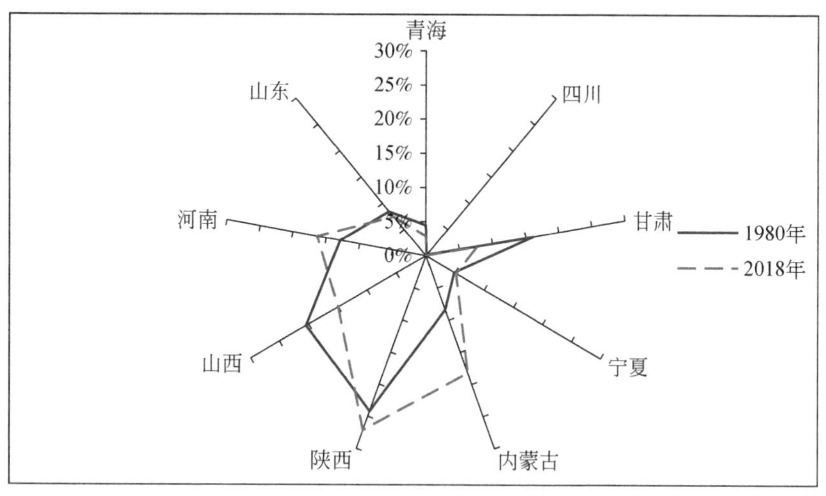

图 6-1　各省（自治区）GDP 占黄河流域 GDP 比例

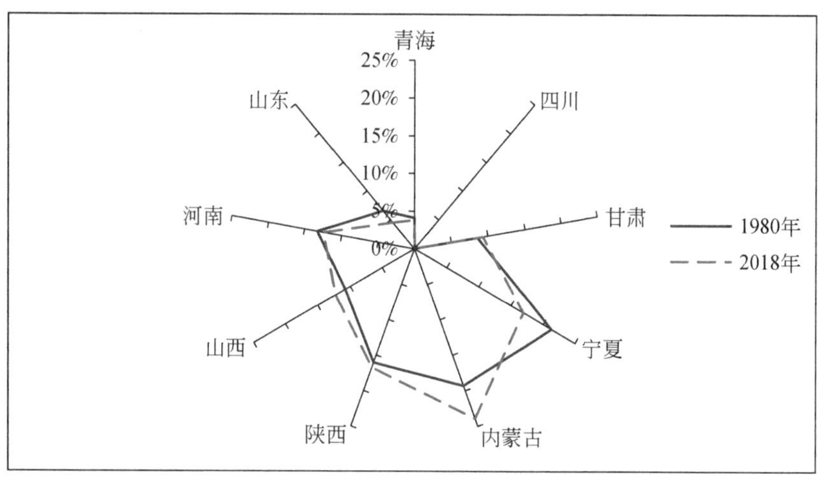

图 6-2　各省（自治区）用水量占黄河流域用水总量比例

流域内农业用水比例从 1980 年的 87.0% 减小至 2018 年的 69.5%，工业用水比例从 1980 年的 7.9% 增加至 2018 年的 13.1%，生活用水比例从 1980 年的 5.1% 增加至 2018 年的 12.3%，见图 6-3。

各省（自治区）的行业用水结构也发生了相应变化，农业用水比例均有较大幅度的减少，河南减少幅度最大，达到 29.9%；工业用水比例除宁夏、甘肃略有减少外，其他省（自治区）均呈现增加趋势，河南工业用水比例增加最高，达 12.4%；生活用水比例呈增加趋势，陕西用水比例增加最高，达 14.2%，见图 6-4。

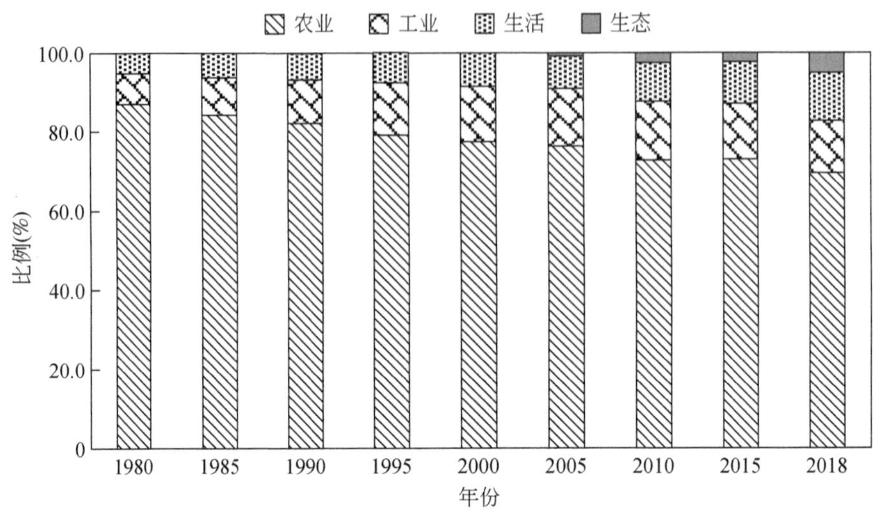

图 6-3　1980 ~ 2018 年流域内用水结构变化

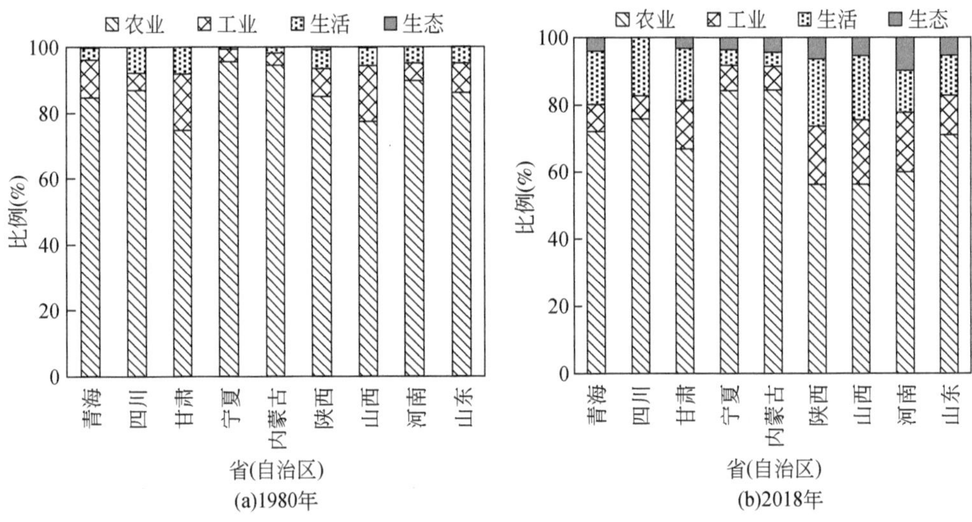

图 6-4　1980 年和 2018 年各省（自治区）用水结构对比

6. 3. 2　未来流域用水总量刚性增长

近期国家相继出台了《全国主体功能区规划》《国家新型城镇化规划（2014—2020 年）》，提出了京津冀协同发展、“一带一路”倡议等，对我国能源安全、粮食安全、城镇化建设、生态文明建设、区域协调发展等进行了一系列战略布局。这些规划落地，都直接驱动黄河流域以及引黄供水区经济社会和生态环境需水继续增长。另外，国家连续出台了严格水资源管理的有关政策，持续加强对需水侧管理，科学控制需水量增长。

根据《黄河流域综合规划》及其他有关研究成果，未来黄河流域经济社会发展和生态环境改善的需水总量仍将有一定的刚性增长。黄河流域能源与资源富集，在国家经济布局中，能源、化工、冶金、制造等优势工业将继续呈现发展态势，在资源节约开发、强化节水、绿色发展、构建循环经济的发展理念下，工业用水量仍将有一定程度的增加，预测 2030 年黄河流域工业需水量将达到 110 亿 m^3左右。高标准的新型城镇化及丝绸之路经济带沿线中心城市发展，对水资源的需求持续增长，预测 2030 年黄河流域生活需水量将达到 60 亿 m^3左右。在全国七大农产品主产区中，黄河流域涉及 3 个（黄淮海平原、汾渭平原、河套灌区），国家粮食安全对灌溉用水保障提出了新要求，持续推进农业强化节水措施，预测 2030 年黄河流域农业需水量达到 334 亿 m^3。黄河流域在我国生态安全方面具有十分重要的地位，其构成我国重要的生态屏障，是连接青藏高原、黄土高原、华北平原的生态廊道，避免了巴丹吉林、腾格里、乌兰布和、毛乌素、库布其五大沙漠“握手”。同时，水生态文明建设对维护健康河湖功能和人水和谐提出了更高要求，在全国 25 个重要生态功能区中，黄河流域涉及 5 个，预测 2030 年黄河河道外生态需水量为 26 亿 m^3。目前，黄河上中游 7 省（自治区）是发展不充分的地区，同东部地区及长江流域相比存在明显差距。

6.4 水沙情势与水沙调控能力变化

6.4.1 黄河来水量显著减少

黄河“八七”分水方案是基于多年平均天然径流量 580 亿 m^3（1919 ~ 1975 年系列）制定的，而近 30 年黄河天然径流量显著减少，根据有关规划成果，1956 ~ 2000 年、1956 ~ 2010 年、1956 ~ 2016 年系列多年平均天然径流量分别减少至 535 亿 m^3、482 亿 m^3、490 亿 m^3，减幅分别为 8%、17%、16%，见图 6-5。

6.4.2 黄河来沙量明显减少

黄河干流潼关站 1919 ~ 1975 年系列实测来沙量为 15.27 亿 t。近 30 年潼关站实测来沙量由 1987 ~ 1999 年（水文年，下同）的年均 8.07 亿 t 减少至 2000 ~ 2018 年的 2.44 亿 t，利津站实测来沙量由 1987 ~ 1999 年的年均 4.15 亿 t 减少至 2000 ~ 2018 年的 1.25 亿 t，减

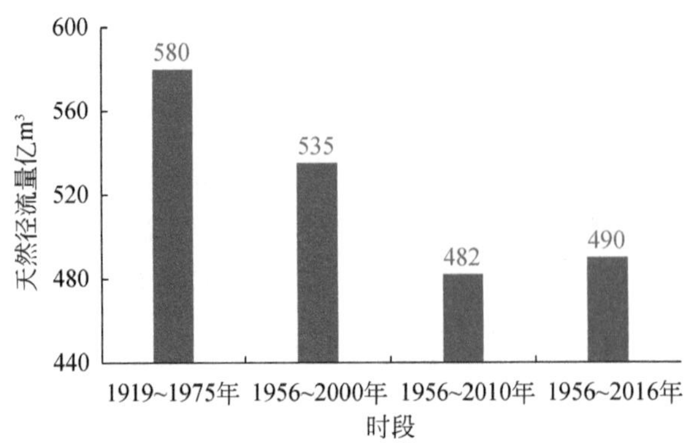

图 6-5　利津断面天然径流量变化

幅均达 70%。潼关站和利津站 1987～2018 年来沙量见图 6-6。

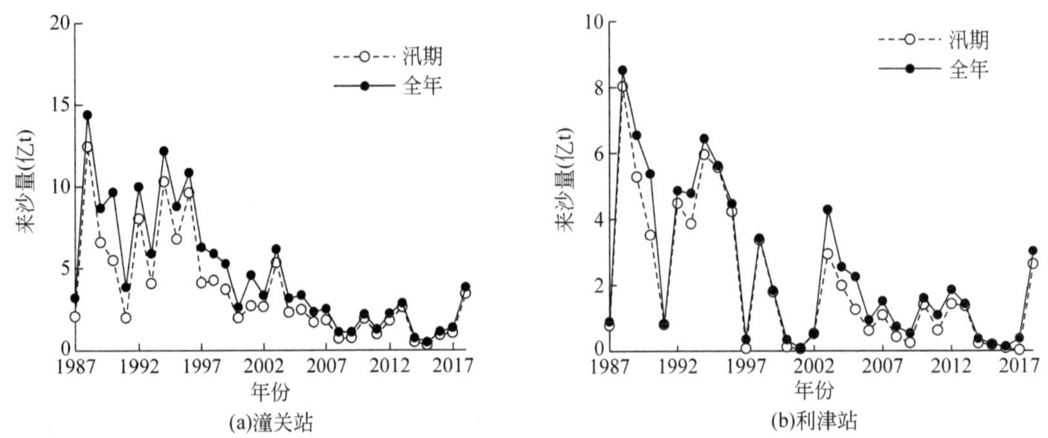

图 6-6　黄河主要断面 1987～2018 年来沙量

“十一五”以来，有关单位结合国家科技支撑计划课题等项目，对远期来沙量进行了分析研究。但由于目前对黄土高原产水产沙机理的认识不成熟，并且限于研究手段和方法，对未来沙量预测成果有一定差异，提出的沙量成果范围在 3 亿～10 亿 t。考虑未来降水周期变化，黄土高原水库、淤地坝拦沙的不可持续性，基于第三次水资源调查评价 1956～2016 年系列黄河天然径流量成果，依据近期下垫面代表时段（1980 年以来）径流-输沙关系，考虑水保措施减沙效果，本次考虑未来黄河中游四站年均沙量为 4 亿～8 亿 t。黄河“八七”分水方案、《黄河流域综合规划（2012—2030 年）》及本次研究中游来沙情景见图 6-7。

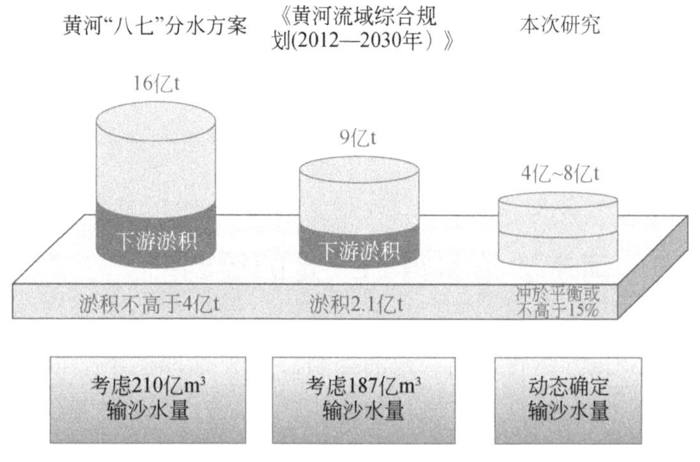

图 6-7　黄河中游四站来沙情景

6.4.3　黄河水沙调控能力显著提高

黄河干流总库容达 900 亿 m^3，有效库容 450 亿 m^3，继三门峡、刘家峡、龙羊峡水库之后，黄河水沙调控体系骨干工程中的小浪底水库于 1999 年投入运用，在防洪、防凌、减淤和水量调度等方面发挥了巨大的作用。至 2019 年 4 月小浪底水库拦沙量为 34.5 亿 m^3，自 2002 年以来共开展了 19 次调水调沙工作，水库拦沙和调水调沙实现了下游河道减淤，下游共冲刷泥沙 30.17 亿 t。

6.4.4　黄河下游河道主槽行洪输沙能力得到明显提高

平滩流量是反映主槽过流能力的重要参数，也是维持河槽排洪输沙功能的关键技术指标。平滩流量越小，主槽过流能力及对河势的约束能力越低，防洪难度越大。通过小浪底水库拦沙和调水调沙，下游河道实现全线冲刷，河道最小平滩流量已由 2002 年汛前的 1800m^3/s 增加至 4300m^3/s。2002 年和 2019 年汛前黄河下游主要控制站平滩流量对比见表 6-1。

表 6-1　2002 年和 2019 年汛前黄河下游河道平滩流量变化　（单位：m^3/s）

年份	花园口	夹河滩	高村	孙口	艾山	泺口	利津	最小值
2002	3600	2900	1800	2070	2530	2900	3000	1800
2019	7200	6800	6500	4350	4300	4600	4650	4300

续表

年份	花园口	夹河滩	高村	孙口	艾山	泺口	利津	最小值
累计增加（2002～2019年）	3600	3900	4700	2280	1770	1700	1650	2500

6.4.5 未来进入河道沙量将得到一定的控制

未来进入下游河道的沙量将得到一定的控制，并维持下游河道 4000m^3/s 左右中水河槽。目前对未来黄河输沙量的认识范围一般为 3 亿～8 亿 t，未来黄河中游来沙 3 亿 t 时（与小浪底水库运用以来 2000～2016 年水平基本相当），估算小浪底水库剩余 41.0 亿 m^3 拦沙库容将在未来 40 年左右淤满，河道在未来 50 年还可维持 4000m^3/s 以上的中水河槽。未来黄河中游来沙 6 亿 t，估算小浪底水库 20 年左右淤满，河道在未来 30 年还可维持 4000m^3/s 以上的中水河槽。未来黄河中游来沙 8 亿 t，估算小浪底水库 13 年左右淤满，河道在未来 15 年还可维持 4000m^3/s 以上的中水河槽。考虑古贤水库于 2030 年左右建成生效、东庄水库 2025 年建成生效情景，未来黄河来沙 3 亿 t，小浪底水库还可继续拦沙 70 年，进入下游河道的沙量将进一步减少至 1.0 亿 t 左右；未来黄河来沙 6 亿～8 亿 t，通过骨干水库群拦沙，未来 50 年进入下游的沙量也将维持在 2.5 亿～5.0 亿 t，下游河道将在较长时期内维持 4000m^3/s 以上的中水河槽。

第二篇

流域水资源动态均衡配置原理方法与技术

第7章 流域水资源动态均衡配置研究框架

通过梳理流域水资源特性与河道内外用水配置需求及难点，基于黄河流域的新变化与新问题，本研究提出流域水资源动态均衡配置技术体系，包括基于水-沙-生态多因子的流域水资源动态配置机制、统筹公平与效率的流域水资源均衡调控原理、黄河流域水资源动态均衡配置方法及模型系统。

7.1 流域水资源特性分析

水是经济-社会-生态环境复合系统的重要组成部分，也是其中最为活跃的动态要素。水不停地循环转化，参与该复合系统内的一系列物理、化学和生物过程，形成了其独有的特征和功能，并按一定的规律流通转换。只有充分认识水资源的特性，才能有效合理调配有限水资源，以达到社会生活稳定效益最高、生态环境维持效益最佳、经济建设产出效益最大、各用水主体间的协同发展效益最优。水作为资源本身具有可再生性、分布不均匀性、不可替代性等特性。随着资源利用主体的不同，水资源又表现出不同的社会、经济、生态环境特性。

7.1.1 水的资源特性

1）可再生性。水是一种可再生资源，根据水量平衡原理处于利用—消耗—循环转化—补给—再利用的动态过程之中，资源恢复能力较强。但是当某时段水量消耗大于水量补给时，水量平衡遭到破坏，从而引发不利的生态环境问题。水循环过程虽然是无限的，但水资源储量是有限的，并非取之不尽、用之不竭，开发利用水资源时必须综合考虑静态存量、动态储量及资源在各主体间的流通转化关系。

2）分布不均匀性。水资源在自然界具有一定的时间和空间分布特性，并且时间和空间上分布表现得极不均匀。水资源来源于降水，受自然界水文循环的影响，在时间上表现为年内、年际间的不均匀，在空间上表现为不同维度、海拔、陆域间的巨大差别。水资源时空分布不均匀性是造成水旱灾害频繁的重要因素。

3）不可替代性。水是生命的基础，是一切生物的命脉。地球上联系生命系统与非生命系统的生物、化学、地质循环，都有水的参与或是以水为载体进行的。水是生产的要素，任何人类进行的生产活动都离不开水的参与和供给。水是生态的基石，是生态系统结构与功能的重要组成部分，是维持生态系统良性循环的基础物质，是不可替代性资源。

7.1.2 水的经济特性

水是维持生命和社会经济发展的必需的资源，是工农业生产必需的基础物质，具有显著的经济价值。目前，由于人口的不断膨胀、经济社会的快速发展，其资源已逐渐成为一种稀缺资源。物以稀为贵，从这种意义上讲，水资源的经济价值越来越大。水是农业的命脉，其对农作物的重要作用表现在它几乎参与了农作物成长的每一个过程。水是工业的血液，从古代的手工业到现代的高科技产业，没有一个部门离开了水能得到发展，水资源的保证对工业发展规模起着重要作用。

7.1.3 水的社会特性

水是人类生存与发展不可替代的资源，因洪涝灾害和干旱缺水而引起的动乱在历史上屡见不鲜，当代的中东战争主要就是水资源之争。因此，水资源作为一种战略性资源，不仅影响一个国家的发展与稳定，而且关系到世界的和平与进步。

7.1.4 水的生态环境特性

水是地球上各种生命的源泉，是几乎所有生物有机体的最大组成部分，一般情况下，植株的含水率为60% ~80%，人体内的水分占到体重的70%。不论是动物还是植物，大多是傍水而生、依水而长。水的生态功能造就了生物的多样化，维持了自然生态环境的平衡。一旦水资源短缺，水的生态功能就会减弱甚至消失，生物的生存和多样性就会受到严重的影响，自然生态环境将不断恶化，主要表现为湿地消失、河道干枯、草场退化、森林锐减、洪水泛滥、地下水位下降、海岸蚀退和海水入侵等。

7.2 新时期水资源配置的需求及任务

由于水资源的基本特性，在人类文明的不同阶段，总是产生与其生产力相匹配的水资源利用能力。渔猎文明阶段，采集狩猎，靠天吃饭，完全融入大自然的生存竞争，人类族群与自然环境构成了生存共同体，没有能力考虑水资源的利用模式。农业文明阶段，傍河而居，人口聚集，社会发展，人类社会与自然环境构成了生活共同体，通过兴修水利，水源可达区粮食增产财富聚集，其他地区发展相对滞后。工业文明阶段，追逐经济利益，物质产品极大丰富，人类社会与自然环境构成了生产共同体，稀缺的水资源大量流向经济系统，根据资源-区位-成本等要素安排生产，强调经济效益最大化。生态文明阶段，人们的目标是追求美好的生活质量，向往天然优美的生存环境，形成人类社会与自然环境生命共同体的发展模式。该阶段需要重新审视稀缺的水资源在经济、社会、生态、环境各子系统间供需协调的分配关系，通过时间均衡、空间均衡、部门均衡的水资源调控模式，实现人与自然生命共同体的绿色、和谐、可持续发展。

缺水地区的水资源和水安全保障历来是世界各国关注焦点与研究热点。黄河流域的发展不仅关系本流域的长治久安，还事关整个国家的粮食安全、能源安全和生态安全，综合各方面因素研判，未来一个时期黄河流域用水需求依然强烈。一是城市化发展需水。2018 年黄河流域整体城镇化率为 55.4%，低于 59.9% 的全国平均水平，城镇人均生活用水量不足全国平均的 70%，近年来，以兰州—西宁、宁夏沿黄经济区、关中—天水、呼包鄂榆、太原城市群、中原经济区等城市群发展为特征，新的增长极正在形成，随着城镇人口增加，生活水平提升，生活需水仍将保持增长态势。二是工业化用水需求。黄河流域工业化进程远未完成，预计到 2035 年左右，可以整体进入工业化后期，工业用水需求将逐步达到峰值，而在此期间，能源产业需水将保持较快增长。三是粮食安全用水需求。我国粮食自给率已经不足 83%，全国粮食生产重心北移，形成“北粮南运”贸易格局。黄河流域在保障国家粮食安全中的作用逐渐凸显，灌溉面积和相应的灌溉水量难以大幅压缩。四是近年来黄河水沙情势发生显著变化，经济社会用水持续增加，流域水资源供需矛盾更趋尖锐，省际、部门、河段用水冲突加剧，流域水资源配置中统筹公平与效率已成为流域水资源管理的难点和重点。

新时期水资源配置的任务是在经济、社会和生态环境之间高效分配水资源，实现社会公平、经济高效和生态保护的目的，满足人口、资源、环境和经济协调发展对水资源在时间、空间、数量和质量上的要求。配置的主要目标是使有限的水资源在保障提高人们生活指标和生活质量上能够获得最大的社会效益，在促进生产经营上能够获得最大的经济效益、在维持生态与环境状况上能够获得最大的生态环境效益，同时保障水资源能够在河道内外、地区间、部门间以及代际间获得动态分配，以促进水资源的可持续利用。

7.3 研究思路及技术体系

黄河“八七”分水方案运用至今，特别是全河水量统一调度后，对保障流域社会经济可持续发展及维持河流健康生命起到了非常重要的作用：①抑制了河道外用水总量过快增长，维持了各省（自治区）用水秩序；②保障了黄河干流连续21年不断流；③支撑了经济社会和粮食安全；④改善了流域生态环境。目前河道外刚性耗水增长，水资源不适配性开始显现；干支流生态基流保障也存在困难。通过分析分水方案基本条件可以发现，水沙条件改变与工程调控能力大幅提升，这为调整河道内外/输沙及生态用水量配置关系提供了潜力；经济发展/用水特征改变表明各省（自治区、直辖市）间的配置关系需要进一步改善；国家战略需求变化提出了分水方案“生态优先，大稳定，小调整”的基本原则。通过以上分析，本研究针对“缺水流域水资源动态均衡配置理论”科学问题，提出“根据新的水沙条件，研究河道内外用水动态配置关系，提高分水方案对水沙动态变化的适应性”及“统筹公平与效率因素进行均衡配置，提高分水方案对各省（自治区、直辖市）发展的适应性”的整体研究思路，见图7-1。

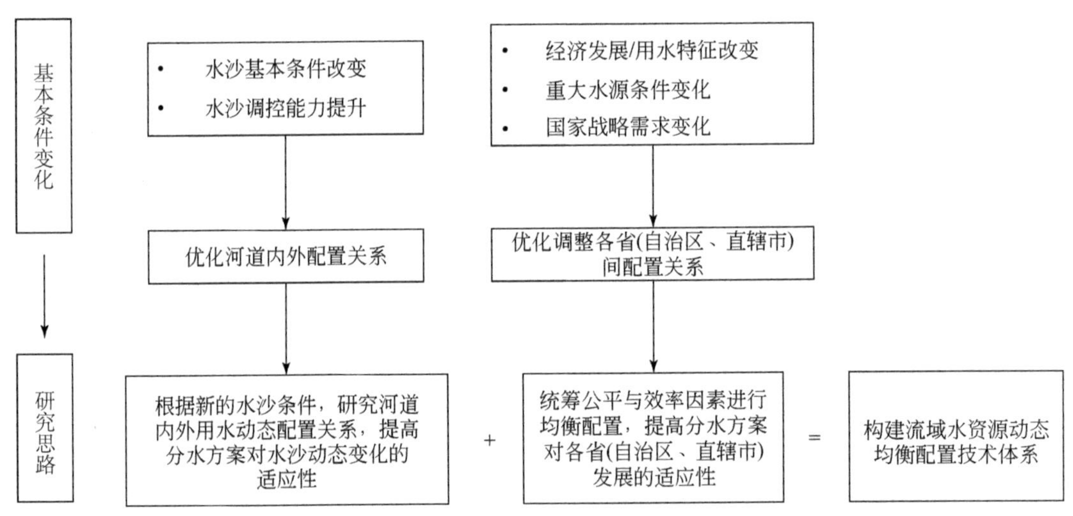

图7-1　分水方案优化的研究思路

针对以往水资源配置的技术难点，基于黄河流域的新变化与新问题，本研究提出流域水资源动态均衡配置技术体系，见图7-2。

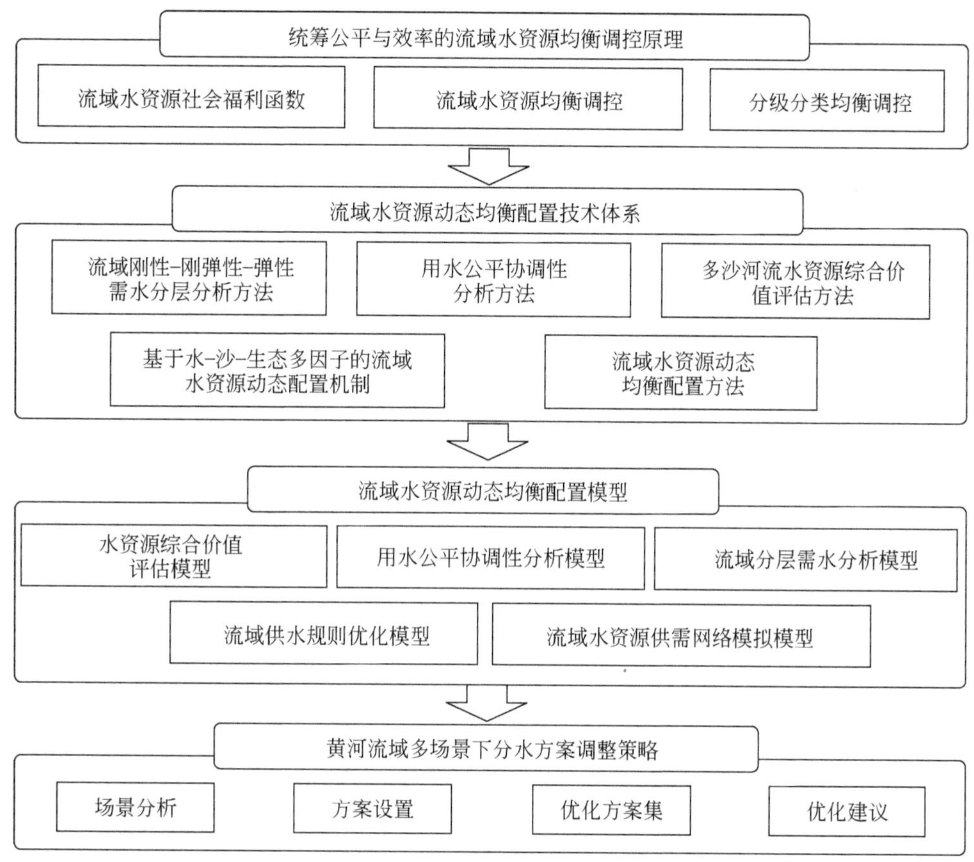

图 7-2　流域水资源动态均衡配置技术体系

第8章 基于水-沙-生态多因子的流域水资源动态配置机制

当前黄河流域水资源配置仅关注径流年度变化，对于多沙河流还应关注泥沙变化。为提高水资源配置对水沙动态变化及生态保护的适应性，需要建立多沙河流水资源动态配置机制，用于优化河道内外配置关系、确定经济社会配置总量。本研究提出的基于水-沙-生态多因子的流域水资源动态配置机制由高效动态输沙技术、生态流量过程耦合方法构成，在优先满足河流和近海生态需水的基础上，采用多沙河流高效输沙方法，根据来水来沙情况动态调整河道内分配水量，改变以往河道内外静态的分水比例，动态协调河道内外的水量配置关系，见图8-1。其中，高效动态输沙技术包含非汛期及汛期平水期河道冲刷计算方法、汛期洪水期高效输沙模式；生态流量过程耦合方法，综合考虑断面生态需水过程、三角洲淡水湿地生态补水量、河口近海生态需水量。

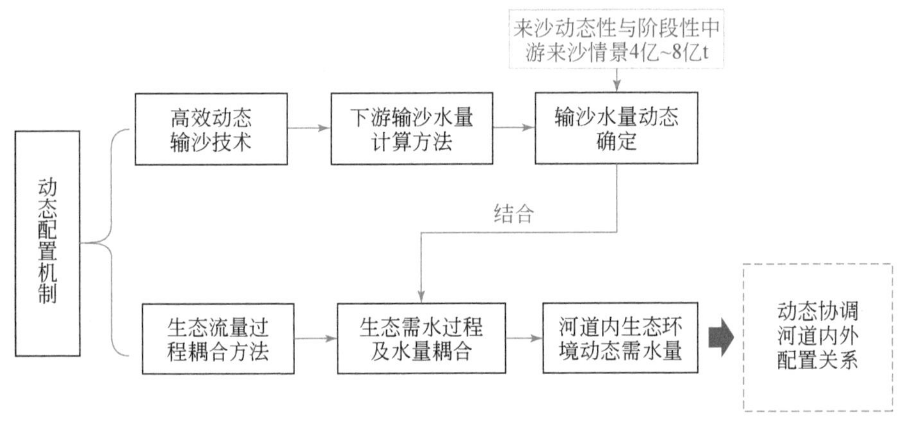

图8-1 流域水资源动态配置研究思路

8.1 高效动态输沙技术

输沙需水是黄河下游生态环境综合需水量的重要组成部分，保障下游河道冲淤平衡的输沙水量，是维持中水河槽稳定、防洪引水安全的关键指标。黄河下游非汛期、汛期的水流冲刷规律不同，汛期的洪水期和平水期的冲淤规律也不同，因此将全年划分为非汛期、汛期洪水期和汛期平水期 3 个时段。

8.1.1 非汛期及汛期平水期河道冲刷计算

黄河下游来沙规律为非汛期、汛期平水期来水含沙量较低，清水对下游河道进行冲刷；汛期洪水期场次洪水含沙量很高，不能有效排出的泥沙淤积在河道中。20 世纪 90 年代黄河下游高含沙小洪水发生频繁，因此河道淤积较为严重，河床组成较细。小浪底水库运用后，下游河道发生持续冲刷，河床组成不断粗化，到 2006 年下游粗化基本完成，见图 8-2。

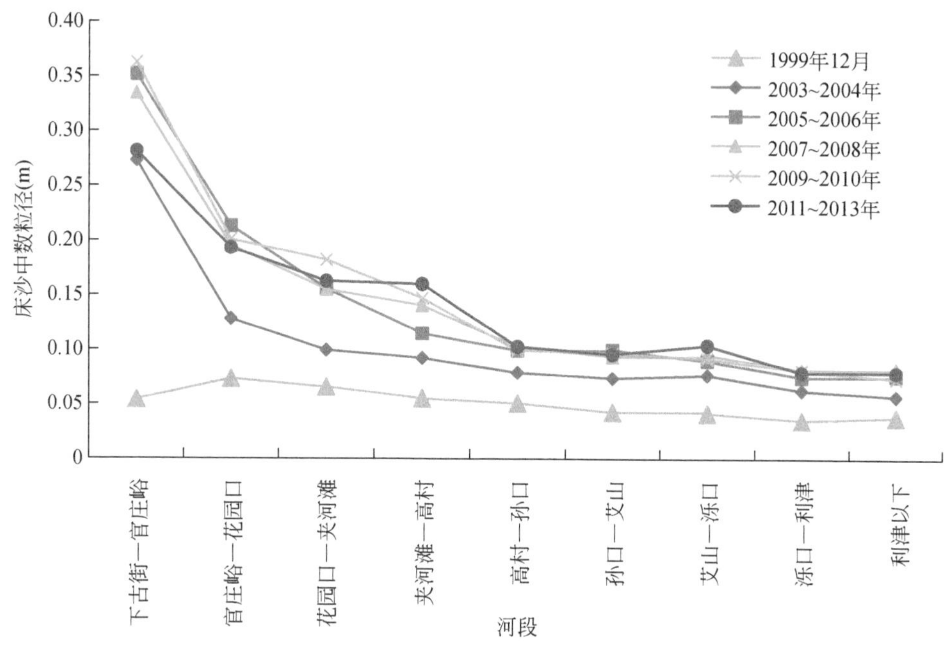

图 8-2 小浪底水库运用以来下游床沙组成变化

河道床沙组成对清水水流的冲刷强度影响较大，因此按床沙粗化情况将小浪底水库运用以来分为两个时段，即 2000 ~ 2006 年和 2007 ~ 2013 年。分析表明，清水小流量下泄阶段，下游河道的冲刷量与进入河道的水量关系密切。非汛期和汛期平水期，同一时段内下游河道的冲刷量随着水量的增大而增大，见图 8-3（进入下游水量为相应时段内小浪底、黑石关和武陟三站水量之和；冲刷量为花园口—利津河段冲刷量）。

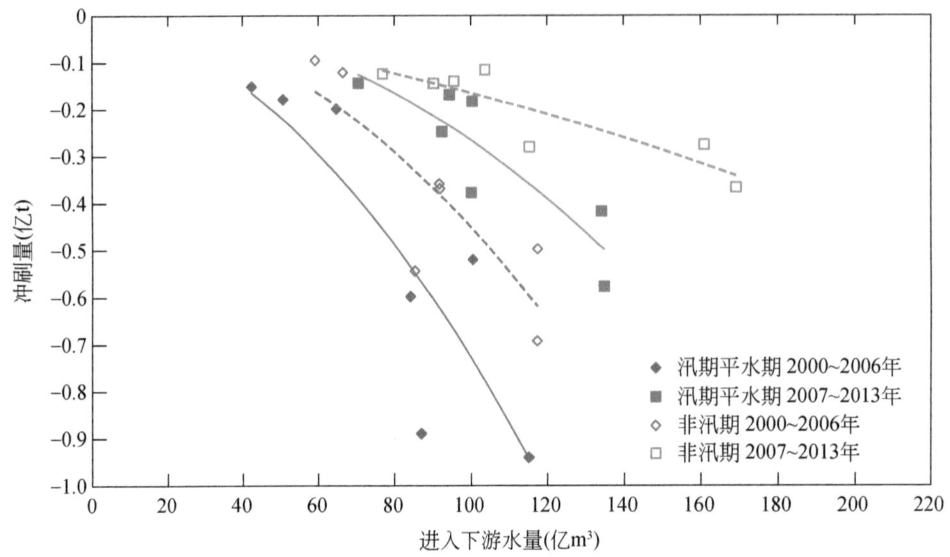

图 8-3　黄河下游清水小流量阶段下游冲刷量与水量的关系

8.1.2　汛期洪水期高效输沙模式

（1）高效输沙的定义及表征指标

高效输沙是指河道中水流输送泥沙的效率较高，体现在两个方面：一是单位水量（1 亿 m^3）输送入海的泥沙多，或者输送单位泥沙（1 亿 t）所需的水量少；二是河道淤积比小，或者河道的排沙比高，绝大部分泥沙被输送入海。选用两个指标来表征高效输沙：一是输沙效率水量，指输沙 1t 泥沙入海利津水量，单位为 m^3/t，一般要求不高于 $25m^3/t$；二是排沙比，单位为%，一般要求不低于 80%。

（2）高效输沙理论依据

根据黄河下游洪水实测资料分析，输沙水量与排沙比（排出河段的沙量与进入河段的沙量的比值）的关系根据含沙量大小的不同而分带分布（图 8-4）。利用排沙比等于 80% 和输沙水量等于 $25m^3/t$ 的两条线，将图 8-4 划分为 4 个区域：区域Ⅰ为低效区，该区域的洪水排沙比低、输沙水量大；区域Ⅱ为高排沙区，该区域的洪水排沙比高、输沙水量大；区域Ⅲ为低耗水区，该区域的洪水排沙比低、输沙水量小；区域Ⅳ为高效输沙区，该区域的洪水排沙比高、输沙水量小。将落在区域Ⅳ的洪水定义为高效输沙洪水。历史统计资料显示，90% 的高效输沙洪水的含沙量为 40 ~ $80kg/m^3$、流量为 2000 ~ $4000m^3/s$，结合小浪底水库汛期洪水期多年运用情况，当进入下游流量达到 $3500m^3/s$ 时能取得较理想的高效输沙效果。根据下游来水来沙情况及河道过流能力，通过水库调度塑造高效输沙洪水是黄河流域水资源动态均衡配置的关键环节。

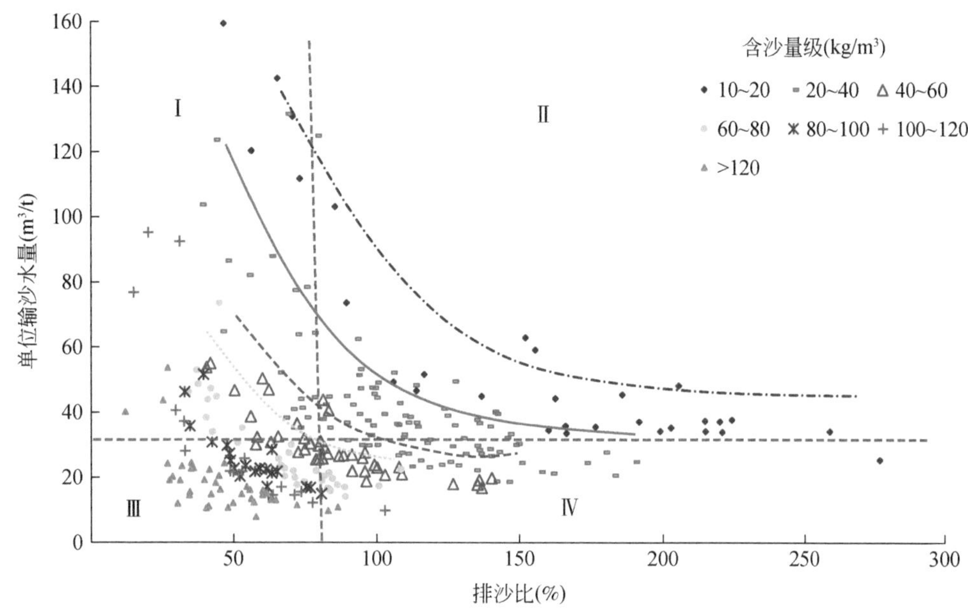

图 8-4　不同含沙量级洪水的输沙水量与排沙比的关系

要实现高效输沙，主要取决于流量、含沙量、来沙组成及河道边界条件四个因子。流量对输沙效率的影响相对简单。流量越大，水流挟沙能力越大，输沙效率越高，因此流量以接近下游平滩流量大小为好。含沙量是决定输沙效果（淤积比）的最敏感因子。含沙量过高和过低均不利于高效输沙，以略高于输沙水流的挟沙力大小为宜。除流量和含沙量因子外，来沙组成和河道边界条件也制约高效输沙的实现。当来沙偏细时，容易实现高效输沙；当来沙偏粗时，降低输沙效率。河道边界条件，主要包括主槽形态和河床粗化程度。在前期河道淤积条件下，主槽相对窄深，且床面未发生粗化，床面阻力小，河道输沙能力较强，易实现高效输沙；在前期河道冲刷条件下，主槽相对宽浅，且床面发生明显粗化，床面阻力大，河道输沙能力较弱，不利于高效输沙。

研究表明，在现状下游过流能力条件下，可实现高效输沙流量级为 2500～4000m^3/s。考虑洪水的涨落过程和下游最小过流能力，高效输沙优选流量级为 3500～4000m^3/s。通过对历史洪水的输沙效率研究以及理论推导表明，可实现高效输沙的含沙量级为 40～70kg/m^3，高效输沙优选含沙量级为 45～60kg/m^3。

8.1.3 输沙水量计算

将黄河下游河段一年内的泥沙冲淤变化分为三个时段，即非汛期、汛期平水期及汛期洪水期。其中，黄河下游汛期划分成两个时段，汛期洪水期和汛期平水期。黄河下游汛期历时123天，其中汛期洪水期历时 T_{FF}，理想的进入下游的流量 Q_{FF} 为3500m³/s；汛期平水期历时 T_{FM}，进入下游平水期流量 Q_{FM} 采用2000～2017年小浪底水库运用后平水期平均值400m³/s，扣除两岸引水后，利津断面汛期平水期流量为239m³/s。

为了实现黄河下游冲淤平衡，应满足：

$$S_Y = C_N + C_{FF} + C_{FM} \tag{8-1}$$

式中，S_Y 为全年进入下游的沙量，t；C_N、C_{FF} 和 C_{FM} 分别为非汛期、汛期洪水期和汛期平水期下游的输沙量，t。其中，非汛期输沙水量 W_{SN} 按照非汛期生态需水量计算，即

$$W_{SN} = D_{EN} + G_N \tag{8-2}$$

式中，D_{EN} 为非汛期生态需水量，m³；G_N 为下游非汛期引水量，m³。实测资料回归分析结果显示，非汛期输沙量为

$$C_N = -1.64\times10^3 W_{SN}^2 - 1.35\times10^{-3} W_{SN} \tag{8-3}$$

实测资料回归分析结果显示，汛期平水期输沙量为

$$C_{FM} = -3.50\times10^3 W_{SFM}^2 - 8.00\times10^2 W_{SFM} \tag{8-4}$$

式中，W_{SFM} 为汛期平水期输沙水量，$W_{SFM} = Q_{FM} T_{FM}$，单位为m³。

将输出单位沙量所需要的水量定义为输沙效率水量，则汛期洪水期输沙效率水量计算公式为

$$E_{FF} = \frac{W_{SFF}}{C_{FF}} = \frac{1000.00 Q_{FF} T_{FF}}{Q_{FF} T_{FF} R_{FF} P_S - Q_{DFF} T_{FF} R_D} = \frac{1000.00}{R_Y(P_S - \alpha\beta)} \tag{8-5}$$

$$R_{FF} = \frac{1000.00 S_Y}{W_{SFF}} \tag{8-6}$$

式中，E_{FF} 是汛期洪水期输沙效率水量，m³/t；W_{SFF} 是汛期洪水期输沙水量，m³；Q_{FF} 是汛期洪水期进入下游的流量，m³/s；T_{FF} 是汛期洪水期历时，s；R_{FF} 是汛期洪水期进入下游水量的平均含沙量，kg/m³，进入黄河下游的沙量集中于洪水期，因此 R_{FF} 近似等于全年来沙量与汛期洪水期水量的比值；P_S 是排沙比，无量纲；Q_{DFF} 是汛期洪水期下游两岸平均引水流量，m³/s，$Q_{DFF} = \alpha Q_{FF}$，α 是无量纲的引水流量系数；R_D 是汛期洪水期下游两岸引水的平均含沙量，kg/m³，$R_D = \beta R_Y$，β 是无量纲的引水含沙量系数，R_Y 是进入下游河道单位水量的全年平均含沙量，kg/m³，S_Y 是全年进入下游的沙量，t。实测资料统计结果显示，69.00%的洪水中 $\alpha\beta<0.10$，本研究中 $\alpha\beta$ 取实测资料的平均值0.07。

利用实测洪水资料，通过回归分析可以得到排沙比 P_S 的计算公式为

$$P_S = \frac{35.00 Q_{FF}^{0.38} (\alpha\beta)^{0.60}}{R_Y^{0.53} \, 2.00^{\frac{R_Y}{Q_{FF}}}} - 2.00 \tag{8-7}$$

联立式（8-1）和式（8-3）～式（8-7），可得到汛期洪水期历时 T_{FF}、汛期洪水期水量 W_{SFF} 和汛期洪水期输沙量 C_{FF}、汛期平水期历时 T_{FM}、汛期平水期水量 W_{SFM} 和汛期平水期输沙量 C_{FM}。

在维持下游河道冲淤平衡的前提下，利津断面汛期输沙需水量 D_{SF} 为

$$D_{SF} = W_{SFF} + W_{SFM} - G_F \tag{8-8}$$

式中，G_F 是汛期下游两岸引水量。

本研究采用汛期洪水期的高效输沙计算方法，综合考虑了非汛期、汛期平水期不同生态环境用水量对下游河道的冲刷作用及汛期洪水期高效输沙后河道的适当淤积（排沙比大于 80%），从更符合下游河道冲淤规律的角度实现了黄河下游河道高效输沙。在小浪底水库拦沙结束前，下游河道输沙条件一般，河道边界条件不利于洪水期输沙（长期冲刷条件下河道展宽、床面粗化明显即床面阻力较大），来沙组成较天然情况明显偏粗，非汛期和平水期在粗化条件下冲刷量小。基于新形势下黄河下游防洪安全和水沙调控体系工程完善条件下的输沙潜力考虑，当来沙量较小时，维持下游河道冲淤平衡是必要的，也是可行的；当来沙量较大时，维持下游河道冲淤平衡难度大，输沙水量很难满足需求，此时应允许适当淤积，本研究将淤积比控制在 20% 以内。

8.2 生态流量过程耦合方法

8.2.1 下游断面生态流量确定

1. 花园口断面

花园口断面位于黄河中下游分界以下 10 余千米处，是黄河下游协调水沙关系的主要控制断面，是黄河下游水资源开发利用的重要控制断面，也是黄河中下游典型游荡河道所在河段的代表断面。黄河小浪底以下湿地总面积中约有 60% 位于河南段，是平原堆积性游荡河流的集中体现河段，河段内湿地面积分布广泛，生物栖息生境类型丰富，是水生生物和鸟类的生物多样性保护重点区域，在我国生物多样性保护中占有重要地位。黄河巩义—花园口河段是黄河中游较大规模的集中鱼类产卵场所在河段，同时也是湿地发育最为完全、分布最为广泛的河段。黄河巩义—花园口河段鱼类生命周期表及其流量需求见表 8-1。

表 8-1　黄河巩义—花园口河段鱼类生命周期表及其流量需求

<table>
<tr><th>生命周期</th><th>性腺成熟</th><th>流量需求</th></tr>
<tr><td>12 月</td><td rowspan="3">越冬期</td><td rowspan="4">满足生态基流即可，最小 200m³/s，适宜 300m³/s</td></tr>
<tr><td>1 月</td></tr>
<tr><td>2 月</td></tr>
<tr><td>3 月</td><td>生长期</td></tr>
<tr><td>4 月</td><td rowspan="3">繁殖期，鱼类性腺发育、成熟，在合适水流和水温条件下产卵。受小浪底水库水温影响，巩义河段鱼类亲鱼产卵期推迟至 5 月中下旬开始</td><td rowspan="3">鱼类产卵、孵化、育幼等敏感期内生态流量最小 320m³/s，适宜 650～800m³/s，其中在 5 月中下旬鱼类性腺完成成熟后，需要一定量的脉冲小洪水过程以刺激鱼类产卵，流量过程一般在 5 月中下旬至 6 月上中旬，流量范围在 800～1200m³/s 小幅度波动，持续时间在 7～15 天</td></tr>
<tr><td>5 月</td></tr>
<tr><td>6 月</td></tr>
<tr><td>6 月、7 月</td><td rowspan="4">仔鱼生长期，主要是幼鱼生长、发育期，需要到岸边湿地水草处觅食</td><td rowspan="4">在仔鱼生长期，需要一定的河滩湿地洪漫过程，既是河流廊道功能维持需要，也是湿地发育需要，更是鱼类到岸边觅食的需要，流量范围在 2600～4000m³/s，持续时间在 7～10 天，时间一般在 6 月下旬</td></tr>
<tr><td>8 月</td></tr>
<tr><td>9 月</td></tr>
<tr><td>10 月</td></tr>
<tr><td>11 月</td><td>生长期</td><td>满足生态基流即可，最小 200m³/s，适宜 300m³/s</td></tr>
</table>

黄河流域水文水资源及水沙特性，是黄河及下游生态系统功能结构形成与发育演变平衡的核心要素。巩义—花园口河段输水输沙和自然、社会服务等承载了河流生态廊道的基本功能，具有生态构型空间格局与多样性保护的核心应力带支撑作用。维持黄河下游河道功能与生态空间的水文水资源支撑条件，是维系黄河生态系统稳定的基础。该河段主要生态保护目标为河流及河漫滩湿地、特有土著鱼类栖息生境、重要鸟类栖息生境、河流基本生态功能、供水保障。根据保护目标的水流条件要求，提出花园口断面生态流量（生态基流、敏感期生态流量、脉冲生态流量过程、廊道生态功能维持流量）控制要求。同时，根据黄河水资源条件现状，以维持现阶段生态状况与保证水生生物和湿地生态需求为目标，分别提出最小和适宜生态流量（水量）。

（1）生态基流

针对黄河下游典型湿地的栖息生境保护需水，黄河下游及河口鱼类产卵、越冬、洄游等生物学保护需求，参照黄河下游枯水流量情况要求，从黄河生态极限条件维持和生物物种多样性保护等角度，确定黄河下游花园口断面生态基流为 200m³/s，未来规划阶段考虑越冬期适宜水量需求和利津断面水流连续性，花园口断面生态基流取 300m³/s。

（2）敏感期生态流量

敏感期生态流量主要考虑敏感期水生生物和湿地对河流水量、流量和水位、流速等的生物学要求。黄河下游产漂流卵鱼类，对产卵育幼与越冬期的河道流速、流量及变化幅度有阈值要求。黄河下游花园口断面一般普适性鱼类产卵流量需求为 300 ~ 1000m^3/s；土著产黏性卵鱼类，产卵期及鱼类洄游时段则对河道滩唇水位及流量过程有生态学要求，其平均流量需求为 200 ~ 1000m^3/s。敏感期生态流量原推荐为大流量过程，经过改进后，主要参考繁殖期仔鱼需水适宜度曲线，本阶段推荐取值为和亲鱼需水曲线的交叉点（300m^3/s），未来规划考虑到刺激亲鱼产卵需要，取值较适宜区间为 650 ~ 850m^3/s，与干支流成果（600 ~ 750m^3/s）基本保持一致。

（3）小脉冲洪水流量过程

本研究开展过程中，结合当前黄河水量来水条件及水量调度的细化，根据 2017 ~ 2019 年黄河巩义河段水生生物调查，进一步细化黄河鲤不同时期生态习性对径流过程的需求，结合黄河水文情势变化提出敏感期小脉冲洪水流量过程。

（4）廊道维持流量

黄河下游河流湿地代表断面，基本属于宽浅河道主槽和嫩滩的复合断面类型，湿地补水方式主要有河流洪泛和地下水补给。目前河势情境下，黄河下游湿地功能保护水量补给，主要通过调水调沙形成的 4000m^3/s 流量条件予以实现；而在河床淤积影响下，一般性的中小流量条件已难以形成湿地的有效补给。黄河下游湿地资源保护，应强化黄河水量总量控制和生态保护优先，争取实现黄河下游 2600 ~ 4000m^3/s 的特殊时段河道塑造流量满足湿地对生态水量的要求。

（5）花园口断面生态流量指标

综合（1）~（4）计算结果，确定花园口断面河流生态需水指标及其过程，见表 8-2。

表 8-2　花园口断面河流生态需水指标及其过程

指标体系	现阶段	远期规划（西线后）
生态基流	200m^3/s	300m^3/s
敏感期生态流量	320m^3/s	650 ~ 800m^3/s
洪水小脉冲（择机）	800 ~ 1000m^3/s，7 ~ 12 天	1000m^3/s
廊道维持流量（相机）	2600 ~ 4000m^3/s，7 天以上	2600 ~ 4000m^3/s，7 天以上

2. 利津断面

利津断面是黄河干流把口断面，其下游的黄河河口段受泥沙淤积和弱潮河口影响，河道频繁改道，形成了独特的河、海、陆三相交汇堆积型河口及近海生态系统，是国家生物多样性保护高度敏感区域，在我国生物多样性保护中占有重要地位。其中黄河利津段是黄河鲤及刀鲚、梭鱼等黄河特有土著鱼类和过河口保护鱼类的重要“三场一通道”；下游的黄河三角洲形成了我国暖温带最广阔、最完整的原生湿地生态系统，分布有国际珍稀濒危等涉禽、游禽类候鸟迁徙地，是我国主要江河三角洲中最具重大保护价值的生态区域。黄河自上游挟带大量营养盐和淡水入海，为河口近海海洋生物提供了丰富饵料的低盐生存环境，孕育了较高初级生产力，是黄渤海渔业生物的主要产卵、孵幼和索饵场。

利津断面作为黄河最后一个常设水文断面，既是黄河过河口鱼类通道，也是三角洲湿地生态控制断面，更是黄河近海水域入海水量控制断面。根据黄河特有土著鱼类及过河口鱼类洄游、产卵和岸滩觅食、育幼等敏感生境和河道湿地水源补给的水流条件要求，三角洲淡水湿地和珍稀保护鸟类栖息生境结构与功能维护的水量条件，以及近海洄游鱼类产卵期栖息生境要求，提出利津断面生态流量（生态基流、敏感期生态流量、脉冲生态流量过程、廊道生态功能维持流量、入海生态水量）控制要求，为生态流量管控和河流廊道功能保护提供依据。同时，根据黄河水资源天然禀赋和开发利用现状，以及黄河河口生态保护和修复效果，以维持现阶段生态状况和恢复至20世纪80年代为目标，分别提出最小和适宜生态流量（水量）。在黄河河口段、三角洲及近海水域生态保护目标识别基础上，开展生态保护目标需水机理分析，分别应用栖息地法和水文变化的生态限度（ecological limits of hydrologic alteration，ELOHA）法，建立河川径流与目标生物栖息地之间的关系，建立黄河入海径流与近海生态状况的响应关系，综合提出利津断面生态流量及过程。

利津断面生态流量以土著鱼类栖息生境需水和维持河流廊道功能需水为主，其中土著鱼类栖息生境需水以栖息地法为主，集成生态观测、控制实验、模型模拟、空间分析等多技术手段，建立了黄河代表物种适宜度标准曲线，构建了黄河重点河段河流栖息地模型，揭示了水生生物状况与河川径流条件的响应关系，提出了利津断面生态基流、敏感期生态流量和脉冲生态流量。同时，以黄河下游调水调沙实践为基础，提出廊道功能维持流量。利津断面河流生态需水指标及其过程见表8-3。

表8-3　利津断面河流生态需水指标及其过程

生态流量指标项目	最小生态流量	适宜生态流量
生态基流	75m³/s	100m³/s
敏感期生态流量	150m³/s	230～250m³/s
脉冲生态流量（择机）	700～1000m³/s，7～15天	
廊道维持流量（相机）	2600～4000m³/s，7～10天	

8.2.2　三角洲淡水湿地生态补水量

2008～2019年，黄河三角洲划定了126km²淡水湿地恢复区，共实施10次生态补水，累计生态补水4.1亿m³，平均年补水量为0.4亿m³。通过连续补水，淡水湿地已恢复至

20 世纪 90 年代初水平，栖息地质量提高，生物多样性增加。根据黄河三角洲淡水湿地生态补水实践实施情况及生态效应，充分考虑黄河水资源支撑条件，结合近年来淡水湿地补水范围变化、补水方式改变、恢复目标和格局变化，综合确定现阶段黄河三角洲淡水湿地生态补水量每年需要 6800 万 ~7600 万 m^3。受黄河三角洲油田开发、生产堤和保护区道路等建设影响，河口淡水湿地水量补给来源被阻断，黄河干流两侧天然湿地大部被道路隔离，湿地保护与修复以黄河汛期大流量过程中向湿地恢复区引流补水恢复为主。

8.2.3 河口近海生态需水量

科学合理确定黄河近海水域的生态需水，对于维系黄河近海水域生态系健康和海洋渔业资源具有重大的科学价值。确定黄河口近海水域生态系统对黄河径流的需求，涉及两个关键科学问题：一是河口-近海水域代表物种生态习性及其栖息生境研究；二是水盐梯度变化下黄河入海水量与近海生态的响应关系。

采用 ELOHA 法研究近海水域生态水量。将近海洄游鱼类栖息地面积作为生态指标，建立入海水量和栖息地面积之间的水文-生态关系：

$$H=f(W_0) \tag{8-9}$$

式中，H 是近海洄游鱼类栖息地面积，km^2；W_0是入海水量，亿 m^3。

8.2.4 生态流量过程耦合

河道内生态环境需水量综合分析是将断面生态需水过程、动态输沙需水过程、三角洲淡水湿地生态补水量、河口近海生态需水量进行流量过程及水量的科学耦合，合理确定出生态优先的河道内保障水量。下游生态环境综合流量过程示意见图 8-5。

$$\begin{aligned}Q_{利津生态环境}=&\max(Q_{利津非汛期生态},Q_{河口近海非汛期生态},Q_{淡水湿地生态补水})\\&+\max(Q_{利津汛期生态},Q_{利津汛期输沙},Q_{河口近海汛期生态},Q_{淡水湿地生态补水})\end{aligned} \tag{8-10}$$

式中，$Q_{利津生态环境}$为黄河干流利津断面的生态环境综合流量需求；$Q_{利津非汛期生态}$为利津断面非汛期生态流量需求；$Q_{河口近海非汛期生态}$为黄河河口非汛期生态流量需求；$Q_{淡水湿地生态补水}$为黄河河口湿地生态补水流量需求；$Q_{利津汛期生态}$为利津断面汛期生态流量需求；$Q_{利津汛期输沙}$为利津断面汛期输沙入海的流量需求；$Q_{河口近海汛期生态}$为利津断面汛期生态流量需求；$Q_{利津汛期输沙}$为黄河河口汛期生态流量需求。

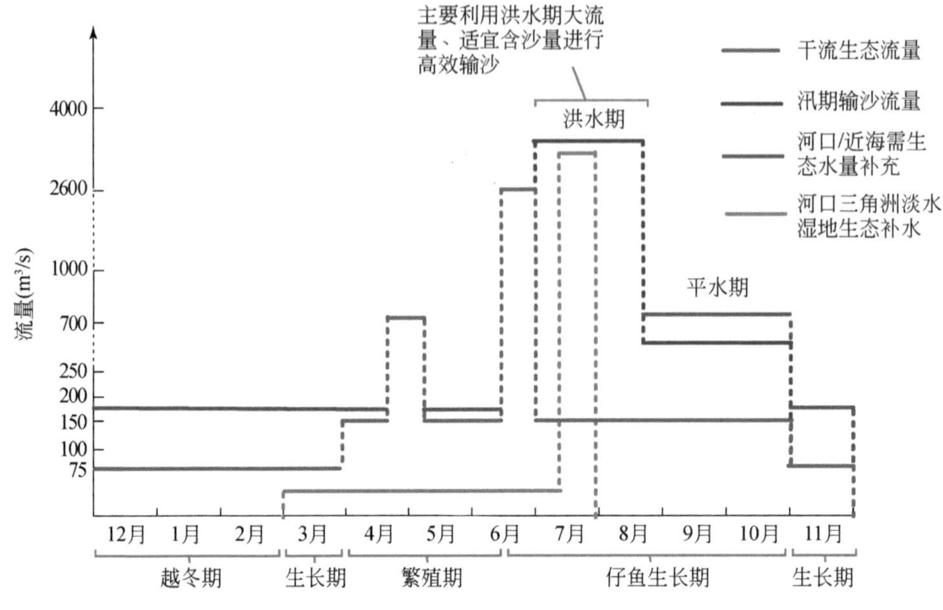

图 8-5　下游生态环境综合流量过程示意

8.3　流域水资源动态配置流程

黄河流域水少沙多，下游“地上悬河”“二级悬河”威胁两岸安全，因此以往的水资源规划中配置了大量水资源用于河道内输沙。在气候变化和人类活动的共同影响下，近年来入黄沙量大幅减少，实际配置水量超过输沙需求，部分河段持续冲刷；高效输沙研究持续开展，黄河流域水沙调控能力不断增强，有望通过水工程调度提高输沙效率、减少输沙水量。与此同时，在天然来水持续减少、社会经济需水刚性增长的影响下，水资源供需矛盾持续加剧。为缓解黄河流域水资源供需矛盾，本研究提出黄河流域水资源动态配置方法：以“八七”分水方案为基准，根据变化的来水、来沙和河道外需水动态调整分水指标。黄河流域水资源动态配置的关键在于在全年输沙水量一定的条件下，通过汛期高效输沙满足河道冲淤要求，将剩余的输沙水量作为河道内生态用水和河道外社会经济用水。黄河流域水资源动态配置的原则为“保存量、分增量”，即保障丰增枯减后的“八七”分水方案河道外分水指标，并将河道内节省出的水量作为河道外分水指标的增量分配给沿黄各省（自治区）。黄河流域水资源动态配置机制如图 8-6 所示。

步骤一：预报未来一年的来水量，基于“八七”分水方案，依据“同比例丰增枯减”的原则确定河道内和河道外各省（自治区）分水指标，包括河道内分水指标 A_{P1} 和河道外

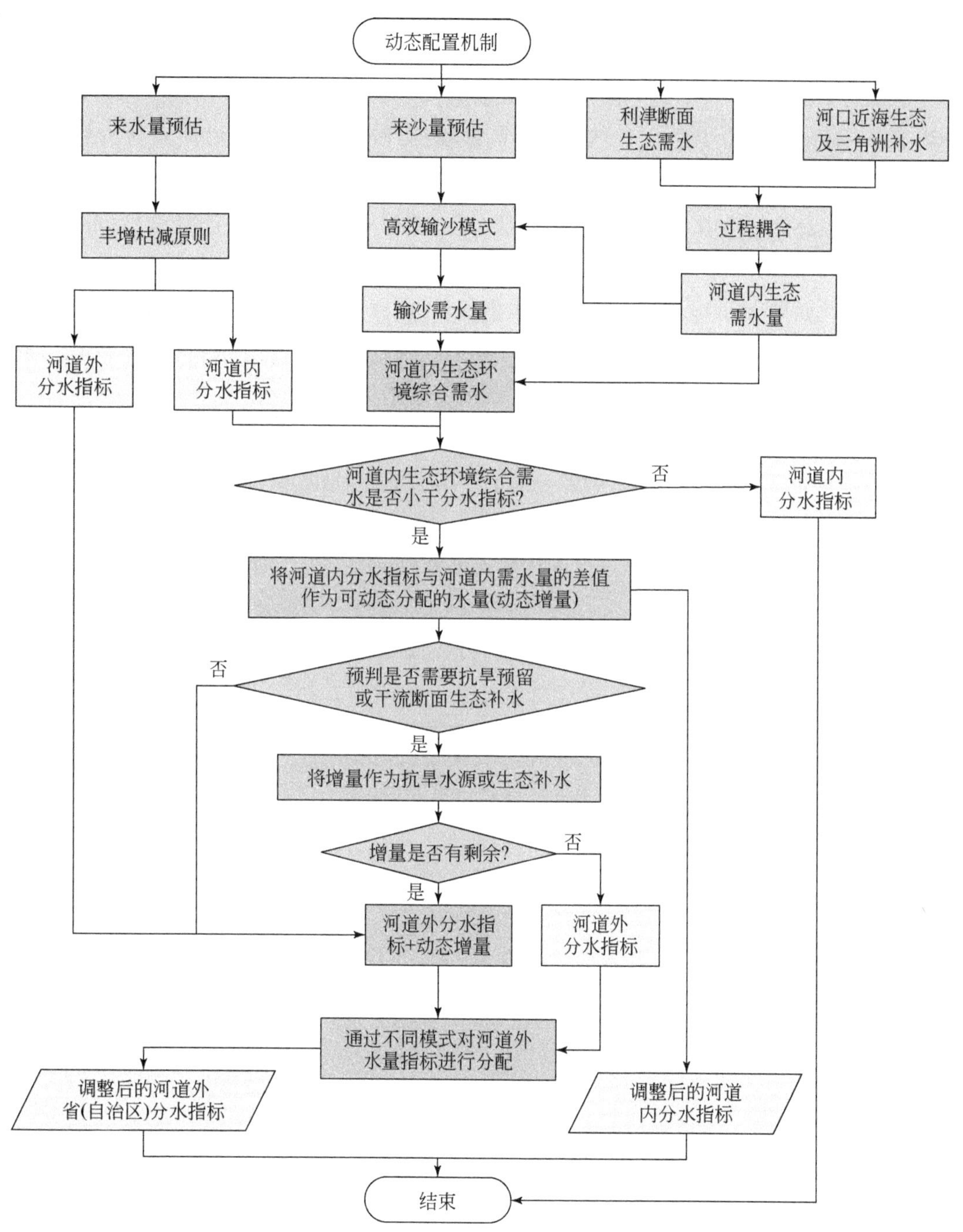

图 8-6　流域水资源动态均衡配置机制

各省（自治区）分水指标 A_{PO_i}，$i=1\sim9$，代表沿黄 9 省（自治区）。暂不考虑调整跨流域供水的河北省与天津市的分水指标。

步骤二：分别将汛期、非汛期、全年 3 个时段河道内生态需水和近海海域生态需水的最大值作为利津断面汛期生态需水量 D_{EF}、非汛期生态需水量 D_{EN} 和年生态需水量 D_{EY}。

步骤三：预报未来一年进入黄河下游的沙量 S_Y，根据利津断面非汛期生态需水量 D_{EN} 计算下游河段非汛期输沙量 C_N，然后采用高效输沙理论计算维持下游河道冲淤平衡的利津断面汛期输沙需水量 D_{SF}。

步骤四：计算河道内可节约的分水指标 ΔA，如式（8-11）所示，单位均为 m^3。

$$\Delta A = A_{PI} - \max(D_{SF}, D_{EF}) - D_{EN} \tag{8-11}$$

步骤五：如果 $\Delta A>0$，则将河道内分水指标从 A_{PI} 调整为 A_{CI}，$A_{CI}=\max(D_{SF}, D_{EF})+D_{EN}$；$A_{CI}$ 包括河道内汛期输沙分水指标 A_{CS} 和河道内非汛期生态分水指标 A_{CE}，$A_{CS}=\max(D_{SF}, D_{EF})$，$A_{CE}=D_{EN}$；否则按照步骤一得到的分水指标进行配水。

步骤六：如果 $\Delta A>0$，动态调整河道外分水指标，将 ΔA 作为增量分配给沿黄 9 省（自治区）。预报未来一年流域内旱情分布与抗旱需水，预留水量作为抗旱应急水源；如果增量仍有结余，按照均衡调控方法分配给沿黄 9 省（自治区）；如果预报未来一年没有旱情，直接将增量按照均衡调控方法分配给沿黄 9 省（自治区）。沿黄 9 省（自治区）分配到的增量为 ΔA_i，$i=1\sim9$。

步骤七：经过动态调整后，沿黄第 i 省（自治区）分水指标调整为 A_{COi}，$A_{COi}=A_{POi}+\Delta A_i$，$i=1\sim9$。

第9章 统筹公平与效率的流域水资源均衡调控原理

随着生态保护和高质量发展的不断深化，我国水资源的安全保障需求不断提升。但由于受到全球气候的变化和人类活动的影响，我国水资源本底条件整体朝着不利方向发展，我国面临的水资源形势愈加严峻，新老问题交织，加剧了水资源配置的复杂性，需要创新水资源配置理念和模式。本章研究以黄河流域作为环境剧烈变化和缺水流域的典型代表，以流域水资源系统动态演化特征为基础，采用社会福利函数统筹资源配置过程中公平与效率两个重要方面，构建了流域水资源均衡调控原理。

9.1 资源配置中的效率与公平

9.1.1 资源的合理分配

资源指的是在社会经济活动中所使用到的人力资源、物质资源及资金的总和，是推进社会经济发展所必需的条件。在一定的社会经济发展阶段，与人类需求相比资源呈现稀缺状态，因此要求人们对有限的稀缺资源在其不同用途之间进行合理分配，如果能够对有限的稀缺资源进行相对合理的配置，就可以比较公平地将资源分配于其不同使用部门间，使用最少的资源量产出最适当的产品与劳务，获得最多的效益，显著提高其经济效益，使经济充满活力；如果不能合理地配置稀缺资源，就会造成社会性资源浪费。20世纪美国经济学家萨缪尔森曾提出："经济学是对一个社会如何在不同的人之前分配稀缺资源并产生商品价值与有效劳动进行的研究。"（Feiwel，2012）由此可知，经济学主要研究的是如何将稀缺资源有效地分配给不同的使用者。实现资源的有效配置是一个效率问题，而如何分配到不同的人中又涉及公平问题，所以效率和公平一直是经济学中探讨及试图解决的问题，协调好效率与公平之间的关系，就可以实现经济的快速增长，满足人们需求，提高生活水平。

效率包含有两种含义，一种含义为在单位时间内可以获得的最大产出，另一种含义为高效地利用各种资源来满足人类的需求与愿望。公平的含义为全体社会成员都具有各种资源的使用权和相对应的社会责任，得到其应得的利益。

资源配置中广泛涉及效率与公平的概念。一般认为效率是指在对资源进行分配和利用后，所获得的投入产出比值最大，即在投入人力资源、物质资源及资金一定的情况下，产出量最大。在经历了美国长达5年的经济危机，经济全球化以及垄断组织出现三个经济阶段后，萨缪尔森提出了萨缪尔森思想，该思想认为“实现最高效地利用社会资源来满足人类的理想和需求即为效率”。从社会经济发展的层面来说，最高效率就是使用有限的资源创造出更多的社会财富以及尽最大可能满足人类需求。但是，使用投入与产出关系难以描述许多社会与经济活动，因此萨缪尔森公平效率理论中提出了效用的概念，用来对消费者在消费、使用或者享受后其需求和欲望的满足程度进行描述。

公平则是用于评判和度量社会政治状态、劳动所得经济效益等复杂关系间的规则，既包括经济活动中的公平，又包括社会劳动中的公平。经济活动中的公平指的是在机会相等的状况下经济主体公平地参与市场竞争，通过商品、货物交换过程而实现经济效益的分配，即商品等价值交换的公平。社会劳动中的公平指的是在深入社会活动、劳动时，人们获得的机会、权利、过程、结果是公平的。

经济学家曼昆（Mankiw，2020）认为：“效率指社会充分发挥其能力，从稀缺的资源中得到更多的东西。公平则是将所得到的物质、资源合理地分配给社会成员”。因此，效率强调的是通过优化资源配置，最大程度地去满足社会需求；而公平注重于社会成员获得机会、享有权利以及社会制度等是否公正、平等。公平是追求高效率的保证，只要人们能够公平地获取分配权力以及分配利益等，就能够激发人们发展社会生产力、提高经济效率的积极性。

9.1.2 效率与公平的关系

效率与公平的关系是当前社会问题的关键所在，在历史唯物主义中效率与公平的关系本质上是生产关系与生产力的问题。在实际生活中，经济上两者的关系是生产与分配关系的体现，公平影响着人们生产工作中的积极性，从而影响着生产效率。

首先，效率与公平的关系是辩证统一的。一方面，两者是对立的，因为公平即公正不偏袒，强调公平就要尽量缩小各行业之间的差距，但是如果任何人之间都是一样的没有差别又难以调动起人们的积极性，使得效率降级；强调效率可以促进社会资源的高效使用，促进社会生产力的发展，但与此同时，不同人所能实现的效率高低不同，会迫使人们的需求产生较大的区别，扩大差距，这又与公平是相悖的。另一方面，两者的关系是统一的，效率是实现公平的前提条件和必需的物质基础，而公平又是促进高效的保障因素，两者之间是相辅相成、相互促进的。其次，效率与公平的关系是历史统一的。效率与公平直观体现在生产与分配关系，两者之间的矛盾不会消失，但效率是促进社会发展的基本手段，公平则是社会追求的最高目标，也正是两者之间的矛盾运动，促使效率与公平实现更高层次的统一。

在资源的配置中一定范围内公平与效率具有相互依存、相互促进的关系，但其关系不是一成不变的，在某一方超过该范围时另一方发生反向变化，如图 9-1 所示，公平与效率在 0 点之前为相互促进关系，随着公平程度的增加，效率也是逐渐增高的，但在 0 点之后其关系发生转变，成为相反关系，效率随着公平的增加而快速递减，此时公平程度的变化极大地影响着配置中的效率。因此，水资源配置中的公平是以效率为取向的公平，效率是公平前提下的效率，维持公平、提高效率实现两者的均衡，寻求水资源配置过程中随着一方增加，另一方达到最高点的状态（0 点）是现阶段水资源配置追求的目标。

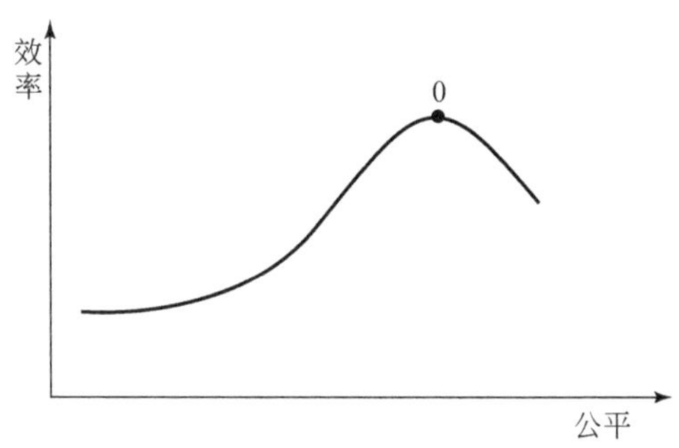

图 9-1　资源配置的效率和公平关系

9.2　水资源配置中的效率与公平

水资源作为社会公共资源中稀缺的自然资源，其价值越来越受到人类的重视，同时水资源又是维持人类生命不可缺少的元素之一，对于有限的水资源，随着社会不断发展，其供需矛盾、各用水部门之间的竞争关系愈加严重。因此实现水资源的可持续利用、统筹效率与公平是维系社会、经济可持续发展的关键。

依据可持续发展原则，水资源配置的效率包括经济效率、生态效率和社会效率多个方面。经济效率是使用单位资源与其产出效益的比较，如果采用边际效益进行资源间的高效配置则此时各用水部门的资源利用边际效益相等，若不相等，则会将资源分配给使用效率更高的用水部门，即使用最小的资源投入获得最大的产出。生态效率指遵循生态自然发展规律的前提下，推动生态系统、生物圈向有益人类生活、生产以及生态环境的方向发展所产生的效率。生态效率对人类的生存环境以及生活产生着积极的影响，如果生态效益受到破坏，则无法保证人类整体的、长远的经济效益，无法实现可持续利用。水资源作为社会发展、社会进步以及经济稳步增长的基础，使用效率遍及人类的各项社会活动中，而社会效率则是目前社会制度以及社会体制下的运作效率。

水资源配置的公平性目标为满足不同区域间、社会各用水部门、河道上下游以及河道内外的各方面用水权益进行资源的合理配置，即流域内的所有社会成员以及用水部门享有流域内资源、环境、生态以及发展的权利是平等的。公平性要求河道的上下游、左右岸等不同区域间以及区域内部各用水部门间都能够同步发展，并且经济效益或资源使用权在同一流域内不同的社会阶层和用水部门都得到公平分配。从流域内不同区域上讨论水资源分配的公平，是指要协调好上下游左右岸之间、不同流域之间、农村与城市之间的用水关系，保证流域内不同区域上的公平。从资源利用的多用途和多功能上讨论公平，是指从生活用水、生产用水、生态用水等的多方面进行配置，使得多功能、多用途用水间达到一种协调、平衡状态。

9.3　福利经济学及社会福利函数

9.3.1　福利经济学

1920 年庇古出版的《福利经济学》代表着福利经济学科的诞生，在此之前有数十位学者为福利经济学的诞生做出了巨大的贡献，“福利”一词有多重含义，广义的福利指的是一个人的自由、家庭、亲情、爱情等精神上的愉悦；狭义的福利指的是经济福利。

纵观福利经济学的发展史，阿马蒂亚·森认为早期的福利经济学来源之一是伦理学，伦理学关注的大部分都是某些人或整个社会的福利，古典经济学家亚当·斯密认为个人的利益获取推动着市场经济社会中的社会利率，因此认为福利经济学发源于伦理学。随后在杰里米·边沁的带动下效用主义逐渐形成主流意识形态，并将效用主义和边际理论相结合，形成边际效用价值理论。

20 世纪初，英国贫富差距逐渐加大，社会矛盾不断加剧，在此情况下，经济学家开始研究如何提高社会福利，改善社会保障机制等问题，因此以庇古为代表的旧福利经济学形成，其以国民总体的收入为研究对象，在基数效用理论的基础上，提倡通过政府干预实现公平分配；而新福利经济学的产生是在对基数效用理论质疑下，由希克斯福利补偿理论为代表，基于基数效用理论建立了新福利经济学，过分注重经济效益，认为社会福利最大化的必要条件是经济效率，从而忽视了公平分配问题。帕累托标准是新福利经济学的理论基础，但是帕累托标准中以效率作为重点而不考虑公平问题，在之后福利经济学进入停滞阶段，直到 1970 年，福利经济学再次进入发展阶段，以阿马蒂亚·森为代表的非福利主义研究和社会选择理论开始发展，福利经济学的重要分析工具为帕累托最优状态和“消费者剩余”概念。此时，学者们也不再将福利简单的定义为效用，而开始研究自由、平等、权利等方面的福利问题，这些问题将福利经济学扩充得更加完整（陈银娥，2000）。

综上所述，福利经济学研究的是在什么条件下可以将社会资源配置达到最优状态和如何达到最优状态的一门学科。如何在公共资源配置中实现效率与公平的均衡，不同发展时期对于效率与公平的侧重应该如何抉择，是福利经济学所要解决的主要问题。

9.3.2 社会福利函数

福利经济学的本质是建立社会福利函数，通过社会福利函数表征社会所追求的目标，以及目标中需要考虑的因素：社会福利函数是以部分成员的利益或效用作为目标，还是以社会整体所具有的效益或效用为目标？当利益与效用之间产生矛盾冲突时，应如何解决其矛盾问题？社会福利函数体现着不同地区的社会福利水平、社会资源配置的公平合理程度以及其影响因素的影响程度。

1920 年以来，社会福利函数经历了古典效用主义时期、转折时期，即新福利经济学时期、困惑时期，经济学家都在阿罗不可能性定理处徘徊一直到古典效用主义复兴时期，整个发展过程出现了许多形式的社会福利函数，包括古典效用主义的社会福利函数、精英者的社会福利函数、罗尔斯的社会福利函数、纳什的社会福利函数、阿马蒂亚·森的社会福利函数和阿肯森的社会福利函数等（姚明霞，2001）。

古典效用主义的社会福利函数认为全体社会成员都应该得到同等对待，获得相同福利，因此社会福利即为全体社会成员福利或效用的累加。其函数表达形式为

$$W=U_1+U_2+\cdots+U_n \text{ 或 } W=\sum_{n=1}^{H}U_n \tag{9-1}$$

式中，W 为社会福利函数值；U_n 为第 n 个社会成员的福利水平（社会成员的基数效用）；H 为社会成员的数量。

一般效用主义的社会福利函数即新古典效用主义的社会福利函数，与上述不同的是，它给予每个社会成员不同的权重系数，然后再进行加权求和得到社会福利函数。

纳什的社会福利函数定义社会福利水平应为所有社会成员效用水平的累加值。此社会福利函数存在两大弊端：一是采用相乘的函数形式，当社会成员中一人的效用水平为负数时，则社会福利水平为负，此形式无法正确反映社会状态；二是当社会成员中存在某些效用为极小的小数时，也会存在上述情况。其函数表达形式为

$$W=U_1\times U_2\times\cdots\times U_n \text{ 或 } W=\prod_{n=1}^{H}U_n \tag{9-2}$$

精英者的社会福利函数遵循最大最大（Maxmax）原则，其社会福利水平取决于精英

阶层，即社会中效用最大或最好的那部分人的效用水平。该函数的弊端是只考虑社会中效用好的一部分人，忽视社会中的其他人，容易产生两极分化，贫富差距加大的情况。其函数表达形式为

$$W=\mathrm{Max}\{U_1,U_2,\cdots,U_n\} \tag{9-3}$$

罗尔斯的社会福利函数遵循最大最小（Maxmin）原则，并将社会福利水平定义为社会最贫困阶层的人的效用水平，即社会福利的目标是境遇最糟的社会成员的福利最大化，保障社会最底层社会成员的效用水平最大化。其函数表达形式为

$$W=\mathrm{Min}\{U_1,U_2,\cdots,U_n\} \tag{9-4}$$

帕格森和萨缪尔森认为社会福利应为社会成员个体效用的函数，但其保留了函数的灵活性，并没有限定社会福利函数的形式与形成方式。正是灵活性的存在，为后来的学者们提供了较大的发挥空间。当以收入作为个体效用时，帕格森和萨缪尔森定义社会福利函数为个体收入函数，即 W，其中向量 $\bar{\boldsymbol{y}}=\{y_1, y_2, \cdots, y_n\}$ 表示所有社会成员的收入。当采用社会成员的一次齐次收入函数作为效用函数时，用当前社会福利与社会福利理论最大值的比值（用 E 表示）来描述社会公平程度，构成社会福利函数，其函数表达形式为

$$W=\bar{\boldsymbol{y}}\times E \tag{9-5}$$

1998 年阿马蒂亚·森提出将（$1-G$）作为公平程度的度量指标（李实，1999），G 为社会福利的基尼系数，μ 为平均收入，其函数表达形式为

$$W=\mathrm{Max}[\mu(1-G)] \tag{9-6}$$

如图 9-2 所示，U_A为高效率个体的分配效用，U_B为低效率者的分配效用，U_A与 U_B之和为社会总效用 W（注意 U_A与 U_B不代表资源分配量）。可以看出，在 E 点处 $U_A=U_B$，此处达到绝对意义上的公平，但是明显可以看出，社会总效用（$W=U_A+U_B$）没有达到最大，且处于较低水平，社会发展水平将受到很大影响；在 M 点处 U_B（低效率者）的效用达到最大，此处罗尔斯的社会福利函数达到最大值，社会总效用不会再随着 U_A的增加而增加，即此时 W 会对应多种分配方式，且此处的 W 仍处于较低水平；在 U 点处 W 达到最大值（功利/效用主义），但 U_A明显大于 U_B，公平性遭到了极大破坏；在点 V 处，U_A达到最大（精英者的社会福利函数），U_B为 0，公平性完全被破坏，且 W 也无法达到最大值。

纵观上述福利函数的形式，不同的社会状况下的社会福利函数，无论是古典效用主义的社会福利函数、新古典效用主义的社会福利函数、精英者的社会福利函数，还是罗尔斯的社会福利函数，都各具优缺点。古典效用主义的社会福利函数采用社会成员个体效用的累加计算，忽视了成员个体间的差别；而精英者的社会福利函数只考虑了社会的效率，忽视了成员间的公平，所以没得到广泛使用；罗尔斯的社会福利函数，过分重视公平问题，只强调最底层社会成员的效用，导致社会成员缺少向前奋斗的动力，效率直线下滑（杨缅昆，2009）。

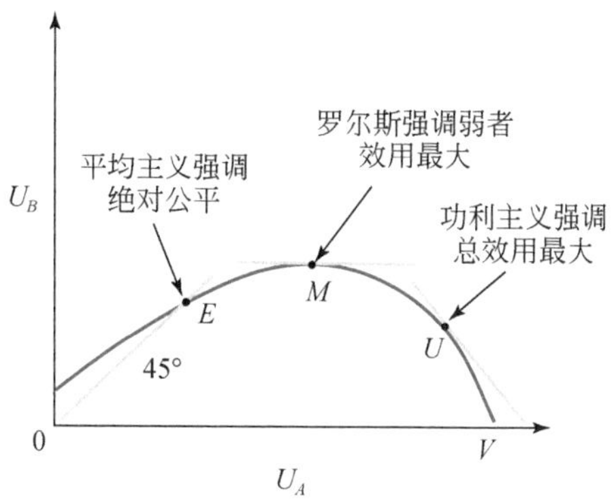

图 9-2　分配效用变化分析

阿马蒂亚·森和福斯特的社会福利函数的类型相同，只是两者用来衡量收入差别的计算方式不同，前者采用社会平均收入以基尼系数作为度量指标，后者采用收入差别的二元函数以阿肯森指数作为测度指标，上述两种函数同时考虑效率与公平，因此成为福利经济学中社会函数的主流形式。

9.4　水资源配置社会福利函数构建

水资源的稀缺性，决定了水资源在使用过程中必然存在各用水户之间的竞争关系，因此水资源配置过程中最突出的矛盾即水资源配置中效率与公平间的竞争关系，均衡即在水资源有限的状况下，公平高效地满足各方面对水资源利用的需求。研究采用福利经济学中社会福利的概念及理论，提出水资源社会福利函数来实现水资源配置中的效率与公平间的均衡。社会福利最大化是指合理地分配稀缺的资源来最大能力地满足人们每日递增的需求，故考虑效率与公平的水资源均衡调控可在水资源有限的前提下，采用水资源社会福利函数作为引导，寻找社会福利最大化状况下的配置方案，使各方需求都得到最大化的满足。

水资源均衡调控的目标是提高用水效率、维护用水公平，因此水资源均衡调控是一个多目标决策问题：

$$\max\{F_V(x),F_E(x)\}$$

$$X=\{x\in R^n;g_k(x)\leqslant 0,k=1,\cdots,m\} \tag{9-7}$$

式中，F_V是流域用水效率表征函数；F_E是流域用水公平表征函数；x 是待优化的配水量；g_k（x）是水资源分配过程中需要遵守的第 k 个约束条件。

在水资源稀缺的情况下用水效率和公平协调存在冲突，均衡调控就是要对效率和公平进行权衡，而多目标优化的结果是得到F_V和F_E的非劣解集（帕累托前沿），并不能给出最佳调控方案。实现公平与效率的均衡是新时期水资源配置追求的目标。研究在阿马蒂亚·森的社会福利函数基础上，加入均衡参数α，实现水资源均衡配置，构建效率与公平均衡调控的水资源配置社会福利函数，见式（9-8）：

$$F=F_V^{\alpha}F_E^{1-\alpha} \tag{9-8}$$

式中，F为水资源调控效果的表征函数；α为均衡参数，取值范围0～1，α越大调控效果越偏重效率，α越小调控效果越偏重公平。

水资源均衡调控问题由式（9-7）转化为

$$\max\{F(x)\}$$

$$X=\{x\in R^n;g_k(x)\leqslant 0,k=1,\cdots,m\} \tag{9-9}$$

基于以上水资源均衡调控函数，考虑效率与公平的水资源均衡配置变为在水资源一定的情况下，寻求某一配置结果可以使得社会福利函数值达到最大。不同均衡参数α的取值，水资源配置的结果不同，获得的效率与公平结果不同，随着α的增加，公平与效率在一定范围内显现反向关系，决策者可以调整均衡参数，选择以降低公平来换取更多的经济效益，或通过减少经济利益而增加公平。当供水量只满足刚性需水时，社会只关注各用水户间的用水公平，即均衡参数α等于0；当供水量可满足奢侈性水消费时，社会不再关注公平，而是如何增加用水效率，使社会用水效率最高，即均衡参数α等于1。

所述福利函数兼顾了水资源配置所产生的效率与分配公平两方面的贡献。福利函数为凹函数，所以福利函数增长最快的方向，既不是F_V方向，也不是F_E方向，而是沿着两者之间的某个l方向，见图9-3。

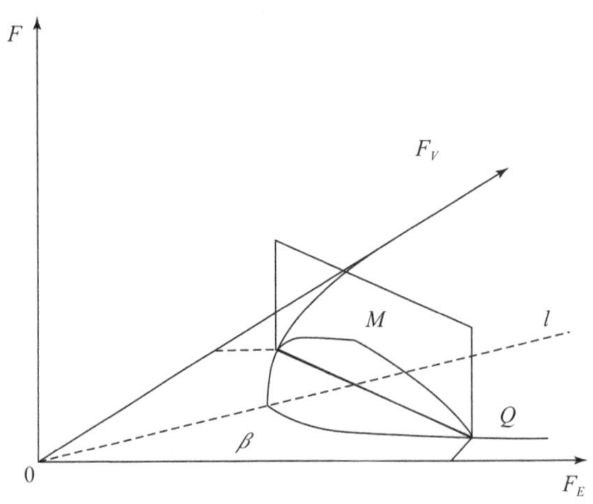

图9-3　社会福利函数与效率和公平关系

对福利函数 $F=F_V^{\alpha}\times F_E^{1-\alpha}$ 有

$$\frac{\partial F}{\partial F_V}=\alpha\times\left(\frac{F_V}{F_E}\right)^{1-\alpha} \tag{9-10}$$

$$\frac{\partial F}{\partial F_E}=(1-\alpha)\times\left(\frac{F_E}{F_V}\right)^{\alpha} \tag{9-11}$$

函数在某方向 l 上的方向导数为（假设函数与 F_E 轴夹角为 β）：

$$\frac{\partial F}{\partial F_V}=(1-\alpha)\times\left(\frac{F_V}{F_E}\right)^{\alpha}\times\cos\beta+\alpha\times\left(\frac{F_E}{F_V}\right)^{1-\alpha}\times\sin\beta \tag{9-12}$$

因定理可知，方向导数在梯度方向上取极大值。此极大值即梯度 grad 的模：

$$|\text{grad}|_{\text{某点}}=\sqrt{\left(\frac{\partial F}{\partial F_V}\right)^2_{\text{某点}}+\left(\frac{\partial F}{\partial F_E}\right)^2_{\text{某点}}} \tag{9-13}$$

而梯度方向是

$$\text{tg}\beta=\frac{\partial F}{\partial F_V}\Big/\frac{\partial F}{\partial F_E}=\frac{\alpha}{1-\alpha}\times\frac{F_V}{F_E} \tag{9-14}$$

显然，任一非梯度方向，如 F_V 方向（单纯追求水资源配置产生的综合价值）或 F_E 方向（单纯追求水资源分配的公平），均不能使社会福利最速增长。

9.5 基于福利函数的流域水资源均衡调控

9.5.1 流域水资源均衡调控定义

流域水资源均衡调控是通过统筹兼顾流域内区域及行业间用水效率及用水公平性，实现流域水资源的可持续利用与生态环境系统良性维持。

用水公平性是指用水活动参与者平等享有满足自身发展所需水资源的权利，用水公平性问题是水量分配中最基本的问题，是水资源可持续利用的核心问题。用水效率是指用水活动中的某种产出量与其投入的水资源量之比，反映了用水水平的高低，在经济活动中一般产出量常用经济价值衡量。效率与公平是水资源调控中具有冲突的两个主要目标。效率优先的配水原则下，水资源被优先分配给单方水价值高的用户：经济价值高的工业用水与生活用水得到优先供给，而缺水多发生于经济价值低的农业灌溉用水；当缺乏适宜的生态价值评估方法时，河道内外生态用水也难以得到保障。公平优先的配水原则下，追求各用户的缺水率相近或相同，缺水流域水资源的总供水量低于总需水量，所有用户发生程度相近的缺水，这种情况下由于不同用户承受缺水的能力差异较大，因而缺水的影响存在较大的差别，如农业缺水对经济社会的影响相对较小，生活缺水却可能造成巨大的经济社会损失。

流域水资源均衡调控的内涵是按照自然规律和经济社会发展规律，统筹公平与效率两方面，实现水资源可再生性维持、经济可持续发展、社会公平合理、生态环境良性维持。

流域水资源均衡调控的内容包括空间上实现省际、河段之间的用水协调，行业间实现生活、生产、生态之间的用水有序，以及时间上实现年际与年内分配的用水合理。

流域水资源均衡调控的方向包括资源维、经济维、社会维、生态维四个方面。资源维的调控方向是水循环稳定健康或可再生性维持。经济维的调控方向是使水资源由低效率行业向高效率行业流转。社会维的调控方向是用水的公平性，保障弱势群体和公益性行业的基本用水，主要包括生存和发展的平衡，即保证粮食安全和经济发展之间的平衡关系；区域间、国民经济行业间、城乡间的用水公平。生态维的调控方向是系统的持续性，确保重点生态环境系统的稳定和修复；在适宜、最小的生态环境需水量之间，寻求水循环的生态环境服务功能和经济社会服务功能达到共赢的平衡点。

流域水资源均衡调控的手段是通过综合运用工程、资源、经济、管理等措施，统筹公平与效率等方面，通过水资源的科学合理调控，达到流域资源、经济、社会、生态环境的协同发展。

9.5.2 基于福利函数的流域水资源均衡调控过程

基于福利函数，考虑效率与公平的水资源配置均衡调控变为在流域水资源总量一定的情况下，追求流域社会福利提高，见图9-4，即谋求包含效率与公平的社会整体福利最大化。

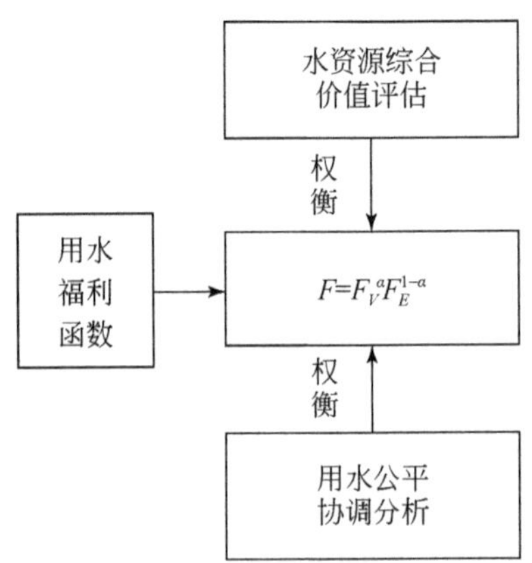

图9-4 用水福利函数均衡调控

调控过程是通过均衡参数 α 来实现的，不同均衡参数 α 的取值，将得到不同程度的效率与公平配置结果。对于两个不同 α 下的最优配置方案 X_1（α_1）和 X_2（α_2），当 X_1 的效率表现高于X_2时，总会出现X_1的公平表现低于X_2的情况，为更好地比较不同 α 下的最优配置结果，提出X_α效率损失与公平损失的概念。

$$\mathrm{Max}(F)=\mathrm{Max}(F_V^{\alpha}\times F_E^{1-\alpha}) \tag{9-15}$$

X_α的效率损失L_α^F是指与效率最优方案X_V^*相比，X_α在效率表现上的损失：

$$L_\alpha^{F_V}=\frac{F(X_\alpha)-F(X_V^*)}{F(X_V^*)} \tag{9-16}$$

X_α的公平损失L_α^F是指与效率最优方案X_E^*相比，X_α在公平表现上的损失：

$$L_\alpha^{F_E}=\frac{F(X_\alpha)-F(X_E^*)}{F(X_E^*)} \tag{9-17}$$

在刻画不同配置方案的效率与公平损失基础上，通过比较效率与公平损失的变化，决策者可选择牺牲公平以换取尽可能多的效率，反之亦然。随着 α 的增加，公平损失与效率损失呈现相反关系，公平与效率损失比 γ 为

$$\gamma=\frac{L_\alpha^{F_E}}{L_\alpha^{F_V}} \tag{9-18}$$

以公平参数为横坐标，公平与效率损失比值为纵坐标，刻画损失比值曲线，见图 9-5 和图 9-6。决策者可根据对公平和效率相对损失的预期，以及损失变化情况选择公平参数，达到水资源配置中对效率和公平的调控。

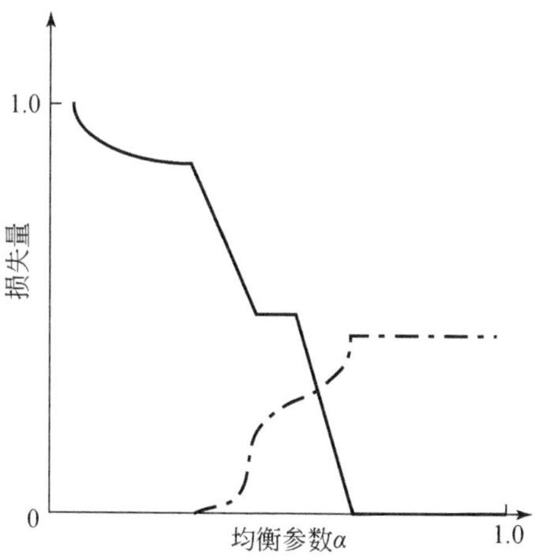

图 9-5　不同均衡参数下效率与公平损失量

9.5.3　流域水资源分级分类均衡调控

基于需水分类分层的特征（详见第 10 章）及社会福利函数，提出水资源分级分类均

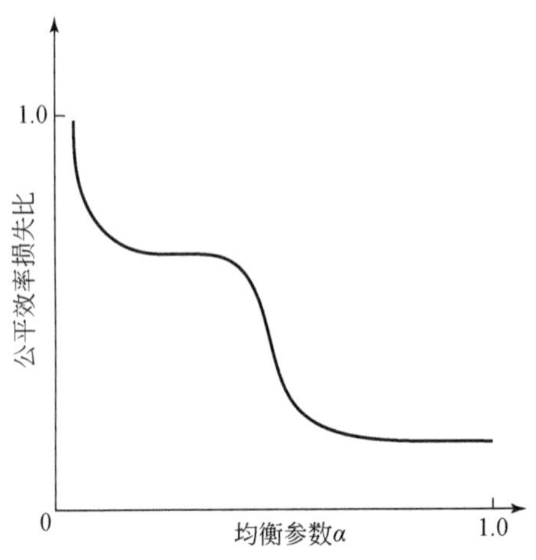

图 9-6　不同均衡参数下公平与效率损失比

衡调控方法，解决缺水流域经济社会用水的合理配置问题，见图 9-7。

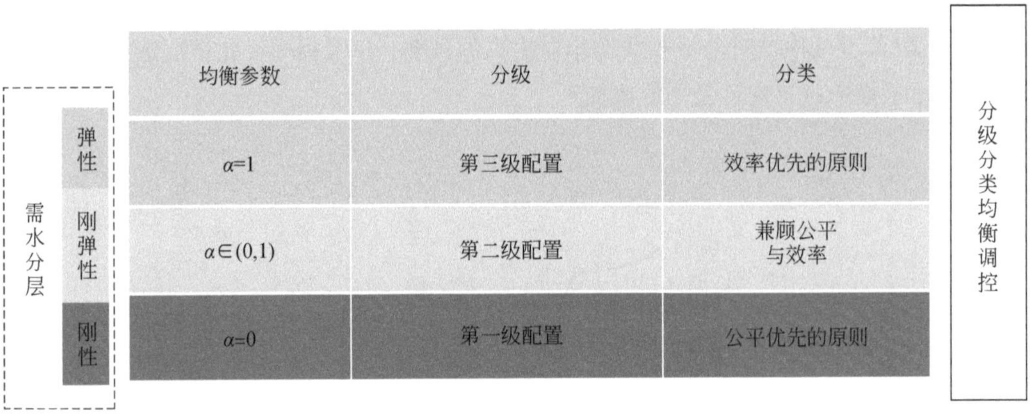

需水分层

需水分层	均衡参数	分级	分类
弹性	α=1	第三级配置	效率优先的原则
刚弹性	$\alpha\in(0,1)$	第二级配置	兼顾公平与效率
刚性	α=0	第一级配置	公平优先的原则

分级分类均衡调控

图 9-7　流域水资源分级分类均衡调控

基于流域水资源均衡调控，构建经济社会用水的分层均衡调控方法。对于第一层的刚性需水，采用公平配置，即出现供水不能满足需水要求时，按照公平优先的原则进行水量配置，对于式（9-19）中均衡参数 α 取值为 0。对于第二层的刚弹性需水，采用统筹兼顾公平与效率的方法，对于式（9-20）中均衡参数 α 取值为（0，1）。对于第三层的弹性需水，考虑效率因素配置，即出现供水不能满足需水要求时，按照效率优先的原则，水资源优先配置给效率高的区域，对于式（9-21）中均衡参数 α 取值为 1。通过均衡参数 α，实现对流域水资源分层分类均衡调控。

刚性需水配置目标函数：

$$\max\{F\}=\max\{F_V^{\alpha}F_E^{1-\alpha}\}(\alpha=0) \tag{9-19}$$

刚弹性需水配置目标函数：

$$\max\{F\}=\max\{F_V^{\alpha}F_E^{1-\alpha}\}(\alpha=(0,1)) \tag{9-20}$$

弹性需水配置目标函数：

$$\max\{F\}=\max\{F_V^{\alpha}F_E^{1-\alpha}\}(\alpha=1) \tag{9-21}$$

第 10 章 流域经济社会刚性-刚弹性-弹性三层需水分析方法

流域分层需水分析方法是统筹公平与效率的流域水资源均衡调控原理的组成部分，本章根据分层需水的基本原则，提出了生活、农业、工业、建筑业、第三产业及河道外生态的分层需水方法。

10.1 流域刚性-刚弹性-弹性三层需水分析方法

10.1.1 水资源需求预测

水资源需求预测是进行水资源规划、配置和管理的基础与核心内容之一。未来用水量的变化趋势如何，既是制定正确的供需平衡对策的前提，也是制定国家宏观经济布局和重大水利工程决策的依据。对需水管理认识的落后，导致对需水预测的失误，如 20 世纪 80 年代初，《中国水资源利用》预测 2000 年全国总需水量约为 7096 亿 m^3，实际上 2000 年全国的用水量仅为 5497.6 亿 m^3；1982 年黄河流域各省（自治区）编制了利用相关规划，预测 2000 年黄河流域需水量高达 696 亿 m^3，超黄河天然径流量近 120 亿 m^3，而 2000 年实际用水量仅为 480.68 亿 m^3。需水预测成果偏高的原因一方面是高估了经济社会发展形势，另一方面是未厘清不同用水主体对水资源需求的机理和规律。

层次分析法是目前各界在评估评价时较为常用的一种分析方法。马斯洛认为人类的需求是分层逐步实现的，从人类需求的心理和活动规律来看，在经济社会发展进程中，用户对水资源的需求也是分层次的。水资源的供给首先要满足用水主体的基本生存需水，然后才是更高层次的发展需水。Gleick（1998）通过搜集各个国家的用水实例，较早地进行了维持人类生存的最小需水量研究。最小和适宜生态需水量概念就是从保持生态系统完整性的需求出发而提出的。张雷等（2011）根据马斯洛需求层次理论，将水资源开发利用过程分为工程水利、资源水利、人水和谐水利三个阶段。侯保灯等（2014）基于马斯洛需求层次理论，将水资源需求分为基本需求、发展需求、和谐需求三个层次，并应用于普洱市水资源需求预测中，发现需水分层方法预测结果比传统方法要低。

水资源需求涉及经济社会、生态环境、科学技术、文化及政治等多方面的因素，不同用水户的用水过程十分复杂。国内外从用水户的角度考虑用水机制的研究越来越多，如作物需水从土壤-植物-大气连续体（soil-plant-atmosphere continuum，SPAC）角度考虑了作物不断生长阶段的需水规律，河道内生态需水更多地考虑了保存河流生态系统完整性的生态基流，居民生活需水考虑了水资源的不同用途等。很多研究者通过统计分析的方法分析用水户需水的主要因素，揭示需水机理，并进行模拟研究。随着水资源供需矛盾的增加，需水精细化管理成为社会发展的必然。

10.1.2 分层需水基本原则

根据马斯洛需求层次理论，将流域需水分为刚性、刚弹性和弹性需水三个层次（图 10-1），需水分层的内涵和各行业分水原则见表 10-1。

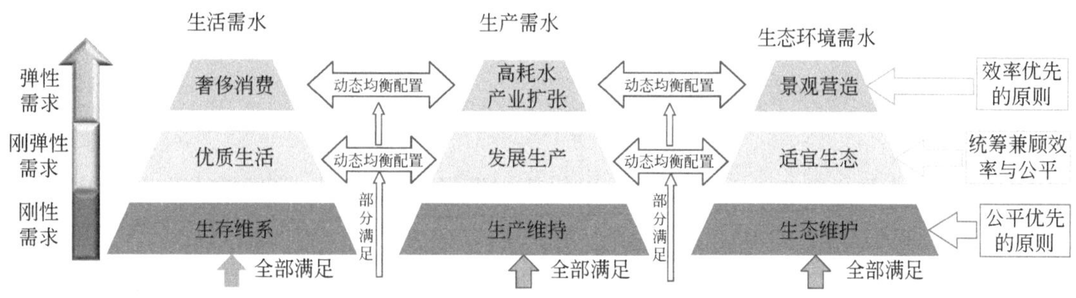

图 10-1 流域需水分层方法

表 10-1 流域需水分层的基本原则

部门分层	内涵	生活需水	工业需水	农业需水	河道外生态环境需水
刚性	维系生活、生产和河湖健康的基本水量	基本生活需求	一般工业	粮食安全，人均粮食 180kg 对应的生存需水	绿化与环境卫生、重点湖泊湿地
刚弹性	生产和生态得到改善	优质生活需求	高耗水工业	营养均衡、膳食结构改善，人均粮食 180～400kg 对应的需水	向流域外湖泊湿地补水
弹性	跨省（自治区）外销粮食需水和河道冲淤平衡	奢侈生活需求	—	粮食外销对应的需水	—

（1）刚性需水

刚性需水属于第一层次的需求，是较低级的需求，对应于马斯洛需求层次理论中的生理和安全需求。刚性需水是指满足人类生活、生物生存、企业开工生产、河湖基本健康所需要的基本水量，一旦缺失将会造成难以挽回的损失。在此层次，水资源成为限制因素，不满足需水则面临生存威胁；在不受资源和工程条件的制约下，此层次的需水量应全部满足。

（2）刚弹性需水

刚弹性需水属于第二层次的需求，是超越水资源限制的需求，对应于马斯洛需求层次理论中的社交和尊重需求，即提高生活品质、满足粮食消费需求、发展工业和塑造适宜生态环境所需的水量，缺水造成的损失是可恢复的。在此层次，用水效率较高，水资源作为可持续发展的制约因素，满足需水则快速发展，缺水则制约其发展；在条件优越和大力节水的前提下，此层次需水应尽量满足。

（3）弹性需水

弹性需水即维持生活中的弹性消费、高耗水产业和人工营造高耗水景观所需的水量。在此层次，工程条件发挥极致，全社会实现了全面节水，用水效率极高，水资源需求趋于稳定，并得到了全面满足。

10.1.3 分层需水与均衡调控

水资源需求层次的划分为水资源分层优化配置提供了基础。刚性需水在配水中位于第一优先级，配置时主要考虑公平原则；刚弹性需水在配水中位于第二优先级，配置时需均衡效益与公平协调；弹性需水在水资源调控中最后考虑，按照效率优先的原则配水。在水资源调控中刚性需水一般能够得到满足，缺水流域难以支撑弹性需水部门的发展，因此缺水流域水资源调控中最重要的就是统筹效率与公平对刚弹性需水进行均衡调控，见图10-2。

图10-2　基于需水分层的分级分类均衡配置原则

10.2 生活分层需水

按照基本生活、优质生活和奢侈生活三个层次将生活需水分为刚性、刚弹性和弹性。根据城镇生活及农村生活的不同特点初步构建了饮用、烹饪、洗浴、洗衣、冲厕、洗漱、环境清洁等多类型的生活需水方程。综合生活需水方程计算分析及现状用水定额修正，细化得出生活过程中不同层次需水量。生活需水量采用人均日用水量方法进行预测。计算公式如下：

$$\mathrm{LW}_{ni}^{t}=P_{O_i}^{t}\times \mathrm{LO}_i^{t}\times 365/1000 \quad (10\text{-}1)$$

$$\mathrm{LW}_{gi}^{t}=\mathrm{LW}_{ni}^{t}/\eta_i^{t}=P_{O_i}^{t}\times \mathrm{LO}_i^{t}\times 365/1000/\eta_i^{t} \quad (10\text{-}2)$$

式中，i 为用户分类序号，$i=1$ 为城镇，$i=2$ 为农村；t 为规划水平年序号；LW_{ni}^{t} 为第 i 用户第 t 水平年的生活净需水量，万 m^3；$P_{O_i}^{t}$ 为第 i 用户第 t 水平年的用水人口，万人；LQ_i^{t} 为第 i 用户第 t 水平年的生活用水净定额，L/(人 · d)；LW_{gi}^{t} 为第 i 用户第 t 水平年的生活毛需水量，万 m^3；η_i^{t} 为第 i 用户第 t 水平年的生活供水系统水利用系数，由供水规划与节约用水规划成果确定。

10.3 农业分层需水

农业需水量包括农田灌溉和林牧渔畜需水。本研究农田灌溉需水利用人均粮食需求量和最小保有灌溉面积进行推求；林牧渔畜需水按照指标量乘以定额的常规方法计算。对于一定区域，粮食需求总量取决于人口数量、人均粮食消费水平以及粮食自给程度，而粮食生产总量取决于耕地面积、灌溉面积、复种指数、粮经比、单位面积产量等因素。从粮食供需平衡角度出发，在确保一定的区域粮食生产总量前提下，根据区域灌溉面积及其单位面积产量（由于黄河流域干旱缺水，农业灌溉采用调亏灌溉节水技术，作物产量运用各地区灌溉试验站典型作物的水分生产函数进行计算），确定最小保有灌溉面积，再结合灌溉需水对干旱等级的响应关系，分析不同干旱年份最小保有灌溉需水量。本次农田灌溉需水分层的关键在于人均粮食需求量的划分。人类平均每天需要消耗大约 2000cal① 热量来维持正常生存，相当于一天 0.5kg 粮食（一年 180kg）。这是为了维持其人口生存所必需的基本粮食，将生产这部分粮食需要的灌溉水量定义为农田灌溉刚性需水。为了保持营养均衡，根据我国目前以素食为主的膳食结构估算，保持营养均衡需要人均直接和间接粮食消费量达到 400kg，因此将生产人均粮食 180 ~ 400kg 对应的灌溉水量定义为农田灌溉刚弹性

① 1cal≈4.2J。

需水。将超过人均400kg的外销粮食所对应的灌溉水量定义为农田灌溉弹性需水。

利用人均粮食需求量和最小保有灌溉面积推求农田灌溉需水。对于一定区域，粮食需求总量取决于人口数量、人均粮食消费水平以及粮食自给程度，而粮食生产总量取决于耕地面积、灌溉面积、复种指数、粮经比、单位面积产量等因素。从粮食供需平衡角度出发，在确保一定的区域粮食生产总量前提下，根据区域灌溉面积及其单位面积产量，确定最小保有灌溉面积，再结合灌溉需水对干旱等级的响应关系，分析不同干旱年份最小保有灌溉需水量。最小保有灌溉需水量的基本分析思路见图10-3。

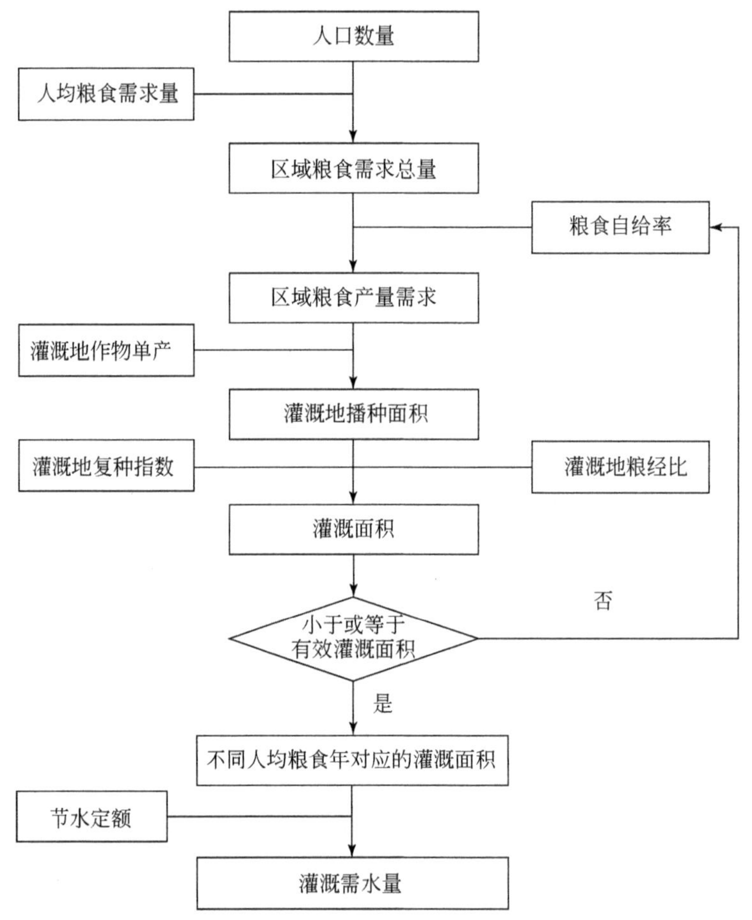

图10-3　最小保有灌溉需水量的基本分析思路

具体计算方法如下。

（1）区域粮食产量需求

按照人口数量、人均粮食需求量以及粮食自给率确定区域粮食产量需求，即

$$Q = P \times q \times \lambda \tag{10-3}$$

式中，Q 为区域粮食产量需求；P 为区域人口数量；q 为人均粮食需求量；λ 为区域粮食自给率。

(2) 粮食作物最小播种面积

根据灌溉地单位面积粮食产量，结合区域粮食产量需求，计算粮食作物最小播种面积，即

$$S_0 = Q/C \tag{10-4}$$

式中，S_0 为粮食作物最小播种面积；C 为灌溉地单位面积粮食产量。

(3) 最小保有灌溉面积

结合区域粮经比、复种指数等指标求得最小保有灌溉面积，即

$$S = S_0/(\theta \times \varphi) \tag{10-5}$$

式中，S 为区域最小保有灌溉面积；θ 为粮食作物种植比例；φ 为灌溉地复种指数。

最小保有灌溉面积不应大于区域有效灌溉面积，否则在给定粮食自给率条件下区域粮食安全难以保证。

(4) 最小保有灌溉需水量

根据灌溉需水对干旱等级的响应关系，求得不同干旱条件下的灌溉毛需水定额，进而可计算最小保有灌溉需水量，即

$$W_b = S \times d \tag{10-6}$$

式中，W_b 为区域最小保有灌溉需水量；d 为灌溉毛需水定额，不同干旱条件下毛灌溉定额不同。

10.4 工业、建筑及第三产业分层需水

工业用水量是冷却用水、锅炉用水、输送废渣用水以及少量的化学反应用水，需水量相对很小，而且耗水率很低，可以重复利用。水资源利用技术的进步可以抑制高耗水工业需水量的增加，因此将一般工业和建筑业用水需求定为刚性需求，高耗水工业用水需求定为刚弹性需求。由于工业部门种类繁多，区域工业需水量计算通常按一般工业、高耗水工业和火（核）电工业三类用户分别进行。一般工业和高耗水工业需水通常采用万元工业增加值用水量法进行计算；火（核）电工业分循环式、直流式两种冷却用水方式，采用单位装机容量（万 kW）取水量法进行需水计算。

采用趋势法预测，工业需水计算公式为

$$\mathrm{IQ}_i^{t_2} = \mathrm{IQ}_i^{t_1} \times (1 - r_i^{t_2})^{t_2 - t_1} \tag{10-7}$$

式中，i 为工业部门分类序号；$\mathrm{IQ}_i^{t_2}$ 和 $\mathrm{IQ}_i^{t_1}$ 分别为第 t_2 和第 t_1 水平年第 i 工业部门的取水定额［万元工业增加值取水量，也可为单位产品（如装机容量）取水量］；$r_i^{t_2}$ 为第 t_2 和第

t_1 水平年第 i 工业部门取水定额年均递减率,%，其值可根据变化趋势分析后拟定。

建筑业需水计算通常以单位面积用水量法为主，以建筑业万元增加值用水量法进行复核；第三产业需水可采用万元工业增加值用水量法进行计算。根据世界城镇化进程公理性曲线“诺瑟姆曲线”判定，目前黄河流域处于城镇化发展中期阶段，该阶段由于工业基础已显著增强，大批农业人口向城镇转移，保障合理的建筑及第三产业用水增量是必要的；目前黄河流域建筑及第三产业用水定额远低于全国平均水平，因此本次建筑及第三产业需水全部按刚性考虑。

10.5 河道外生态环境分层需水

河道外生态环境刚性需水主要是指流域内城镇绿化、环境卫生、河湖补水与生态防护林灌溉。本次流域内河道外生态需水按刚性考虑。除了维护缺水地区的生态环境健康，河流还要为其他流域生态进行补水，如为促进乌梁素海的生态改善，从 2013 年起黄河每年向乌梁素海生态补水 2 亿 ~3 亿 m^3，因此将流域外生态补水定为刚弹性需求。

(1) 城镇生态环境需水量

城镇生态环境需水量指为保持城镇良好的生态环境所需要的水量，主要包括城镇河湖需水量、城镇绿地建设需水量和城镇环境卫生需水量。

采用定额法，即按式（10-8）计算：

$$W_G = S_G \times q_G \tag{10-8}$$

式中，W_G 为城镇生态需水量，m^3；S_G 为绿地面积，hm^2；q_G 为绿地灌溉定额，m^3/hm^2。

(2) 湖泊生态环境补水量

湖泊生态环境补水量指为维持湖泊一定的水面面积需要人工补充的水量。湖泊生态环境补水量可根据湖泊水面蒸发量、渗漏量、入湖径流量等按水量平衡法估算，计算公式如下：

$$W_L = 10 \times S \times (E - P) + F - R_L \tag{10-9}$$

式中，W_L 为湖泊生态环境补水量，m^3；S 为需要保持的湖泊水面面积，hm^2；P 为降水量，mm；E 为水面蒸发量，mm；F 为渗漏量，m^3，参考达西公式计算，一般情况下可忽略不计；R_L 为入湖径流量，m^3。

第 11 章　用水公平协调性分析方法

用水公平协调性分析方法是流域水资源均衡调控原理中公平性表征的一项重要研究内容。以往涉及区域水资源公平分配主要参照区域水资源需求量、区域年均产水量、支流绝对主权、平均分配等一系列依据，但均无法合理、公正、客观地统筹协调各用水方的利益。本研究提出基于模糊隶属度的用水满意度函数，类比基尼系数的公平性表达，构建区域用水公平协调性分析方法。

11.1　公平协调性的基本原则

水资源持续利用要求既满足当代人用水需求，又不损害满足后代人用水的需要。首先，社会成员对水资源分享依赖于法律制度，只有在法律制度和行政法规规定下实现的水资源配置才是公平协调的。而一个公平协调的法律、法规制度是一组大多数社会成员愿意接受和遵守的规则，这组规则可以认为反映了公平性和协调性。一个可以被广泛接受的公平协调性的价值判断的观点是一切机会均等，公平不是绝对平均主义。这种公平协调性观点在水资源配置中需要用一个客观的标准给出公平性和协调性的度量，该指标需要体现公平性与协调性的两个方面。

（1）代内公平协调性原则

同一流域社会成员应具有平等享用该流域水资源的权利。这里的公平协调性原则应理解为社会成员（主体）间享用水资源权利的平等。在流域之间如果通过调水活动重新分配水资源应该保证不同流域之间社会成员（主体）利益分配之间的公平和协调。这是水资源配置在代内分配的公平协调性原则。

（2）代际公平协调性原则

水资源作为自然环境的主要要素，具有代际效应特征，人类活动（包括水事活动和其他活动）可能改变水文循环过程中的某些环节而引起水资源再生能力的变化，而这种变化具有时间、空间上的积累性，如果人类活动能维持水资源的再生能力，使后代人得到不减少的可利用水量满足其需要，就是代际间分配水资源的公平协调性。维持和改善水文循环的每一个环节的正常运行，这样才能满足后代人对水质和水量的要求，保持人类社会的永久生存和持续发展。

11.2 基于模糊隶属度的用水满意度函数

11.2.1 层次需求与满意度

在公共资源的配置上，社会福利被广泛认定为个体获得资源后的满意感与不满意感，但通过不断的研究发现，这种关系并不是直接的、完全线性的，而是以不同阶段的欲望和厌恶感为媒介的。也就是说，个体在获得一件东西后的满意度，直接取决于他想要获得这件物品的欲望强度。科研工作者们力求定义一个指标去度量某物品向不同个体提供的可以用来相互比较分析的满意感，其条件要求为个体对于该物品在感觉上的欲望强度的比例与该物品向个体所提供的满意感之间的比例相同。针对整个需求过程而言，这样的条件是难以满足的。因为处于不同的需求状态下，获得相同的资源量所带来的满足感是完全不同的，而且主体自身的各类特性也会影响其对于资源的依赖性。例如，饥饿状态下人获得食物的满足感远大于其饱食状态下的满足感；相应地，强壮的人和羸弱的人在获得相同食物的条件下，其获得的体力也存在很大差异。综上所述，不同主体的满意度主要取决其自身所处的状态和其对资源的依赖程度。不同的依赖程度和自身状态决定了主体对于资源的渴望程度，从而决定了主体在获得资源后所能带来的满意程度。

在水资源配置过程中，不同区域天然水资源禀赋条件的不同，决定了该区域对水资源需求的欲望。例如，缺水地区的水资源需求相较水资源丰富地区少，而且由于长期干旱，水资源短缺造成的影响也相对较小。另外，不同用水部门对于水资源的依赖和需求也具有明显的差异，生活用水相较农业用水在数量上有很大差别，同样生活用水部门对于水资源的依赖性要远远高于农业用水。由于上述原因，在计算用水满意度时，引进马斯洛需求层次理论，针对不同用水区域和用水部门的特点，将其满意度函数按照需求层次进行分层计算，力求通过满意度函数来表征不同用水区域和用水部门对于水资源配置方案的满意程度，从而为后续的公平协调性计算打下基础。

11.2.2 用水满意度函数构建

当满足各用水部门不同水资源需求层次时，该部门处于不同的满意状态。水资源配置主要是为了协调流域内部各用水部门、上下游、左右岸、地区间的用水矛盾与竞争问题，如何协调某一区域各用水部门的利益，注重各用水部门间的合理分配，使配水方案让各用水部门满意；如何解决不同地区同一用水部门的用水冲突，强调不同地区的同一用水部门共同发展，使配水方案能让处于不同发展状态的部门共同发展，这两个问题是保证区域经济发展和社会稳定的关键性问题，为此，本研究引入满意度概念，其实质为各个用水户根据其需水量判定配水方案的满意程度。

引入模糊隶属度函数对不同水资源分区各用水部门的需水量与配水量之间的满意关系进行衡量。在研究区域 U 中的任一元素 x，均存在与之对应，因此称 A 为 U 上的模糊集，$A(x)$ 称为 x 对 A 的隶属度。当 x 在 U 中变化时，$A(x)$ 也随之改变形成一个函数，因此称 A 为 x 的隶属度函数。隶属度 $A(x)$ 越接近于 1，表示变量 x 属于 A 的程度越高；反之，隶属度 $A(x)$ 越接近于 0，表示变量 x 属于 A 的程度越低。采用区间（0，1）的隶属度函数 $A(x)$ 来描述变量 x 属于 A 的程度高低状况。根据其图形分布特点，隶属度函数可分为正态性、Γ 型、戒上型和戒下型四种。根据配水量与各用水部门层次需求的需水量满足程度，构建基于需水分层的戒上型（单调减函数）满意度函数，具体函数构造见式（11-1），并绘制满意度函数曲线（图 11-1）。

$$S(P)=\begin{cases}1-(1-S_2)\dfrac{P}{P_2} & P\leqslant P_2\\ S_1+(S_2-S_1)\dfrac{P-P_2}{P_1-P_2} & P_2<P\leqslant P_1\\ S_1\ \dfrac{1-P}{1-P_1} & P_1<P\leqslant 1\end{cases}\tag{11-1}$$

式中，P 为缺水率；$S(P)$ 为用水满意度；P_1 为供水量等于刚性需水量时的缺水率；P_2 为供水量等于刚性需水量与刚弹性需水量之和时的缺水率，不同用水部门的 P_1 和 P_2 不同；S_1 和 S_2 分别对应 P_1、P_2 缺水率下的满意度，本次采用经验法确定 $S_1=0.5$，$S_2=0.75$。$P=1$ 表示不供水状态下，满意度为 0。

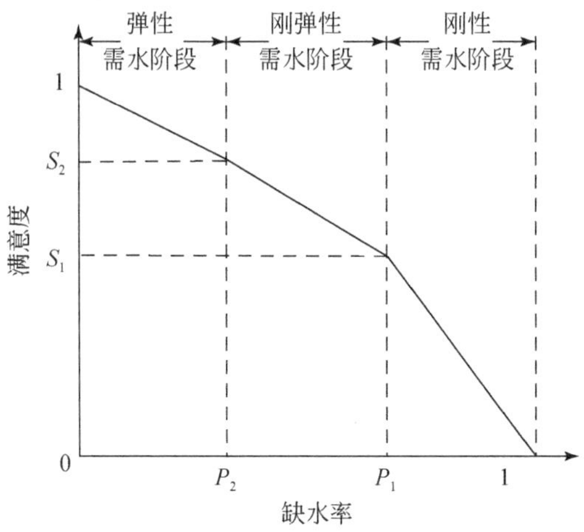

图 11-1　满意度函数曲线

将流域每一个分区内不同用水部门满意度 S 的均值定义为主体满意度，代表一个区域主体对于供水情况的整体满意程度，反映了区域用水公平性，计算公式如下：

$$A_k = \frac{1}{n}\sum_{i=1}^{n} S(P_{i,k}) \tag{11-2}$$

式中，A_k 为第 k 个分区的主体满意度；n 为流域内用水行业数量；$P_{i,k}$ 为第 k 个分区第 i 种行业的缺水率。

将流域不同分区内同一行业的满意度的均值定义为部门满意度，代表一类用水部门对于供水情况的整体满意程度，反映了部门用水协调性，计算公式如下：

$$D_i = \frac{1}{K}\sum_{k=1}^{K} S(P_{i,k}) \tag{11-3}$$

式中，D_i 是第 i 种行业的部门满意度；K 为流域内分区数量。

11.3 用水公平协调性计算

11.3.1 洛伦兹曲线与基尼系数

美国经济统计学家洛伦兹提出的洛伦兹曲线是一条向内凹的曲线（图 11-2），反映收入分配的不平等程度。洛伦兹曲线 $y=f(x)$ 距绝对平等线 $y=x$ 越近，表明地区间收入差距越小、财富分配越平等，反之则表示地区间收入差距越大、财富分配越不平等。

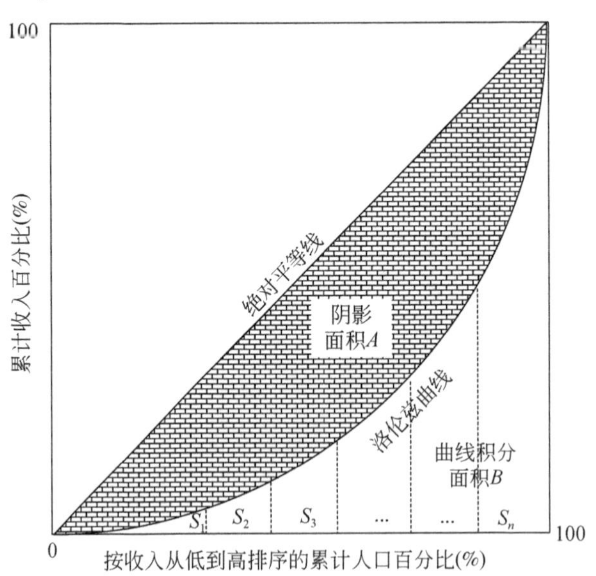

图 11-2　洛伦兹曲线与基尼系数

为了将平等程度定量，赫希曼构造了一个用于定量测定收入分配差异程度的统计指标——基尼系数 G，其值在 0 ~ 1。该系数可以通过洛伦兹曲线图中绝对均匀线与洛伦兹曲线之间的阴影面积 A 及绝对均匀线和横坐标围成的三角形面积（$A+B$）之比来表示：

$$G = 1 - 2\int_0^1 f(x)\,\mathrm{d}x \tag{11-4}$$

11.3.2 用水公平协调性计算方法

根据区域综合满意度、部门综合满意度以及各个用水户的满意度，可衡量其满意度之间的差异，当其满意度差异越小时，说明各区域、部门或各个用水户之间的满足程度越接近，此时可实现整个流域的配水公平。用于衡量对象之间差异程度的计算方法有很多，如基尼系数、功效系数法、泰尔指数法等计算方法。

研究选用基尼系数来衡量各用水户满意度之间的差异，可直观地、客观地反映出各用水户满意度之间的差距。根据用水户的实际配水量与需水关系得到的用水户实际满意度分配曲线和用水户绝对公平分配曲线，将两条曲线与坐标轴围成的面积划分为 A、B 两部分，见图 11-3。当 A 为零时，实际满意度分配曲线与绝对公平分配曲线相重合，此时 $G=0$，表示用水户间的满意度差异为零；当 B 为零时，$G=1$，用水户间的满意度绝对不平等。洛伦兹曲线越接近 45°线，基尼系数越小，用水户间的满意度则趋于相等；反之，洛伦兹曲线的弧度越大，基尼系数越大，用水户间的满意度的差距越来越大，趋于不平等。

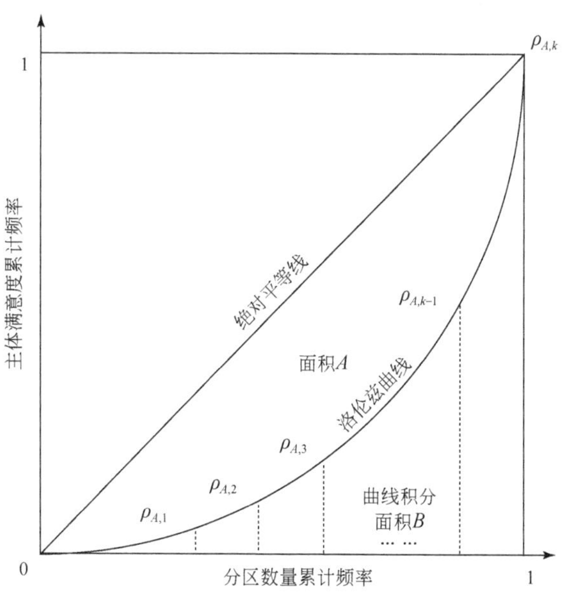

图 11-3 基于用水主体满意度的基尼系数

$\rho_{A,k}$为主体满意度的累计频率

基于用水基尼系数构建区域用水公平性指标 F_{EA} 和部门用水协调性指标 F_{ED}：

$$F_{\mathrm{EA}}=1-G_A \tag{11-5}$$

$$F_{\mathrm{ED}}=1-G_D \tag{11-6}$$

式中，G_A 是区域主体满意度 A_k 的基尼系数；G_D 是部门主体满意度 D_i 的基尼系数。用水公平性指标 F_{EA} 反映了不同分区的主体满意度 A_k 的差异，F_{EA} 越大代表各个分区的主体满意度越接近，即水资源在不同地区间的分配越公平；部门用水协调性指标 F_{ED} 反映了不同行业的部门满意度 D_i 的差异，F_{ED} 越大代表各个部门间的用水满意度越接近，即水资源在不同用水部门间的分配越协调。

将 A_k 从小到大重新排列生成新的序列 A'_k，然后计算 A'_k 的累计频率 $\rho_{A,m}$：

$$\rho_{A,m}=\sum_{k=1}^{m}A'_k/\sum_{k=1}^{K}A'_k \tag{11-7}$$

式中，$1\leqslant m\leqslant K$；令 $\rho_{A,0}=0$。基尼系数一般通过洛伦兹曲线计算得到，图 11-3 中对角线代表最公平的分配曲线，面积 B 为实际的主体满意度累计频率曲线与横轴间的面积，面积 A 为对角线以下面积与面积 B 的差值。基尼系数为面积 A 与对角线以下面积的比值，即 G_A 的计算公式为

$$G_A=\frac{A}{A+B}=1-2B=1-\frac{1}{K}\sum_{m=1}^{K}(\rho_{A,m-1}+\rho_{A,m})=1-\frac{1}{K}\left(2\sum_{m=1}^{K-1}\rho_{A,m}+1\right) \tag{11-8}$$

同理，可以得到部门满意度 D_i 的用水基尼系数 G_D。

$$G_D=\frac{A}{A+B}=1-2B=1-\frac{1}{K}\sum_{m=1}^{K}(\rho_{D,m-1}+\rho_{D,m})=1-\frac{1}{K}\left(2\sum_{m=1}^{K-1}\rho_{D,m}+1\right) \tag{11-9}$$

流域水资源调控需要兼顾区域间的公平性和行业间的协调性，因此本研究构建了流域用水公平协调性表征指标 F_{E}，用来综合反映水资源在不同地区间及不同用水部门间分配的公平协调性：

$$F_{\mathrm{E}}=\sqrt{F_{\mathrm{EA}}\times F_{\mathrm{ED}}} \tag{11-10}$$

第 12 章　水资源综合价值评估方法

水资源综合价值评估方法是流域水资源均衡调控原理中用水效率表征的一项重要研究内容。在水资源价值的核算方法研究方面，目前应用较广的方法有影子价格法、成本分析法、可计算一般均衡模型法、模糊数学模型核算法，但是都不能全面系统地衡量各行业的用水效率。本章提出基于能值理论的水资源综合价值评估方法，在水体能量流动框架下统一度量黄河流域水资源的经济价值、社会价值、生态环境价值。

12.1　水资源价值的内涵及构成

流域水资源综合价值是水资源在维持、保护生态经济复合系统的存在及运行过程中所体现出的功能和效用，它伴随着水在生态经济系统中的循环和流动过程，通过产品、维护社会公平、调节水沙、提供生境、维系生态平衡和净化污水废物等生态经济功能表现出来。任何资源、产品或劳务形成所需的直接和间接能量都来源于太阳，研究基于能值分析方法，通过分析水体的能量流动定量评估水资源的综合价值。水体能量流动过程见图 12-1。

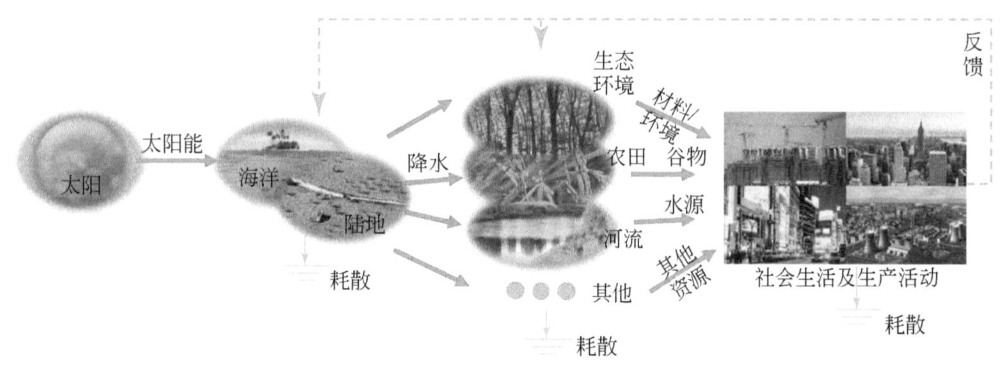

图 12-1　水体能量流动过程示意

结合黄河流域水资源生态经济系统的投入和产出，将黄河流域水资源综合价值概括为经济价值、社会价值、生态环境价值。其中经济价值包括工业生产价值、农业生产价值、建筑业生产价值、服务业价值；社会价值包括社会保障价值、社会稳定价值；生态环境价值包括生物种质遗传资源价值、净化环境价值（水体自净价值、除尘价值以及稀释净化价值）、调节气候价值（水体调节气候、湿地调节气候）、养分循环积累价值（输送营养物质价值、泥沙氮素价值）、淤积造陆价值、景观价值（观赏价值、绿化价值）、水污染损失价值（水污染损失负价值、污水处理消耗能值）。

12.1.1 黄河流域水资源生态经济系统能量流分析

黄河流域水资源生态经济系统的能量流动和储存遵循热力学定律。本研究在搜集黄河流域生态环境和经济社会相关资料的基础上，分析黄河流域水资源生态经济系统的能量流。在水资源生态经济系统中，物质、货币、信息、劳务、基因等各类要素均直接或间接地蕴含着能量，因此，本研究所用的“能量流”不仅仅是纯能流，它还包含上述要素中蕴含的能量。

黄河流域水资源生态经济系统的特点在于：①可更新能量输入应考虑到流域外调水、冰雪融水等；②不可更新能量主要是黄河流域丰富的能源资源，包括煤炭、石油、天然气、有色金属等。从可更新能量及不可更新能量两个角度明确整个黄河流域水资源生态经济系统的主要能源、物质投入情况，具体分为以下四类。

1）可更新环境资源蕴含的能量 E_{IR}：如太阳能、风能、地球旋转能、雨水势能、雨水和冰雪融水化学能等。

2）不可更新环境资源蕴含的能量 E_{IN}：如表层土损失化学能、煤炭化学能、原油化学能等。

3）可更新有机能量 E_{IO}：如流域外调水化学能、劳务热能、种子化学能、科技信息有机能等。

4）不可更新辅助能量 E_{IA}：如电能、农药化学能、机械动能等。

其中，可更新环境资源与不可更新环境资源属于自然资源投入，可更新有机能和不可更新辅助能属于经济社会的反馈投入。此外，不属于黄河流域自产的进口及外来资源也应包含在流域水资源生态经济系统投入当中。

黄河流域水资源生态经济系统由黄河流域经济子系统、社会子系统和水资源生态环境子系统构成。黄河流域水资源生态经济系统的能量产出为经济子系统、社会子系统和水资源生态环境子系统能量产出的总和。在黄河流域经济子系统中，能量产出蕴含在流域经济产出中，并随黄河流域经济结构的变化而变化。在黄河流域社会子系统中，能量投入主要用于人的基本生存、社会的基本发展、地区的基本稳定上。在黄河流域水资源生态环境子系统中，能量投入保障了流域生物的多样性，维持了黄河的净化、输沙等生态功能。

12.1.2 基于能量流的黄河流域水资源综合价值流分析

价值流以能量流为基础，从循环经济“资源价值”概念的角度，描绘资源在循环运动过程中的价值转移。具体而言，黄河流域水资源的价值流可分为三个阶段。

(1) 价值流投入阶段

即伴随着能量的投入，存在价值的投入。首先，可更新环境资源与不可更新环境资源的投入是价值流投入的一部分。此外，从某种程度上说，水资源生态经济系统是处在社会子系统中的人通过必要的投入来开发和利用水资源而形成的系统，人类需要按照经济规律、社会活动准则以及生态规律对系统投入必要的物质、活劳动和物化劳动、科技、辅助能等来开发和利用水资源，以此实现水资源的价值，这便促成了水资源生态经济系统的价值投入过程。

(2) 价值流物化阶段

即伴随着能量的不断转化，实现了价值的物化。处在社会子系统的人通过各种劳动形式，运用一定的技术手段，消耗着水资源生态经济系统的各项投入，并将投入物化在水资源的开发、利用以及产品生产过程中，创造出新的价值类型，实现价值增值。在该增值过程中不但包含一定时间内系统全部产品的经济价值，也包含维持社会子系统正常运转的社会价值以及人类活动改变水资源生态环境子系统状况而导致的生态环境价值的改变。

(3) 价值流实现阶段

即伴随着能量的产出，实现了水资源的价值。根据黄河流域水资源生态经济系统能量产出分析，黄河流域水资源贡献出的价值如下：①在黄河流域经济子系统的商品流通过程中，开发和利用黄河流域水资源所产生的各项使用价值得以交换，实现了黄河流域水资源的经济价值；②在黄河流域社会子系统中，“水”体现了其特殊属性——水是生命之源，它保障了流域内外城镇、农村人民的基本生活，维持了社会公平，不断实现着黄河流域水资源的社会价值；③黄河流域水资源经济价值和社会价值的实现表明水资源生态经济系统的能量流处于合理流动的状态，这种合理流动反过来维护了黄河流域水生态及水环境的稳定，实现了黄河流域水资源的生态环境价值。

根据上述分析，将黄河流域水资源生态经济系统运转过程中产生的经济价值、社会价值和生态环境价值统称为黄河流域水资源综合价值，它伴随着水在生态经济系统中的循环和流动过程，通过经济产品、维护社会公平、调节水沙、提供生境、维系生态平衡和净化污水废物等生态经济过程表现出来。

12.1.3 基于能量流的水资源价值流图构建

为了更加直观地表达系统内外的能量流动和资源在系统或子系统中实现的价值，可构建基于能量流的价值流图。该图的构建思路在资源价值流研究上可广泛使用，具有清晰、简洁的优势。根据生态环境和经济社会各方面资料，按如下方法和步骤构建基于能量流的价值流图。

1）确定水资源生态经济系统的能量投入，以 ▭ 表示能量的储存场所，“能量库”为流入与流出能量的过渡。

2）分析能量流动，以 ⇄ 表示能量流动的路线，↑ 表示系统能量的耗散。同时，以 ⬭ 表示子系统的边框，若子系统之间有能量流动，也应反映出来。

3）分析水资源实现的价值，以 ( ) 标出。

4）基于能量流动分析价值转移过程，并以 ⇢ 标出。

5）将系统的能量流动过程与价值流投入阶段、价值流物化阶段、价值流实现阶段相对应，并用 [ ] 对应出来。

根据上述步骤，构建基于能量流的黄河流域水资源综合价值流，见图 12-2。

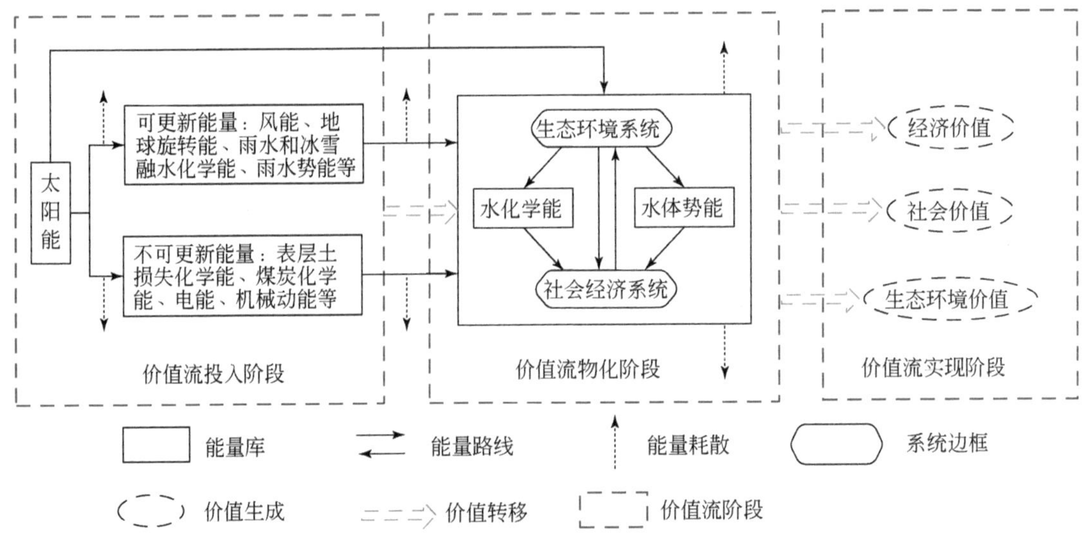

图 12-2　基于能量流的黄河流域水资源综合价值流

12.2　水资源生态经济学理论与能值分析方法

能值理论是 20 世纪 80 年代美国著名系统生态学家 Odum H. T. 在能量生态学、系统生态学等学科的基础上创立的新科学理论体系。能值理论是生态经济学的价值论，对象为生态经济系统。能值是指一种流动或储存的能量所包含的另一种类别能量的数量，它为资源、环境、人类劳务、信息的分析与评价提供了新尺度。生态经济系统的能值分析是以能值为共同基准，将物质、货币、信息、劳务、基因等各类生态经济系统要素中直接或间接蕴含着的能量通过能值转换率统一换算为能值，进行定量分析研究，从而为制定方针政策提供科学依据。能值转换率是不同类型的能量之间存在的转换关系，即形成每单位物质或能量所含有的另一种能量的量。任何形式的物质、价值或者做功均包含可以量化的能量，且这些能量均直接或间接源于太阳能。形成这些物质、价值或者做功所需要的太阳能的量即为太阳能值，单位为太阳能焦耳（solar emjoules，sej）。因此，本研究将系统中不同种类不可比较的能量通过太阳能值转换率转换成同一标准的太阳能值，即本研究中计算的能值为太阳能值，能值转换率为太阳能值转换率。

物质或货币转化为能值的转化公式如下：

$$M=\tau\times B \tag{12-1}$$

式中，M 表示能值，sej；τ 表示能值转换率，sej/J 或 sej/g；B 表示能量或物质的质量，J 或 g。

能值理论可深化对黄河流域水资源生态经济系统能量流动、价值转移的认识，此外，能值分析方法可将水资源生态经济系统中物质、货币、信息、劳务、基因等各类要素中直接或间接蕴含着的能量统一为能值，从实际上解决黄河流域水资源生态经济系统投入、产出量纲难以统一和水资源贡献率难以定量计算的问题。因此，将能值理论及其分析方法引入黄河流域水资源生态经济系统的研究中是合理的。

12.3 黄河流域水资源综合价值统一度量方法

12.3.1 黄河流域水资源经济价值能值量化方法

根据我国产业结构划分以及黄河流域各用水主体，将水资源经济价值分为工业生产、农业生产、建筑业生产、服务业价值四类。工农业生产系统以及建筑业生产、服务业中水资源的经济价值，反映水作为一种生产要素在工农业生产系统以及建筑业、服务业的各项经济活动中的贡献份额，可通过水资源参与工农业生产系统以及建筑业、服务业当中的贡献率乘以与之对应的产出能值计算得到。以工业生产为例，计算公式如下：

$$\xi_{\mathrm{I}}=E_{\mathrm{MIW}}/E_{\mathrm{MIU}},\quad E_{\mathrm{MI}}=E_{\mathrm{MIP}}\times\xi_{\mathrm{I}} \tag{12-2}$$

式中，E_{MI}为水资源工业生产价值，sej；E_{MIW}为水资源在工业生产子系统的投入能值，sej；E_{MIU}为工业生产子系统的总投入，sej；ξ_{I} 为工业用水的能值贡献率，%；E_{MIP}为水资源生态经济子系统的工业总产出，sej。

12.3.2 黄河流域水资源社会价值能值量化方法

对于此前水资源价值研究很少涉及的水资源社会价值，根据社会系统论分析其内涵及构成，进而提出其能值量化方法。具体总结如下。

1. 社会保障价值

社会保障价值中的基本生活保障价值计算参考目前国际上最广泛使用的最低生活保障标准计算方法量化。根据阿马蒂亚·森的思想，可以将基本生活保障线划分为食物线和非食物线两部分：食物线根据人的最低热量需求确定，重在“饱肚子”；非食物线考虑满足基本生理需求之外的最低衣着、住房、燃料、教育、医疗和交通等必需品支出。

$$E_{FP}=P\times\sum_{i=1}^{n}(F_i\times\tau_i) \tag{12-3}$$

$$E_{NFP}=E_{FP}\times(1-E)/E \tag{12-4}$$

$$\xi_L=E_{MLW}/E_{MSU} \tag{12-5}$$

$$E_{MS1}=(E_{FP}+E_{NFP})\times\xi_L \tag{12-6}$$

式中，E_{MS1}为基本生活保障价值，sej；E_{FP}为食物线价值，sej；E_{NFP}为非食物线价值，sej；F_i 为 2200cal 对应的各类食物的质量，g；τ_i 为相应食物的太阳能值转换率，sej/g；P 为研究区域的总人数，个；E 为低收入群体的恩格尔系数；E_{MLW}为水资源在社会子系统投入能值，sej；E_{MSU}为社会子系统总投入能值，sej；ξ_L 为生活用水的能值贡献率，%。

就业、养老保障针对从事与黄河流域水资源相关行业的人员。就业保障价值采用行业总从业人数与人类劳务的太阳能值转换率量化，人类劳务的太阳能值转换率 τ_{l1} 为 3.49×10^{13}sej/(人·a)（18～59 岁的成年劳动力）。

$$E_{MS2}=(P_1+P_2)\times\tau_{l1}\times\xi_L \tag{12-7}$$

式中，E_{MS2}为就业保障价值，sej；P_1 为水利行业技术人员总人数，个；P_2 为农林牧渔业人员，个。

养老保障价值的测算参考国内外学者关于养老保障的研究结论，老年人选择不同形式的养老保障，平均每年会减少劳动时间 121.55h，人类劳务的太阳能值转换率 τ_{l2}为 2.59×10^{13}sej/(人·a)（60～75 岁的老年劳动力）。

$$E_{MS3}=(P_1+P_2)\times\frac{\tau_{l2}}{T_1}\times\Delta T\times\xi_L \tag{12-8}$$

式中，E_{MS3}为养老保障价值，sej；ΔT 为养老保障的劳动供给时间差值，h；T_1 为劳动总时间，h。

社会保障价值的计算如下：

$$E_{MS}=E_{MS1}+E_{MS2}+E_{MS3} \tag{12-9}$$

式中，E_{MS}为社会保障价值，sej。

2. 社会稳定价值

水资源的社会稳定价值即水资源维护国家安全、社会稳定的价值，是指国家从水安全战略的角度考虑，通过水资源规划利用确保一定数量和质量的水资源。根据成本理论，可使用国家对黄河流域水资源、水利工程基础设施的保护及建设的支出量化。也就是说国家的水安全战略价格应大于或等于因实施这一战略所必要的耗费。为避免重复计算，社会稳定价值的计算只考虑其中生活用水所占的比例。

$$E_{MH1}=(R_1+R_2+R_3+R_4)\times E_{DR}\times\lambda \tag{12-10}$$

式中，E_{MH1}为社会稳定正价值，sej；R_1 为水资源节约管理与保护费，万元；R_2 为农林水支出，万元；R_3 为水利工程保护支出，万元；R_4 为水库扶持基金支出，万元；E_{DR}为计算年份区域能值货币比率，sej/元；λ 为生活用水占总用水量的比例,%。

水患严重影响着社会稳定，人类为治理水患需投入大量的物质、货币、劳动力等。因此，水患的社会稳定负价值以减灾投入的物质、货币、劳动力等与其相应的太阳能值转换率量化。

$$E_{MH2}=\sum_{m=1}^{n}(M_m\times\tau_m) \tag{12-11}$$

式中，E_{MH2}为水患负价值，sej；M_m 为各类减灾物资投入量，t；τ_m为各防洪减灾物资相应的太阳能值转换率 sej/t。

社会稳定价值的计算如下：

$$E_{MH}=E_{MH1}-E_{MH2} \tag{12-12}$$

式中，E_{MH}为社会稳定价值，sej。

12.3.3 黄河流域水资源生态环境价值能值量化方法

黄河流域水资源生态环境子系统的能量流动过程是水资源的化学能、势能与太阳能、风能、地球旋转能等蕴藏在可更新环境资源中的能量，以及来自经济社会的劳动力、科技等共同作用于河流、湿地、湖泊、沼泽、森林、草地和泥沙七种生态环境的过程。该过程体现出输送物质、改善水质、水生生物维持、蒸发散热、景观观赏、河湖补水、城镇补水等功能，物化了水资源生态环境价值流，最终实现了水资源生态环境价值。将黄河流域水资源实现的生态环境价值划分为以下几类并给出量化方法。

（1）生物种质资源保护价值

黄河流域生物种质资源保护价值的计算参考吕翠美（2009）对区域水资源生态环境价值的研究。全球物种能值转换率 γ_g 采用 1.26×10^{25} sej/种，地球表面积采用 $5.21\times10^{14}\,m^2$。

$$E_{MG}=N\times R_b\times\gamma_g\times\xi_E \tag{12-13}$$

$$\xi_E=E_{MEW}/E_{MEU} \tag{12-14}$$

式中，E_{MG}为生物种质遗传资源价值，sej；N 为计算区域内生物物种总数，种；R_b 为生物活动面积占全球面积的比例，%；ξ_E 为水资源生态环境贡献率，%；E_{MEW}为生态环境子系统中水资源投入能值，sej；E_{MEU}为生态环境子系统中可更新环境资源总能值投入，sej。

（2）水体自净价值

水体自净能力通过水体自净系数来表示，水中污染物自然地发生降解而减少的量就是水体自净价值。

$$E_{MP}=f\times\xi_E\times\sum_{p=1}^{n}m_p\times\gamma_p \tag{12-15}$$

式中，E_{MP}为水体自净价值，sej；f 为水体自净系数；m_p 为各污染物排放量，g；γ_p 为各污染物的太阳能值转换率，sej/g。

（3）调节气候价值

黄河流域调节气候价值的计算参考吕翠美（2009）对区域水资源生态环境价值的研究。蒸汽的太阳能值转换率 γ_z 采用 12.20sej/J。

$$E_{MR}=(2507.4-2.39T_t)\times G\times\gamma_z \tag{12-16}$$

式中，E_{MR}为调节气候价值，sej；T_t 为研究区域平均气温，℃；G 为蒸发水量，g。

（4）养分循环积累价值

水体与底泥之间循环释放氮素、积累养分，因此，养分循环积累价值可使用底泥氮素的释放量乘以氮素的能值转换率计算。氮素太阳能值转换率 γ_n 采用 3.8×10^9 sej/g。

$$E_{MN}=G_n\times\gamma_n\times\xi_E \tag{12-17}$$

式中，E_{MN}为养分循环积累价值，sej；G_n 为河底泥沙氮素的释放量，g。

（5）观赏价值

由于数据的可得性，观赏价值参考流域旅游收入中水景观观赏收入所占份额计算。

$$E_{ML}=L\times\eta\times\xi_E\times E_{DR} \tag{12-18}$$

式中，E_{ML}为观赏价值，sej；L 为黄河流域旅游收入，亿元；η 为水景观观赏收入占旅游收入的比例，%。

（6）稀释净化价值

稀释净化价值使用黄河流域河湖补水量乘以该部分水体的能值转换率来估算。

$$E_{MD}=W_d\times\gamma_d \tag{12-19}$$

式中，E_{MD}为稀释净化价值，sej；W_d 为黄河流域河湖补水量，m^3；γ_d 为补水水体的太阳能值转换率，sej/m^3。

（7）城镇净化价值

城镇净化价值是指用于城市道路喷洒、绿化等的城镇环境补水体现的价值。在计算时，认为这部分水量用于蒸散发，计算原理与调节气候价值类似。

$$E_{MQ}=(2507.4-2.39T_t)\times W_1\times\gamma_z \tag{12-20}$$

式中，E_{MQ}为城镇净化价值，sej；W_1 为城镇环境补水量，m^3。

（8）污水负价值

水污染导致水体丧失了相应的服务功能，最终造成水体太阳能值转换率的改变。因此，根据未经处理排放的污水的量以及排放前后水体的太阳能值转换率即可计算水污染损失价值。对于已处理的污水，污水处理的消耗能值采用处理污水所需的劳务、材料、化学用品等能值的量计算。

$$E_{MF}=\sum_{f=1}^{n} I_f\times\gamma_f \tag{12-21}$$

$$E_{MW}=(\gamma_{wa}-\gamma_{wb})\times W_w \tag{12-22}$$

式中，E_{MF}为污水处理消耗价值，sej；I_f 为处理污水的消耗，g；γ_f 为各类消耗对应的太阳能值转换率，sej/g；E_{MW}为水污染损失价值，sej；W_w 为未经处理的污水排放量，m^3；γ_{wa}为污染前水体太阳能值转换率，sej/m^3；γ_{wb}为污染后水体太阳能值转换率，sej/m^3。E_{MW}由未处理污水的瞬时成本和终期成本费用两部分组成。

12.4 黄河流域水体能值转换率及能值/货币比率量化

12.4.1 水体能值转换率量化方法

水体能值转换率是将生态经济系统内水资源蕴含的能量转换为能值的桥梁。在黄河流域水资源生态经济系统中，沿河各区段自然、地理、环境、经济和社会条件有很大差异，以水为主线的循环流动与其他能量流之间的相互作用随水体来源、水体水质的不同而产生差异。因此，需根据能值转换率的基本计算原理，分析计算黄河流域不同来源、不同水质水体的能值转换率。将黄河流域水体分为自然水体（地表水、地下水）、工程水体、污染水体三类，列出能值转换率的计算方法。参考 Odum 和 Nilsson（1997）、蓝盛芳等（2002）提出的能量系统图的研究成果，结合黄河流域水资源生态经济系统的结构和特性，构建黄河流域水体亚系统的能量流动图，见图 12-3。

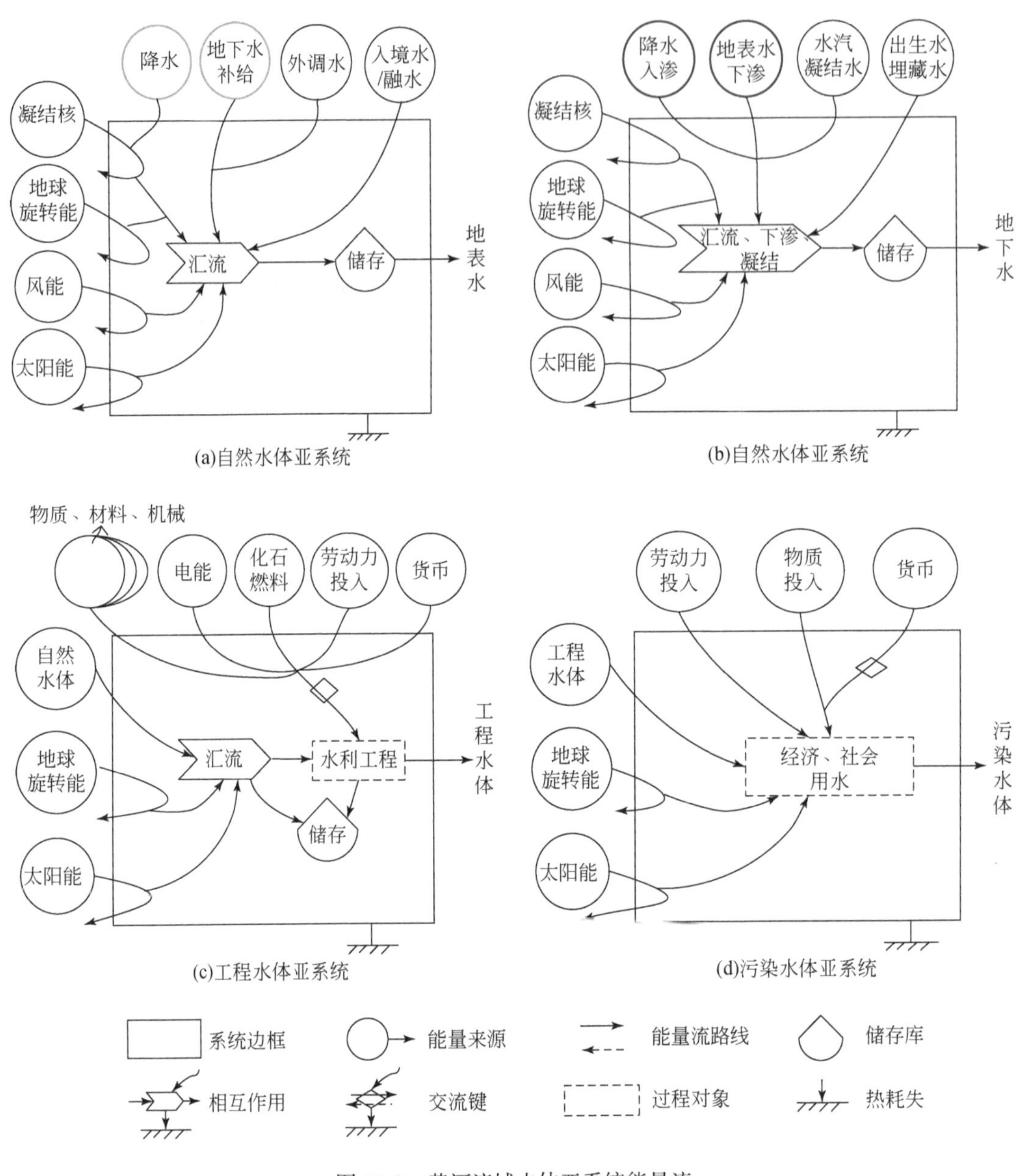

图 12-3　黄河流域水体亚系统能量流

1. 自然水体能值转换率量化方法

自然水体能值转换率的计算遵循亚系统和储存资源能值转换率的基本计算原理，如式（12-23）所示。

$$\gamma_{\text{自然水体}} = \frac{\text{集水区年集水能值}}{\text{年集水量}} \tag{12-23}$$

式中，$\gamma_{自然水体}$为自然水体太阳能值转换率，sej/m^3。

自然水体能值转换率计算的重点在于集水区年集水能值的确定。受特定的地形、地貌、地质构造、岩性变化、气象水文以及人类活动等条件的制约和影响，沿河各区段自然水体的来源复杂，导致集水能值难以量化。基于此，引入黄河流域三水转化关系的研究，以解决集水能值难以量化的问题。

大气降水、地表水、地下水之间的转化关系称为三水转化关系。明确三水转化关系，即可厘清自然水体的来源。李孝廉等（2010）根据黄河流域实际情况，以系统理论为指导，应用基流指数法、同位素等技术和方法，对流域三水转化关系进行逐段分析，总结出黄河流域三水转化关系有以下类型。

类型一：大气降水、地下水是区段内地表水的主要补给源，地下水以侧向径流形式排泄转化为地表水，见图 12-3（a）。

类型二：大气降水、地表水是区段内地下水的补给源，蒸发是地表水、地下水的主要排泄途径，见图 12-3（b）。

类型三：大气降水、地表水是区段内地下水的补给源，地表水以侧渗形式补给地下水，见图 12-3（b）。

根据黄河流域三水转化关系的研究，结合自然水体能值转换率的基本计算原理，提出分类型的黄河地表水（γ_S）、地下水（γ_G）能值转换率计算方法。

（1）三水转化类型一

$$\gamma_S = \frac{A_{PP} \times \rho_w \times G \times \gamma_r \times \alpha + A_{CG} \times \gamma_G \times \beta}{A_{CS}} \tag{12-24}$$

$$\gamma_G = \frac{A_{PRM} \times C_A \times \rho_w \times G \times \gamma_r}{A_{CG}} \tag{12-25}$$

式中，A_{PP}为研究区段年大气降水量，m^3；ρ_w 为水密度，g/cm^3；G 为水体相对于海水的吉布斯自由能，4.94J/g；γ_r 为雨水的太阳能值转换率，sej/J；α 为大气降水补给地表水的补给强度；β 为地下水补给地表水的补给强度；A_{CS}为地表水年集水量，m^3；A_{PRM}为大气降水补给模数，表示区域单位面积上大气降水补给地下水的能力，m^3/(km^2·a)；C_A 为区域集水面积，km^2；A_{CG}为地下水年集水量，m^3。

（2）三水转化类型二

$$\gamma_S = \frac{A_{PP} \times \rho_w \times G \times \gamma_r \times \alpha}{A_{CS}} \tag{12-26}$$

$$\gamma_G = \frac{A_{PRM} \times C_A \times \rho_w \times G \times \gamma_r + A_{CS} \times \gamma_S \times \eta}{A_{CG}} \tag{12-27}$$

式中，η 为地表水补给地下水的补给强度。

（3）三水转化类型三

该类型地表水由大气降水单一转换，与类型二相同。地下水由地表水以侧渗形式补给。因此，可引入河流单宽侧渗补给量进行能值转换率的计算。

$$\gamma_G = \frac{A_{PRM}\times C_A \times \rho_w \times G \times \gamma_r + L_{RUW}\times L_r \times \gamma_S}{A_{CG}} \tag{12-28}$$

式中，L_{RUW} 为河流单宽侧渗补给量，表示黄河水单位长度补给地下水的能力，$m^3/(km \cdot a)$；L_r 为河流长度，km。

2. 工程水体能值转换率量化方法

根据图 12-3（c），要计算工程水体的能值转换率，需搜集黄河流域水利工程的相关数据资料，包括建设投入（钢筋、混凝土、黏土、燃料、电能、劳务、勘测移民投入）、运行情况（运行维护投入和其他投入）、工程水体年产出情况等。工程水体能值转换率的计算公式如下：

$$\gamma_{EW} = T_{EAP}/T_W \tag{12-29}$$

式中，γ_{EW} 为工程水体的能值转换率，sej/m^3；T_{EAP} 为工程年投入总能值，sej；T_W 为工程水体总量，m^3。

3. 污染水体能值转换率量化方法

根据图 12-3（d），要计算污染水体的能值转换率，需搜集黄河流域经济、社会的相关数据资料，包括用水情况、原材料投入、污水排放情况等，汇总得出总投入能值，并计算出污水总能值。污染水体能值转换率的计算公式如下：

$$\gamma_{PW} = T_{EPW}/S_D \tag{12-30}$$

式中，γ_{PW} 为污染水体的能值转换率，sej/m^3；T_{EPW} 为污水总能值，sej；S_D 为污水排放量，m^3。

4. 水体能值转换率量化结果及分析

根据上述计算方法，依据黄河干流水资源量统计数据，以同一区段三水转化关系基本相同而与其他区段有较大差异的分区原则，将黄河流域分为上游—河口镇区间、河口镇—花园口区间、花园口—下游区间，计算黄河流域分区区间的水体能值转换率，见表 12-1。

表 12-1　黄河流域水体能值转换率　　(单位：sej/m^3)

项目	上游—河口镇区间	河口镇—花园口区间	花园口—下游区间
地表水能值转换率	4.16×10^{11}	6.04×10^{11}	4.84×10^{11}
地下水能值转换率	7.53×10^{11}	1.52×10^{12}	9.85×10^{11}
工程水体能值转换率	5.23×10^{11}	7.14×10^{11}	5.92×10^{11}
污染水体能值转换率	1.91×10^{12}	1.79×10^{12}	1.54×10^{12}

根据黄河流域三水转换关系及水资源量统计数据，各区段自然水体年集水能值与集水量均不相同，导致计算结果有较大差异。其中河口镇—花园口段地表水、地下水能值转换率均高于其他两区段，说明在该区段形成单位体积地表水/地下水会消耗更多的能值。由于各项工程建设投入（钢筋、混凝土、劳务等）中包含较多的能值，工程水体能值转换率高于地表水能值转换率。根据污染水体亚系统的能量流动可知，污染水体的能量投入包含工程水体能量投入和污水处理原料、劳动力等投入，因此，污染水体能值转换率高于工程水体能值转换率。

12.4.2　黄河流域能值/货币比率量化结果

根据能值与区域 GDP 的比例关系，计算得出黄河流域各省（自治区）能值/货币比率，详细结果见表 12-2。

表 12-2　黄河流域各省（自治区）能值/货币比率

项目	青海	四川	甘肃	宁夏	内蒙古	陕西	山西	河南	山东
可更新能量（10^{21} sej）	46.92	5.76	24.78	4.50	72.76	26.53	17.07	23.61	22.79
不可更新能量（10^{22} sej）	23.50	3.30	71.17	32.46	143.68	121.00	122.31	238.36	372.62
进口及外来（10^{17} sej）	64.88	8.97	773.43	402.15	1836.41	13641.99	987.65	6971.58	15586.62
出口（10^{19} sej）	32.50	3.32	161.59	278.84	375.09	1344.71	591.23	154.64	4304.26
系统能值总用量（10^{22} sej）	28.18	3.87	73.49	32.63	150.96	122.44	123.43	240.63	370.75
GDP（10^{10}元）	24.17	2.65	67.90	29.12	178.32	180.22	127.67	370.02	630.02
能值/货币比率（10^{11} sej/元）	11.66	14.60	10.82	11.21	8.47	6.79	9.67	6.50	5.88

注：黄河流域内四川省仅考虑阿坝藏族羌族自治州。

12.5 黄河流域水资源价值量化结果及分析

12.5.1 黄河流域各省（自治区）水资源价值结果分析

根据水资源价值计算方法，对黄河流域各省（自治区）水资源经济、社会、生态环境价值进行计算，结果见表12-3。

表12-3 黄河流域各省（自治区）水资源经济、社会、生态环境价值

（单位：元/m^3）

水资源价值量化	内蒙古	山西	青海	山东	河南	四川	甘肃	陕西	宁夏
工业生产价值	23.47	20.78	18.84	25.1	23.46	18.34	22.09	24.42	20.61
农业生产价值	2.36	3.27	1.52	4.89	6.26	0.99	1.96	4.29	1.03
建筑业与服务业价值	11.87	12.08	9.39	13.78	11.36	9	10.97	12.89	10.31
社会价值	31.45	31.52	32.45	30.76	31.12	31.21	32.87	32.42	32.2
河道内生态环境价值	21.47	21.73	18.91	23.45	23.88	17.45	20.68	24.36	20.75
河道外生态环境价值	15.44	14	11.1	11.16	11.5	10.87	13.8	16.61	14.2

1）从黄河流域水资源经济价值计算结果来看，单位水资源工业生产价值高于建筑业与服务业价值，农业生产价值最低，这是由于工业产品中普遍包含了更多的能值。此外，单位水资源工业、农业、建筑业与服务业之间的价值差异表明，经济子系统内各用水部门间水量分配的调整，将会影响黄河流域水资源经济价值的大小。

2）黄河流域各省（自治区）单位水资源社会价值高于经济价值、河道内生态环境价值（包含输沙价值）以及河道外生态环境价值。结果表明，水资源作为自然资源，具有很强的保障社会公平的属性，这与黄河流域水资源配置中优先保障社会生活用水是一致的。

3）黄河流域各省（自治区）单位河道内生态环境价值（包含输沙价值）大于工业生产价值，这从水资源价值量的角度验证了生态文明建设的必要性。应保证河道内生态环境水量，维持河流健康，避免因工业生产用水挤占河道内生态环境用水导致的生态环境恶化。

4）从黄河流域单位水资源输沙价值的计算结果来看，宁夏、内蒙古以及下游河南省、山东省的输沙价值较高，这是由于河道上游水体泥沙含量较小而中下游省（自治区）承担了主要的输沙功能。结果表明，以价值最大为目标，应优先保证宁蒙河段及下游河段的输沙水量，这与历年来调配黄河流域输沙水量的实施方案保持一致。

12.5.2 黄河流域各地市水资源价值计算

1. 黄河流域各地市水资源价值量化结果

根据前文的水资源价值计算方法，对黄河流域各地市水资源经济、社会、生态环境价值进行计算，见表 12-4 ~ 表 12-10。

表 12-4 黄河流域地市水资源农业生产价值 （单位：元/m³）

地市	价值	地市	价值	地市	价值	地市	价值
白银市	4.88	郑州市	4.81	海西蒙古族藏族自治州	5.63	吕梁市	5.82
定西市	5.10	阿拉善盟	4.34	黄南藏族自治州	0	朔州市	4.10
甘南藏族自治州	4.32	巴彦淖尔市	4.20	西宁市	0	太原市	4.02
兰州市	4.63	包头市	4.28	玉树藏族自治州	5.73	忻州市	4.49
临夏回族自治州	4.53	鄂尔多斯市	4.43	滨州市	0	阳泉市	4.69
平凉市	5.37	呼和浩特市	4.31	德州市	4.03	运城市	6.10
庆阳市	5.26	乌海市	4.76	东营市	4.86	长治市	6.01
天水市	5.43	乌兰察布市	4.23	菏泽市	5.60	宝鸡市	4.54
武威市	4.06	固原市	5.69	济南市	4.92	商洛市	5.27
安阳市	5.19	石嘴山市	5.20	济宁市	0	铜川市	5.65
济源市	4.01	吴忠市	5.16	聊城市	4.24	渭南市	4.40
焦作市	5.35	银川市	5.39	泰安市	4.50	西安市	4.90
开封市	4.16	中卫市	4.62	淄博市	0	咸阳市	4.30
洛阳市	5.87	果洛藏族自治州	4.84	大同市	0	延安市	4.54
濮阳市	5.22	海北藏族自治州	4.64	晋城市	0	榆林市	4.38
三门峡市	5.29	海东市	4.25	晋中市	0	阿坝藏族羌族自治州	0
新乡市	5.67	海南藏族自治州	4.25	临汾市	0	—	—

表 12-5 黄河流域地市水资源工业生产价值 （单位：元/m³）

地市	价值	地市	价值	地市	价值	地市	价值
白银市	22.34	郑州市	25.32	海西蒙古族藏族自治州	0	吕梁市	19.64
定西市	20.34	阿拉善盟	20.10	黄南藏族自治州	18.91	朔州市	17.72
甘南藏族自治州	19.00	巴彦淖尔市	21.30	西宁市	20.19	太原市	23.85

续表

地市	价值	地市	价值	地市	价值	地市	价值
兰州市	25.07	包头市	22.11	玉树藏族自治州	0	忻州市	18.61
临夏回族自治州	19.80	鄂尔多斯市	26.03	滨州市	0	阳泉市	0
平凉市	20.80	呼和浩特市	21.66	德州市	0	运城市	20.58
庆阳市	22.60	乌海市	20.89	东营市	0	长治市	18.01
天水市	21.65	乌兰察布市	19.60	菏泽市	0	宝鸡市	24.01
武威市	19.10	固原市	17.60	济南市	20.43	商洛市	21.31
安阳市	22.89	石嘴山市	18.60	济宁市	0	铜川市	21.56
济源市	24.06	吴忠市	18.60	聊城市	0	渭南市	22.81
焦作市	25.46	银川市	21.69	泰安市	25.87	西安市	26.91
开封市	21.43	中卫市	17.98	淄博市	0	咸阳市	24.67
洛阳市	26.13	果洛藏族自治州	17.55	大同市	0	延安市	23.06
濮阳市	23.73	海北藏族自治州	16.30	晋城市	18.96	榆林市	23.76
三门峡市	25.41	海东市	17.83	晋中市	19.81	阿坝藏族羌族自治州	17.70
新乡市	23.18	海南藏族自治州	17.09	临汾市	21.11	—	—

表 12-6　黄河流域地市水资源建筑业生产价值　（单位：元/m^3）

地市	价值	地市	价值	地市	价值	地市	价值
白银市	6.85	郑州市	8.13	海西蒙古族藏族自治州	8.46	吕梁市	7.61
定西市	7.46	阿拉善盟	7.01	黄南藏族自治州	0	朔州市	6.72
甘南藏族自治州	6.10	巴彦淖尔市	6.19	西宁市	0	太原市	7.54
兰州市	9.13	包头市	6.29	玉树藏族自治州	8.23	忻州市	6.05
临夏回族自治州	6.96	鄂尔多斯市	6.73	滨州市	0	阳泉市	6.12
平凉市	7.71	呼和浩特市	6.31	德州市	0	运城市	7.25
庆阳市	8.17	乌海市	8.88	东营市	7.16	长治市	9.24
天水市	7.36	乌兰察布市	6.20	菏泽市	7.58	宝鸡市	8.21
武威市	6.35	固原市	6.76	济南市	7.43	商洛市	6.37
安阳市	8.50	石嘴山市	7.32	济宁市	0	铜川市	6.78
济源市	7.40	吴忠市	7.51	聊城市	6.48	渭南市	6.70
焦作市	7.82	银川市	7.96	泰安市	6.83	西安市	7.03
开封市	6.32	中卫市	6.80	淄博市	6.13	咸阳市	6.43
洛阳市	9.18	果洛藏族自治州	6.51	大同市	0	延安市	7.76
濮阳市	8.43	海北藏族自治州	6.54	晋城市	0	榆林市	6.86
三门峡市	8.01	海东市	6.08	晋中市	0	阿坝藏族羌族自治州	0
新乡市	8.63	海南藏族自治州	6.08	临汾市	0	—	—

表 12-7 黄河流域地市水资源服务业生产价值 （单位：元/m³）

地市	价值	地市	价值	地市	价值	地市	价值
白银市	11.89	郑州市	11.90	海西蒙古族藏族自治州	14.07	吕梁市	15.80
定西市	13.46	阿拉善盟	11.87	黄南藏族自治州	0	朔州市	14.54
甘南藏族自治州	11.16	巴彦淖尔市	11.46	西宁市	0	太原市	14.34
兰州市	15.97	包头市	0	玉树藏族自治州	15.99	忻州市	10.38
临夏回族自治州	12.43	鄂尔多斯市	11.91	滨州市	0	阳泉市	13.41
平凉市	13.10	呼和浩特市	11.73	德州市	0	运城市	14.89
庆阳市	13.80	乌海市	16.03	东营市	15.20	长治市	16.10
天水市	14.00	乌兰察布市	10.32	菏泽市	14.93	宝鸡市	15.83
武威市	10.12	固原市	12.34	济南市	15.13	商洛市	13.86
安阳市	12.86	石嘴山市	14.68	济宁市	0	铜川市	15.72
济源市	10.68	吴忠市	13.70	聊城市	11.43	渭南市	11.50
焦作市	14.65	银川市	15.40	泰安市	11.95	西安市	12.83
开封市	11.37	中卫市	12.89	淄博市	0	咸阳市	14.76
洛阳市	16.76	果洛藏族自治州	11.51	大同市	0	延安市	15.61
濮阳市	15.46	海北藏族自治州	11.20	晋城市	0	榆林市	15.24
三门峡市	13.49	海东市	10.94	晋中市	0	阿坝藏族羌族自治州	0
新乡市	15.32	海南藏族自治州	10.94	临汾市	0	—	—

表 12-8 黄河流域地市水资源社会价值 （单位：元/m³）

地市	价值	地市	价值	地市	价值	地市	价值
白银市	28.92	郑州市	29.45	海西蒙古族藏族自治州	29.3	吕梁市	26.17
定西市	28.86	阿拉善盟	27.02	黄南藏族自治州	27.63	朔州市	26.21
甘南藏族自治州	27.53	巴彦淖尔市	27.69	西宁市	29.48	太原市	29.90
兰州市	30.67	包头市	27.10	玉树藏族自治州	27.01	忻州市	26.20
临夏回族自治州	27.40	鄂尔多斯市	28.85	滨州市	0	阳泉市	0
平凉市	27.89	呼和浩特市	27.61	德州市	0	运城市	28.03
庆阳市	29.40	乌海市	27.07	东营市	0	长治市	24.88
天水市	29.28	乌兰察布市	27.23	菏泽市	0	宝鸡市	29.62
武威市	28.20	固原市	27.92	济南市	30.16	商洛市	28.78
安阳市	27.54	石嘴山市	29.17	济宁市	0	铜川市	27.63
济源市	26.24	吴忠市	28.88	聊城市	0	渭南市	29.15
焦作市	27.15	银川市	29.38	泰安市	27.76	西安市	30.37

续表

地市	价值	地市	价值	地市	价值	地市	价值
开封市	26.76	中卫市	28.13	淄博市	0	咸阳市	29.89
洛阳市	27.80	果洛藏族自治州	27.55	大同市	26.19	延安市	29.03
濮阳市	26.22	海北藏族自治州	28.10	晋城市	25.73	榆林市	28.07
三门峡市	25.34	海东市	29.21	晋中市	27.71	阿坝藏族羌族自治州	27.60
新乡市	28.82	海南藏族自治州	28.74	临汾市	26.07	—	—

表 12-9　黄河流域地市河道内生态环境价值　　（单位：元/m³）

地市	价值	地市	价值	地市	价值	地市	价值
白银市	23.17	郑州市	25.74	海西蒙古族藏族自治州	20.20	吕梁市	20.03
定西市	20.52	阿拉善盟	21.33	黄南藏族自治州	19.98	朔州市	19.04
甘南藏族自治州	19.36	巴彦淖尔市	22.05	西宁市	20.33	太原市	23.95
兰州市	23.26	包头市	19.84	玉树藏族自治州	19.70	忻州市	19.65
临夏回族自治州	19.73	鄂尔多斯市	26.10	滨州市	21.82	阳泉市	19.00
平凉市	20.89	呼和浩特市	21.09	德州市	25.92	运城市	21.12
庆阳市	23.16	乌海市	21.96	东营市	24.13	长治市	20.47
天水市	23.08	乌兰察布市	22.13	菏泽市	22.03	宝鸡市	25.37
武威市	19.95	固原市	19.87	济南市	24.22	商洛市	23.84
安阳市	22.87	石嘴山市	21.93	济宁市	24.18	铜川市	22.91
济源市	24.61	吴忠市	20.72	聊城市	23.37	渭南市	23.92
焦作市	25.67	银川市	23.69	泰安市	26.08	西安市	28.16
开封市	23.76	中卫市	21.13	淄博市	24.37	咸阳市	27.82
洛阳市	26.24	果洛藏族自治州	19.18	大同市	19.20	延安市	24.09
濮阳市	23.33	海北藏族自治州	20.03	晋城市	19.74	榆林市	23.01
三门峡市	25.18	海东市	20.12	晋中市	27.07	阿坝藏族羌族自治州	18.83
新乡市	24.82	海南藏族自治州	20.07	临汾市	21.51	—	—

表 12-10　黄河流域地市河道外生态环境价值　　（单位：元/m³）

地市	价值	地市	价值	地市	价值	地市	价值
白银市	8.72	郑州市	11.91	海西蒙古族藏族自治州	0	吕梁市	8.20
定西市	7.49	阿拉善盟	7.82	黄南藏族自治州	7.88	朔州市	8.02
甘南藏族自治州	7.10	巴彦淖尔市	8.27	西宁市	12.10	太原市	12.41

续表

地市	价值	地市	价值	地市	价值	地市	价值
兰州市	9.29	包头市	11.18	玉树藏族自治州	0	忻州市	7.89
临夏回族自治州	7.31	鄂尔多斯市	9.73	滨州市	0	阳泉市	8.23
平凉市	7.55	呼和浩特市	9.23	德州市	0	运城市	9.47
庆阳市	9.21	乌海市	8.10	东营市	0	长治市	9.56
天水市	8.95	乌兰察布市	9.05	菏泽市	0	宝鸡市	10.28
武威市	7.96	固原市	7.60	济南市	13.15	商洛市	9.80
安阳市	10.29	石嘴山市	8.56	济宁市	0	铜川市	11.90
济源市	9.92	吴忠市	8.02	聊城市	0	渭南市	10.13
焦作市	10.66	银川市	9.38	泰安市	10.98	西安市	13.31
开封市	10.10	中卫市	7.93	淄博市	0	咸阳市	11.12
洛阳市	12.64	果洛藏族自治州	0	大同市	11.98	延安市	9.83
濮阳市	8.30	海北藏族自治州	8.27	晋城市	8.93	榆林市	9.91
三门峡市	10.41	海东市	9.76	晋中市	9.02	阿坝藏族羌族自治州	7.18
新乡市	11.12	海南藏族自治州	0	临汾市	9.83	—	—

2. 黄河流域各地市水资源价值结果分析

对黄河流域各地市水资源价值计算结果进行分析，以省（自治区）为划分，使用柱状图描述各地市最大值、最小值及平均值，见图 12-4～图 12-10。

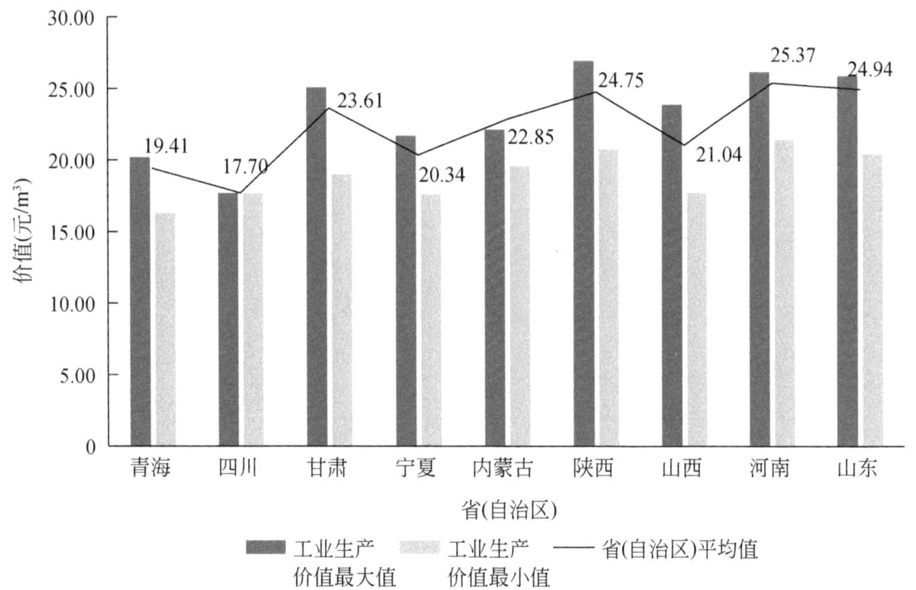

图 12-4　黄河流域各省（自治区）水资源工业生产价值分析

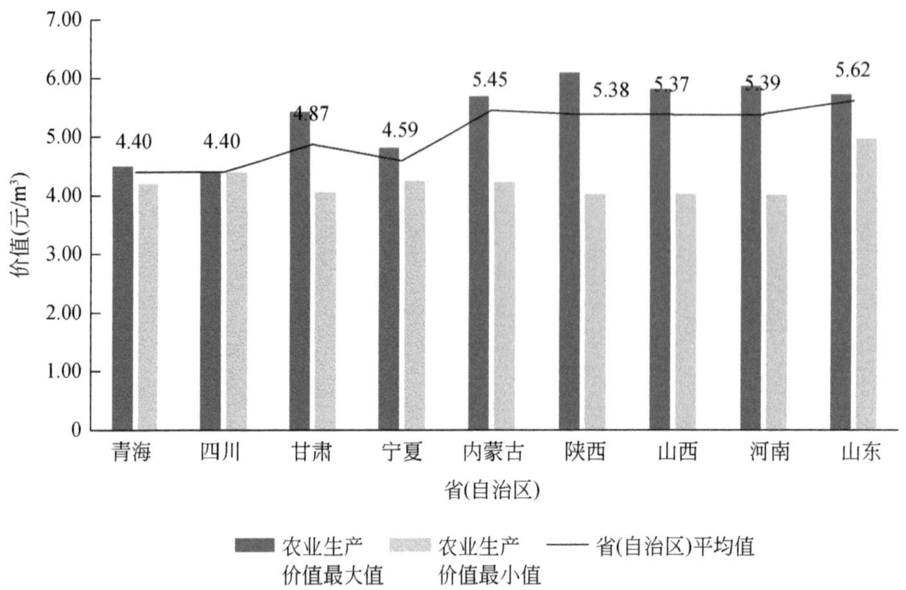

图 12-5　黄河流域各省（自治区）水资源农业生产价值分析

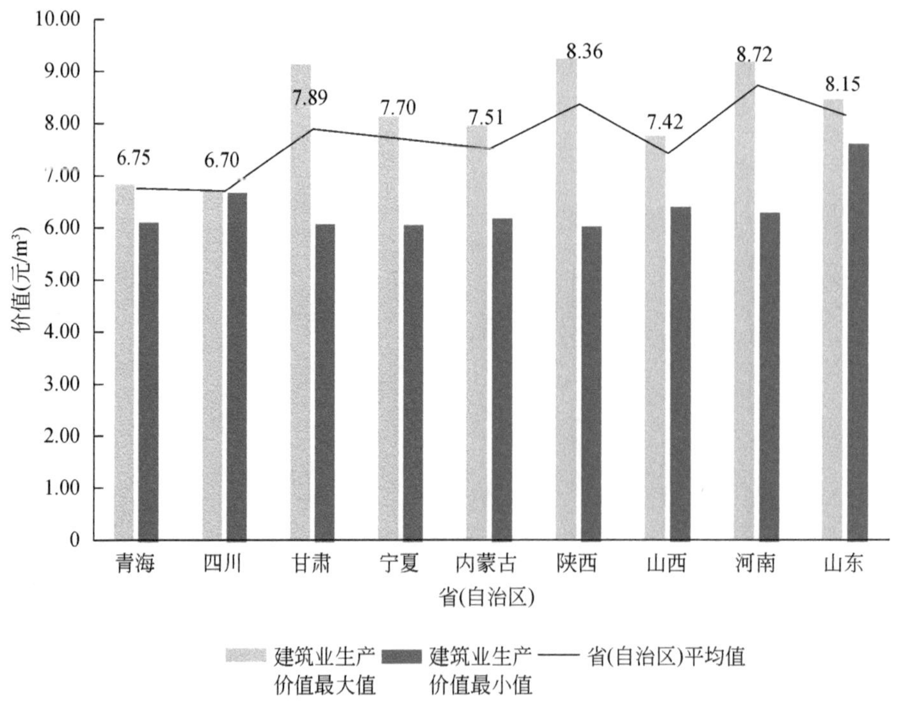

图 12-6　黄河流域各省（自治区）水资源建筑业生产价值分析

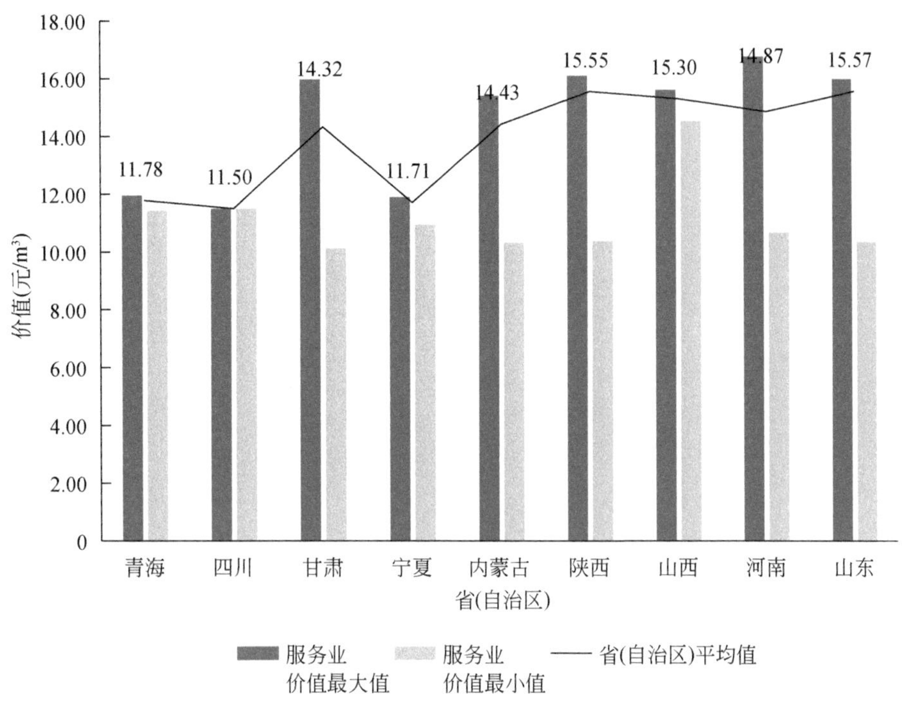

图 12-7　黄河流域各省（自治区）服务业价值分析

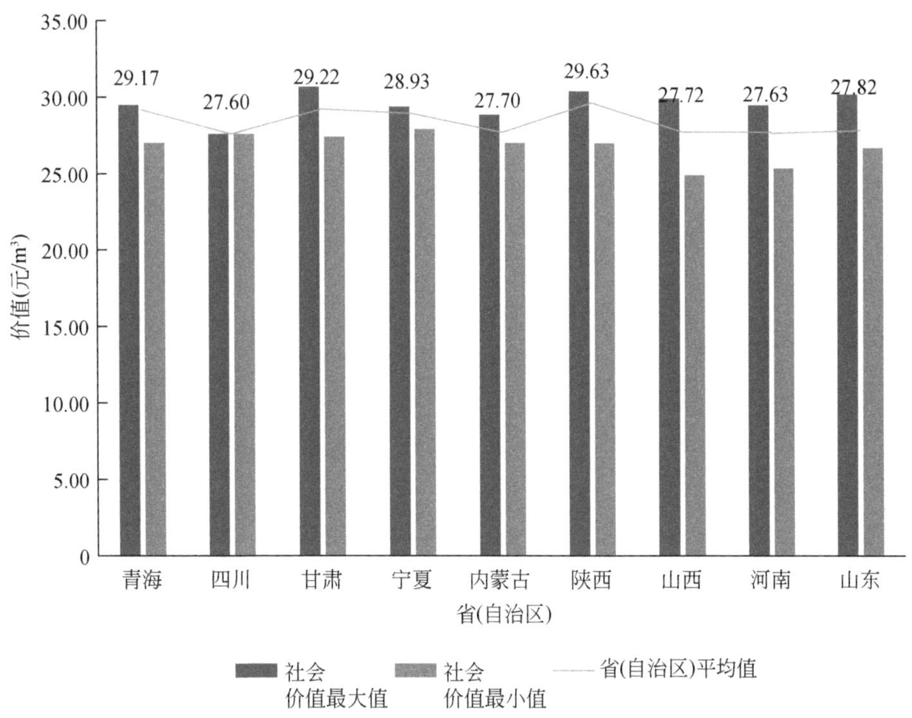

图 12-8　黄河流域各省（自治区）社会价值分析

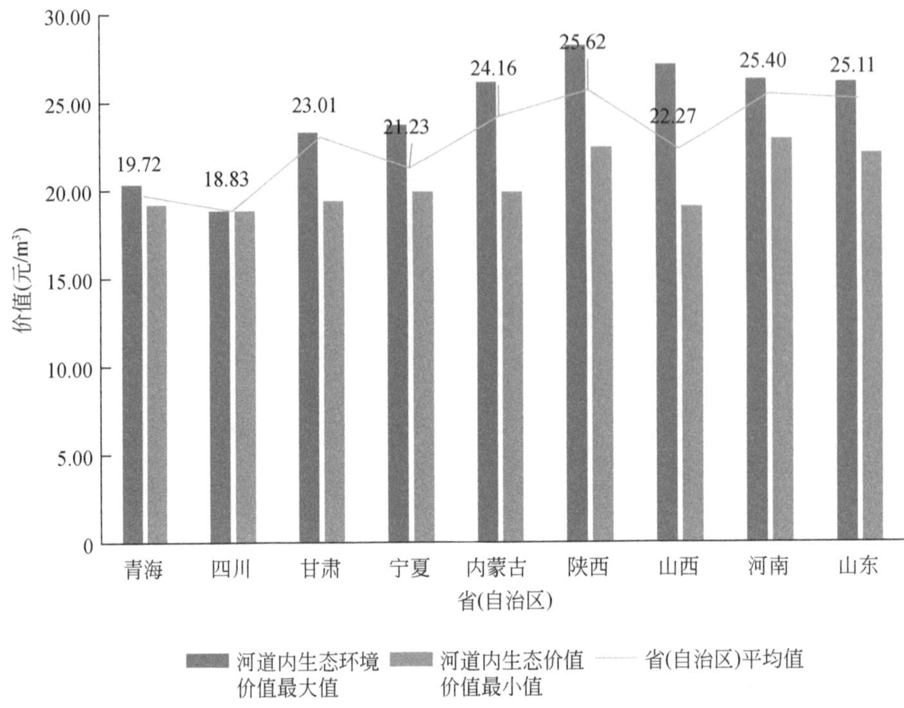

图 12-9　黄河流域各省（自治区）河道内生态环境价值分析

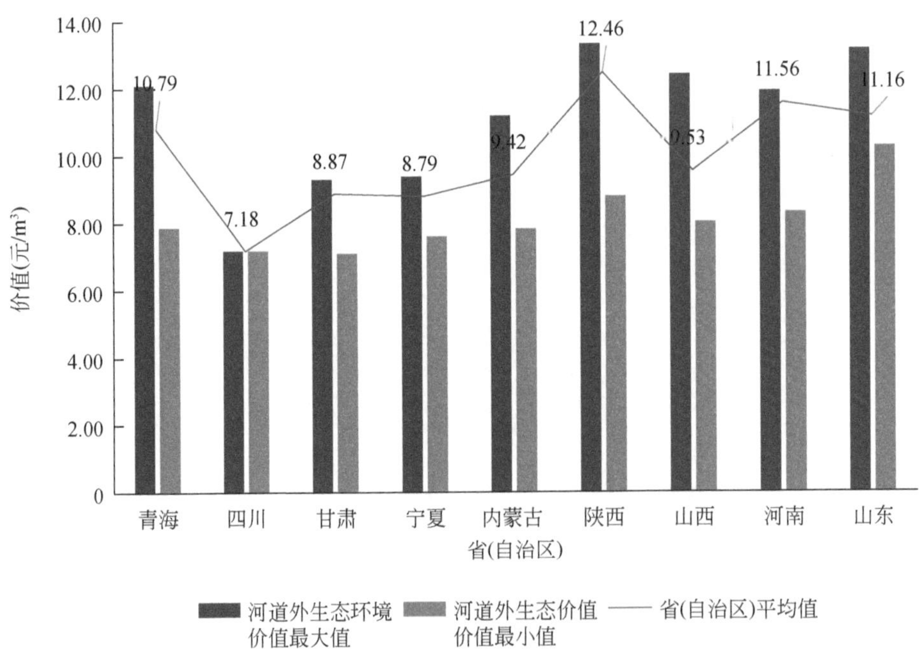

图 12-10　黄河流域各省（自治区）河道外生态环境价值分析

12.6 水资源价值空间分布研究

空间自相关分析即分析不同空间观察对象之间同一变量的关联特性，可将其引入水资源价值空间维度的研究，分析流域各分区之间同一价值变量的空间关联特征。全局空间自相关分析用于判断同一价值变量在全流域是否存在空间聚集现象。Moran 散点图可以直观地表达分区用水价值变量的空间聚集模式。

12.6.1 空间自相关分析方法

(1) 全局空间自相关分析方法

全局 Moran's I 是度量空间自相关的全局指标，计算公式如下：

$$I=\frac{\sum_{i=1}^{n}\sum_{j=1}^{n}w_{ij}(x_i-\bar{x})(x_j-\bar{x})}{S^2\left(\sum_i\sum_j w_{ij}\right)} \tag{12-31}$$

$$S^2=\frac{1}{n}\sum_i(x_i-\bar{x}),\quad \bar{x}=\frac{1}{n}\sum_{i=1}^{n}x_i \tag{12-32}$$

式中，x_i、x_j 为第 i、j 个地市的水资源经济价值；n 为地市总数；w_{ij}为空间权重矩阵，如果 i 与 j 相邻，则权重设置为 1，反之则为 0。

显著性检验用于判别水资源经济价值全局空间自相关性是否显著。常用 Z 值来表征，计算公式如下：

$$Z=\frac{I-E(I)}{\sqrt{\mathrm{VAR}(I)}} \tag{12-33}$$

$$E(I)=-\frac{1}{n-1} \tag{12-34}$$

$$\mathrm{VAR}(I)=\frac{n^2w_1+nw_2+3w_0^2}{w_0^2(n^2-1)}-E^2(I) \tag{12-35}$$

$$w_0=\sum_{i=1}^{n}\sum_{j=1}^{n}w_{ij},\quad w_1=\frac{1}{2}\sum_{i=1}^{n}\sum_{j=1}^{n}(w_{ij}+w_j)^2,\quad w_2=\sum_{i=1}^{n}\sum_{j=1}^{n}(w_{\cdot i}+w_{\cdot j})^2 \tag{12-36}$$

式中，w_i和 w_j分别为空间权值矩阵中 i 行和 j 列之和。在不存在空间相关性的原假设下，Z 服从标准正态分布。

I 取值一般在［-1，1］。I>0 表示正相关，越接近 1，流域整体的水资源经济价值越接近（“高-高”聚集或“低-低”聚集）；I=0 表示不相关；I<0 表示负相关，越接近-1，流域整体的水资源经济价值差异越大。Z 值可以检验其显著性。

(2) 局部空间自相关分析方法

局部 Moran's I 是用来度量局部空间自相关的指标，计算公式如下：

$$I_i = \frac{(x_i - \bar{x}) \sum_{j=1}^{n} w_{ij}(x_i - \bar{x})}{S^2} \tag{12-37}$$

$$\bar{x} = \frac{1}{n} \sum_{i=1}^{n} x_i \tag{12-38}$$

式中，x_i 表示第 i 个地市的水资源经济价值。I_i 取值一般在［-1，1］。I_i>0，表示该地市与邻近地市的水资源经济价值相近（“高-高”聚集或“低-低”聚集），I_i<0，表示该地市与邻近地市的水资源价值不相近（“高-低”聚集或“低-高”聚集），I_i =0 表示不相关。

实际研究中，常用 Moran 散点图来表征区域相邻地市水资源经济价值的关系。Moran 散点图分为 4 个象限，第一象限为“高-高”关联模式，即高值地市聚集；第二象限为“低-高”关联模式，即高值地市包围低值地市；第三象限为“低-低”关联模式，即低值地市聚集；第四象限为“高-低”关联模式，即低值地市包围高值地市。与全局 Moran's I 相比，Moran 散点图的优势在于可以识别出流域各个地市水资源经济价值的空间关联模式。

12.6.2 黄河流域水资源经济价值空间分布特征

以黄河流域水资源经济价值为基础，运用全局空间自相关模型，计算水资源工业、农业、建筑业和服务业生产价值全局 Moran's I 分别为 0.3203、0.2772、0.2610、0.3949。为了检验流域水资源经济价值全局 Moran's I 是否显著，在 GeoDa 中采用蒙特卡罗模拟方法，999 次置换后运行得出 P 值分别为 0.001、0.001、0.002、0.001（图 12-11）。说明在 99.9% 置信度下水资源工业、农业和服务业生产价值的空间自相关是显著的，在 99.8% 置信度下水资源建筑业生产价值的空间自相关是显著的。

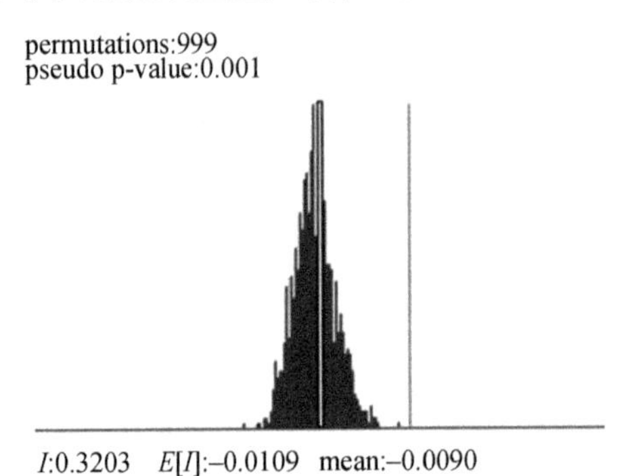

(a)水资源工业生产价值全局Moran's I

permutations:999
pseudo p-value:0.001
I:0.2772 E[I]:–0.0109 mean:–0.0088

(b)水资源农业生产价值全局Moran's I

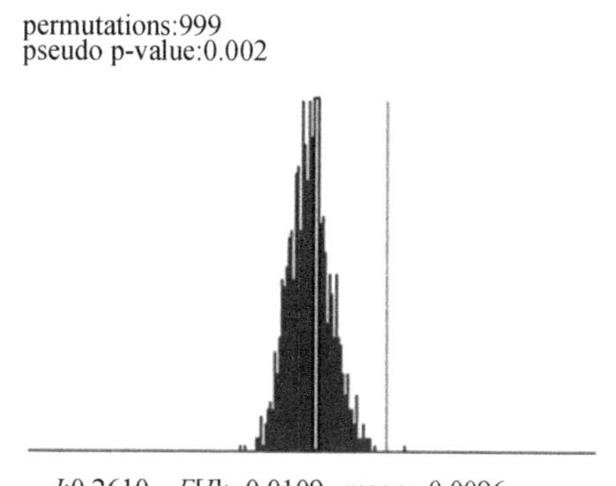

(c)水资源建筑业生产价值全局Moran's I

permutations:999
pseudo p-value:0.001
I:0.3949 E[I]:–0.0109 mean:–0.0096

(d)水资源服务业生产价值全局Moran's I

图 12-11 黄河流域水资源经济价值全局 Moran's I

permutations 指 Moran's I 进行 999 次运算之后的结果，其越大越稳定，算出来的值越不容易偏差。pseudo p-value 即 P 值，概率的意思。当其很小时，意味着所观测到的空间模式不太可能产生于随机过程（小概率事件），因此可以拒绝零假设。I 指 Moran's I。$E(I)$ 指 Moran's I 均值。mean 指参考分布的平均值，这里参考分布为正态分布

从图 12-11 可知，黄河流域水资源经济价值全局 Moran's I 均为正，说明水资源经济价值在空间上呈正相关特征。这是因为相邻地市的地形、气候等在空间上表现出地理类似性，同时产业生产管理方式也受邻近地市的辐射作用。此外，黄河是黄河流域生产发展的主要水源，这是水资源经济价值存在空间相关性的重要原因。因此，水资源经济价值受空间相关性因素的影响，在空间分布上表现出一种聚集的趋势。

全局 Moran's I 只能反映黄河流域水资源经济价值整体的空间关联性，却不能很好地反映局部空间的特征。为进一步探明黄河流域水资源价值在局部空间上的聚类与异质情况，对黄河流域水资源经济价值进行局部空间自相关分析，结果见图 12-12。其中横坐标表示水资源经济价值水平，纵坐标表示经空间权重矩阵加权后的水资源经济价值水平，用以衡量水资源经济价值的空间滞后水平。

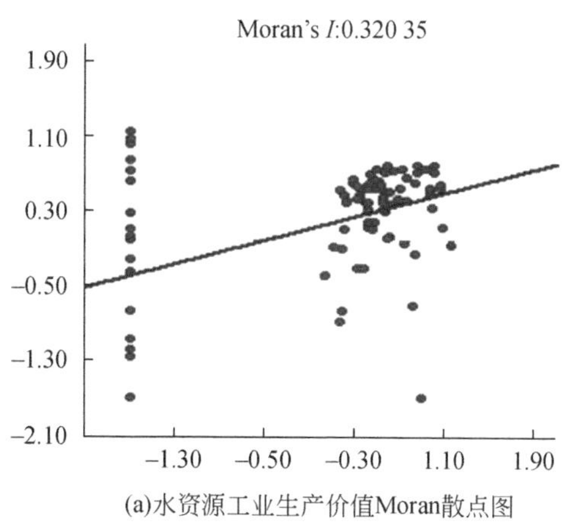

(a)水资源工业生产价值Moran散点图

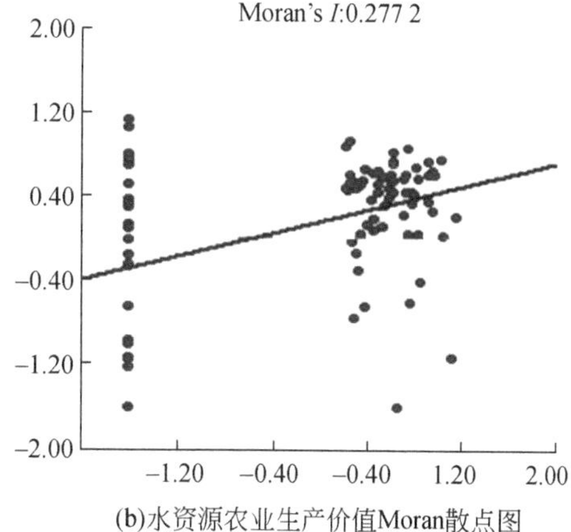

(b)水资源农业生产价值Moran散点图

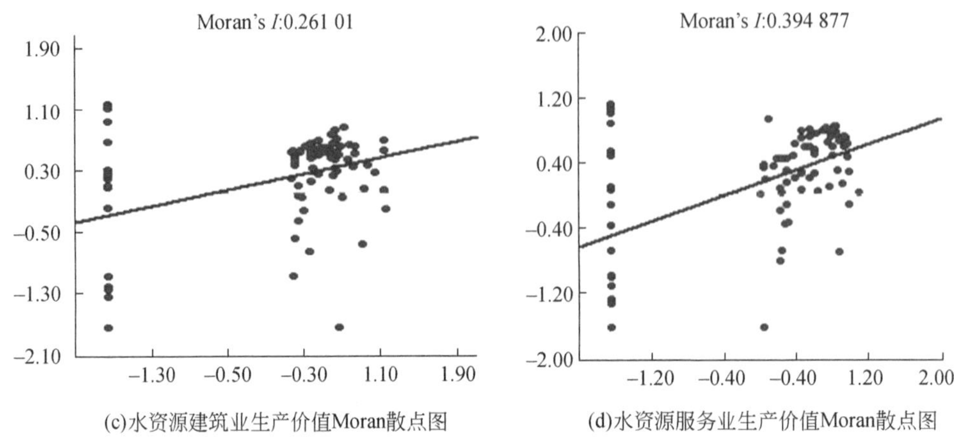

(c)水资源建筑业生产价值Moran散点图

(d)水资源服务业生产价值Moran散点图

图 12-12　黄河流域水资源经济价值 Moran 散点图

Moran 散点图第一象限为“高-高”象限，若某地市处于第一象限，说明该地市水资源价值较高，同时周围邻近地市的水资源价值也较高；第二象限为“低-高”象限，若某地市处于第二象限，代表该地市自身水资源价值较低，但是周围地市水资源价值较高；第三象限“低-低”象限，若某地市处于第三象限，则说明该地市自身水资源价值较低，并且周围地市水资源价值也较小；第四象限为“高-低”象限，若地市处于第四象限，则说明该地市水资源价值较大，但周围地市水资源价值较低。其中，“高-高”和“低-低”是典型的正空间自相关性，空间依赖性表现明显，分别被称为高值聚集和低值聚集，是空间聚集的典型表现，假如某地市为“高-高”或“低-低”类型，则说明邻近地市水资源价值差异性较小；“低-高”和“高 低”是典型的负空间自相关性，空间异质性表现明显，假如某地市是“低-高”或“高-低”，则说明邻近地市水资源价值差异性较大。为了使研究结果更具典型性，根据空间自相关理论，重点考察显著性水平较高（即 $P \leqslant 0.05$）的地市的空间聚集模式（$P>0.05$ 为不显著）。

第 13 章　黄河流域水资源动态均衡配置方法及模型系统

以流域水资源动态配置机制及流域水资源均衡调控原理为基础，综合用水公平协调性分析和水资源综合价值评估，提出整体动态均衡与增量动态均衡的配置方法，构建基于供水规则优化嵌套水资源供需网络模拟的流域水资源动态均衡配置模型系统。

13.1　基于多主体理论的流域网络关系构建

水资源配置的基础工作之一是绘制水资源配置系统网络图，即对复杂的水资源、经济、生态环境系统进行简化和抽象，以节点、水传输系统构成的网状图形反映三大系统间内在的逻辑关系。本研究以多主体理论为基础对不同类型节点的行为及功能进行概括和简化，通过节点间水传输系统（线）的连接形成流域节点网络关系。

13.1.1　多主体理论

1994 年，美国霍兰（Holland，2001）教授从注重个体的主体性以及其与环境之间的相互影响和相互作用出发，提出了复杂适应系统理论，从侧面概括了生物、生态、经济、社会等一大批重要系统共同特点。复杂适应系统是一类复杂巨系统，国内外研究表明，传统的建模方法已不能很好地刻画复杂适应系统，而基于主体的建模方法，具有主动性、层次性、动态性、可操作性等优点，成为研究复杂适应系统新的有效手段。

多主体系统（multi-agent system，MAS）主要研究在逻辑上或物理上分离的多个主体协调其智能行为，即知识、目标、意图及规划等，实现问题求解（蒋云良和徐从富，2003）。MAS 可以看作是采用自下向上的方法设计的系统。因为在原理上分散自主的主体首先被定义，然后研究怎样完成一个或多个主体上的问题求解。主体之间可能是协作关系，也可能存在着竞争甚至是敌对的关系。MAS 的组织结构为主体成员提供一个相互之间交互的框架，为每个主体成员提供一个多主体群体求解问题的高层观点和相关信息，以便合理地分配任务并使这些主体成员能够更好地协同工作。MAS 的组成单位是主体组，主体组是由多个较为简单的主体组成的关系较为密切的多主体集团。这些主体通常联合起来，相互服务、相互协同，共同实现某些较为复杂的目标。一个主体组至少拥有一个主体成员，一个主体组也可以认为是一个简单的 MAS 或者是一个子 MAS。

MAS 的组织结构根据各主体成员之间的相互关系可分为集中式、分布式及联盟式三类（张林等，2008）。

（1）集中式

MAS 至少有一个管理主体负责整个系统的控制和协调工作，对组内所有主体成员的行为、协作和任务分配以及共享资源等提供统一的调度和管理，见图 13-1。

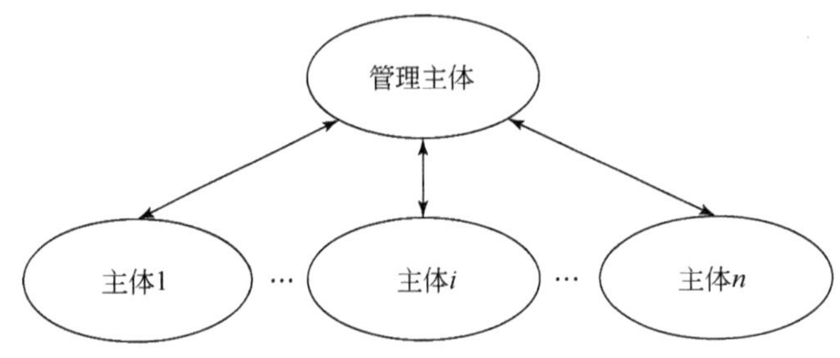

图 13-1　MAS 的集中式结构

（2）分布式

分布式 MAS 所有成员之间是平等的关系，相互提供服务，见图 13-2。

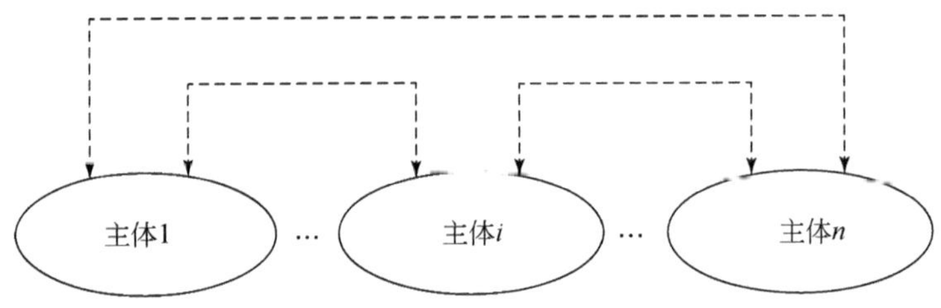

图 13-2　MAS 的分布式结构

（3）联盟式

这种结构引入了基于中介子的协调机制。中介子（协调主体）将一组主体聚集成为主体集合，集合内部的主体只与中介子进行通信。中介子负责集合内部的主体的行为协调，同时代表整个主体集合与系统中的其他中介子或主体进行通信和行为协调，见图 13-3。

水资源本身是一种自然资源，同时还具有深刻的社会意义及商品属性，因此我们要研究的实际上是一个与社会、经济及生态环境相互耦合的复杂系统，即社会-经济-生态环境-水资源复杂系统，目的是实现水资源的可持续利用和经济社会的可持续发展。基于以上考虑，在主体结构选取上采用混合型主体结构，在多主体组织结构选取上选用联盟式的多主体组织结构来构建黄河流域水资源均衡调控的多主体框架。

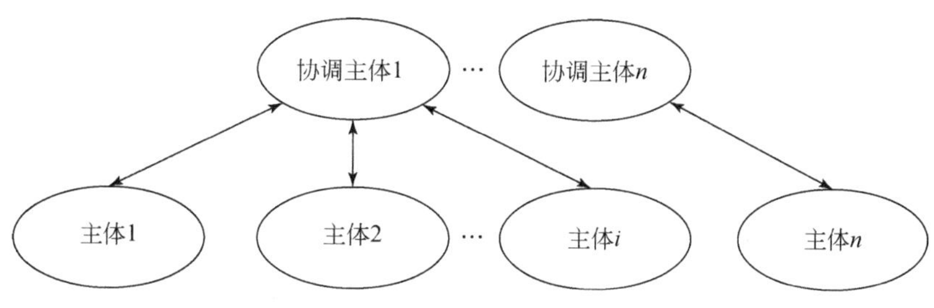

图 13-3　MAS 的联盟式结构

13.1.2　多主体基本框架

1. 主体的属性

Wooldridge 和 Jennings（1995）提出主体应具有自主性、反应性、社会能力与主动性四个基本属性。总的来说，根据需要，主体应具有以下属性。

（1）自主性

主体运行时不直接受他人控制，对自己的行为与内部状态有一定的控制力，这是最基本的属性，是主体区别于其他抽象概念，如过程、对象的重要特征。

（2）反应性

主体能够感知所处的环境，并通过行为对环境中相关事件做出适时反应。

（3）社会性

主体能通过通信语言与其他主体或外部因素进行交互，有效地实现系统的协同工作，如通过协商、协作和协调等手段来实现。

（4）适应性

指主体能够对环境的变化做出反应，在适当的时候采取面向目标的行动，以及从其自身的经历、所处的环境和其他主体的交互中学习。

（5）主动性

主体对环境做出的反应是目标导向下的主动行为，即行为是为了实现其目标。在某些情况下主体能够主动产生目标，继而采取行动的行为。主体并不是简单地针对周围环境和其他主体的信息做出反应，而是主动地与环境交互。其他主动性，主体并不是简单地针对周围环境和其他主体的信息做出反应，而是主动的交互，是主动性、能动性的基础。

2. 主体的类型

主体的基本功能就是与外界环境交互，得到信息，对信息按照某种技术进行处理，然后作用于环境。主体的结构研究主体的组成模块及其相互关系，主体感知环境并作用于环境的机制。目前来看，主体的结构主要分为慎思型、反应型和混合型三大类。

（1）慎思型

慎思型主体的最大特点就是将主体看作一种意识系统。人们设计的基于主体系统的目的之一就是把它作为人类个体和社会的行为智能代理，那么主体就应该或者必须模拟或表现出被代理者的所谓意识态度，如信念、愿望、意图、目标、承诺、责任等。目前比较有代表性的思考型主体结构是Rao和Georgeff（1991）提出的信念-愿望-意图（belief-desire-intention，BDI）模型。

（2）反应型

反应型主体直接以刺激/响应的方式进行运作和给以反馈，不包括任何符号世界模型，也不使用复杂符号推理，一般应用于游戏和系统模拟上。目前，反应型主体面临的问题包括反应型主体的实现方法和语言、反应型主体的适应能力和学习能力等。

（3）混合型

混合型主体综合了慎思型和反应型主体的优点，混合型主体系统常被设计成包括如下两部分的层次结构：高层是一个包含符号世界模型的认知层，它用传统符号的方式处理规划和进行决策；低层是一个能快速响应和处理环境中突发事件的反应层，不使用任何符号表示和推理系统。

从当前的研究和应用现状来看，慎思型主体占据了主导地位；反应型主体的研究和应用目前尚处于初级阶段；混合型主体由于集中了上述两种主体的优点而成为当前研究的热点。

13.1.3 基本主体水量平衡表达

一个基本主体（地市嵌套四级区单元）8个部门的地表供水、地下取水及再生水利用的水资源平衡关系见图13-4。上游地表水经过基本主体开发利用后通过河道间的水力联系进入下游主体，而地下水则通过当地取耗水量与补给水量进行动态平衡。

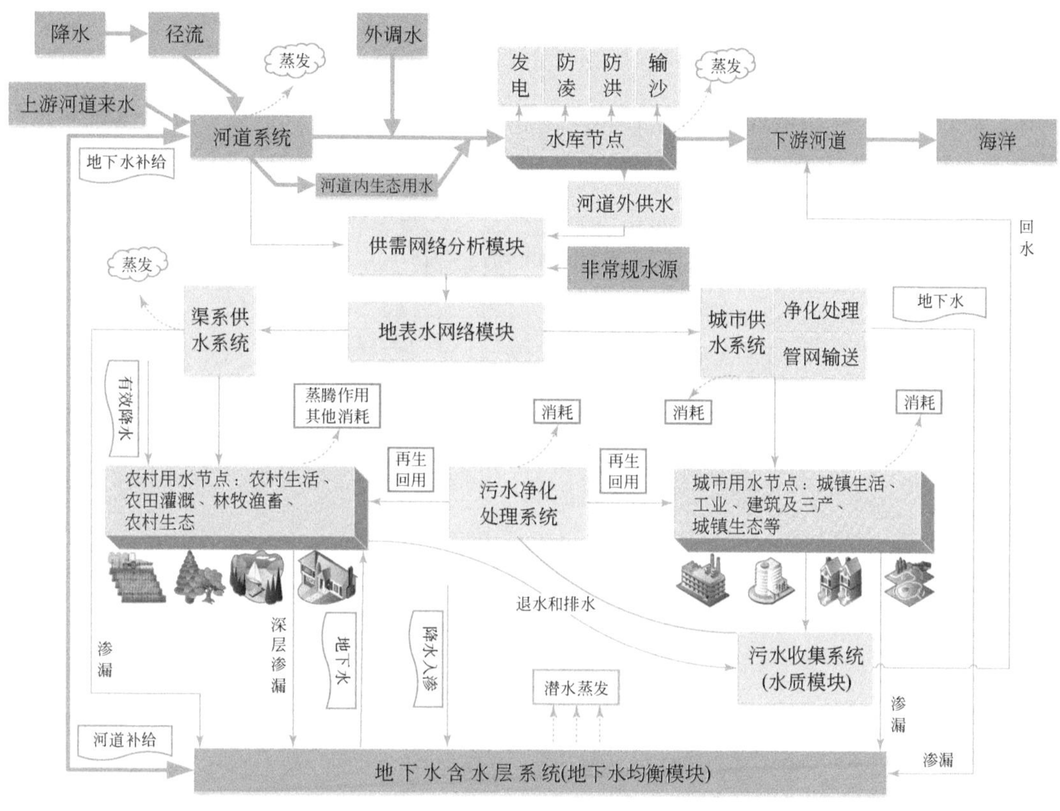

图 13-4　基本主体（8 个部门）水资源平衡关系示意

13.1.4　黄河流域主体间网络关系结构创建

考虑到流域物理单元合理划分，以及主体所具有的特点，从河道内和河道外两个方向出发，构建黄河流域水资源均衡调控的多主体网络结构。对于河道内来说，主要包含 17 个干支流重要断面，将其视为生态主体，以满足河道内防凌、冲沙和基流需要；37 个水库主体（其中具有发电功能的 18 个），提供各自运行调度规则给上级主体，确定水库状态信息；199 个入流节点作为水源主体。对于河道外，主要分为常规主体和引/调水工程主体。常规主体分为 9 个省级主体及 8 个二级区主体（上级）、182 个地市嵌套四级区基本主体（下级）；在 182 个基本主体下设 8 个用水部门，分别为城市生活、工业、建筑及三产、城镇生态、农村生活、农田灌溉、林牧渔畜、农村生态；与主体相比，用水部门只具有向上级反映情况的功能，不具备做决策的功能，属于被动型；引/调水工程主体主要包含 20 个供水工程，其中 6 个位于流域内，14 个位于流域外。省级主体/二级区主体负责对下属地市嵌套四级区主体的配水进行决策，同样市级主体负责对下属 8 个用水部门的配水情况进行决策。多主体框架具体情况见图 13-5，上述各类主体所属的主体类型和功能见表 13-1。所有主体间的河段连线、引水线路、退水线路及调水线路均根据实际情况进行适当概化，可以正确反映出研究区的天然水力联系和供用耗排关系，进而形成黄河流域配置网络关系，见图 13-6 和图 13-7。

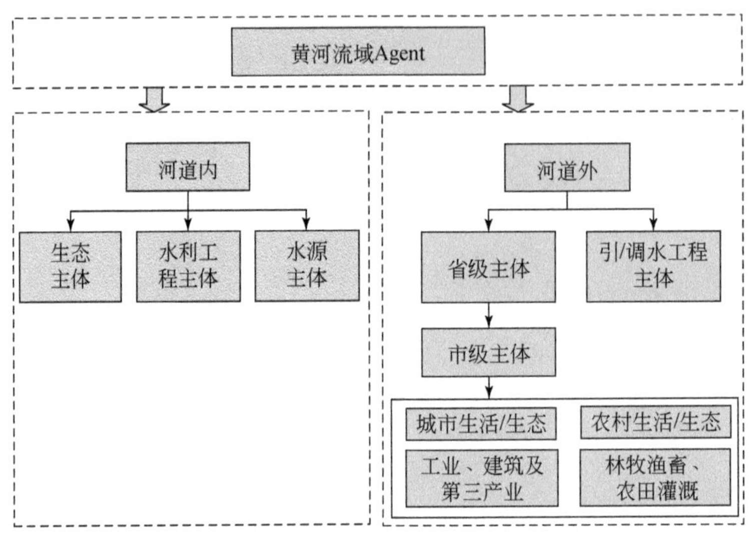

图 13-5　主体框架

表 13-1　主体分类及属性

多主体框架		主体类型	功能
黄河流域主体		慎思型	根据收集到信息，针对本主体内的省级主体进行配水决策，并接受其反馈进行调整
河道内	生态主体	反应型	根据河道内来水情况，对生态用水的保证情况进行反馈
	水源主体	反应型	根据当年自然来水情况提供区域内的来水信息
	水利工程主体	反应型	根据来水、需水信息对水资源进行时空上的再分配
河道外	引/调水工程主体	慎思型	流域外引/调水工程主体可作为基层主体看待
	省级主体	慎思型	根据收集到信息，针对本主体内的各基层主体进行配水决策，并接受其反馈进行调整或反映给上级主体
	市级主体	慎思型	根据收集到信息，针对本主体内各用水单元进行配水决策，并然后接受其反馈并进行调整或反映给上级主体

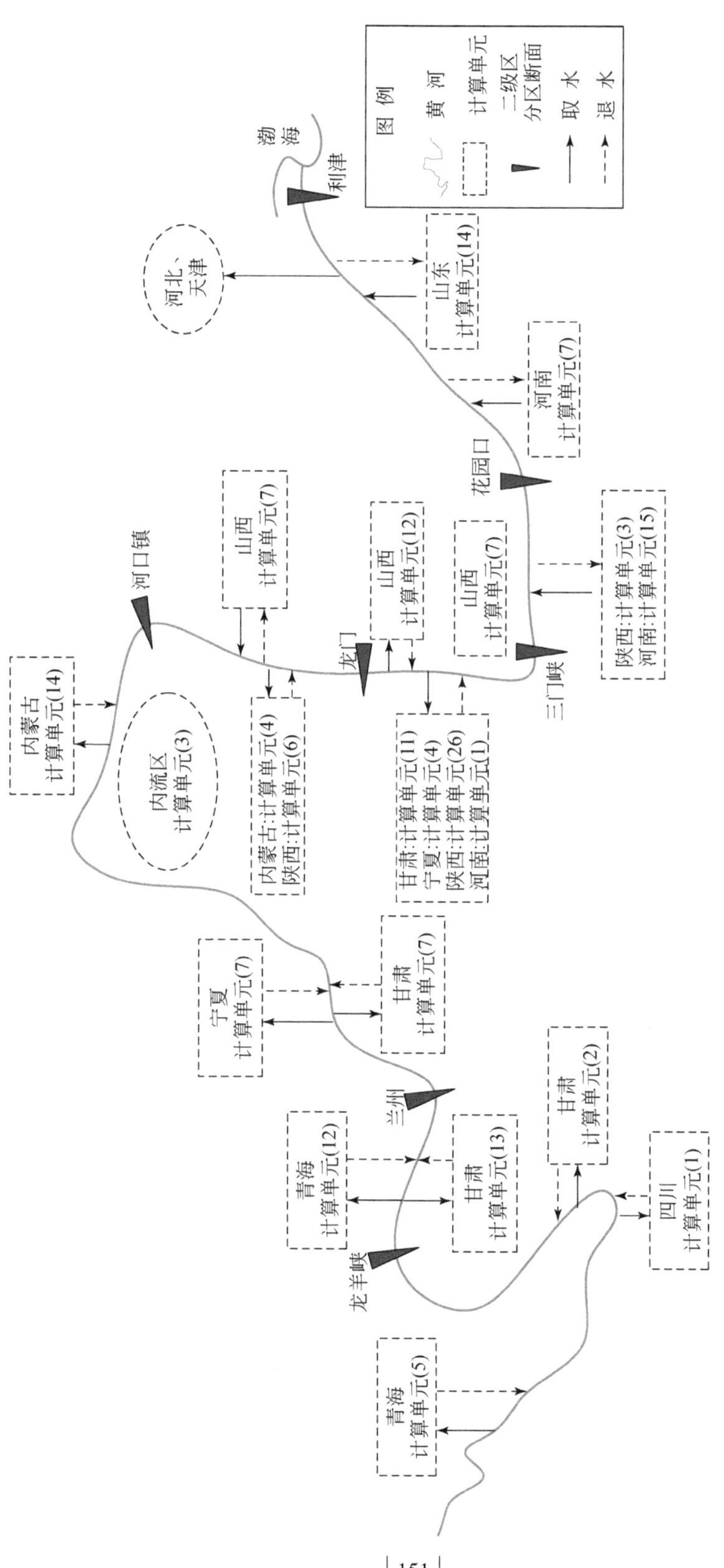

图13-6 黄河流域配置网络关系

括号中的数值指概化的计算单元，单位为个

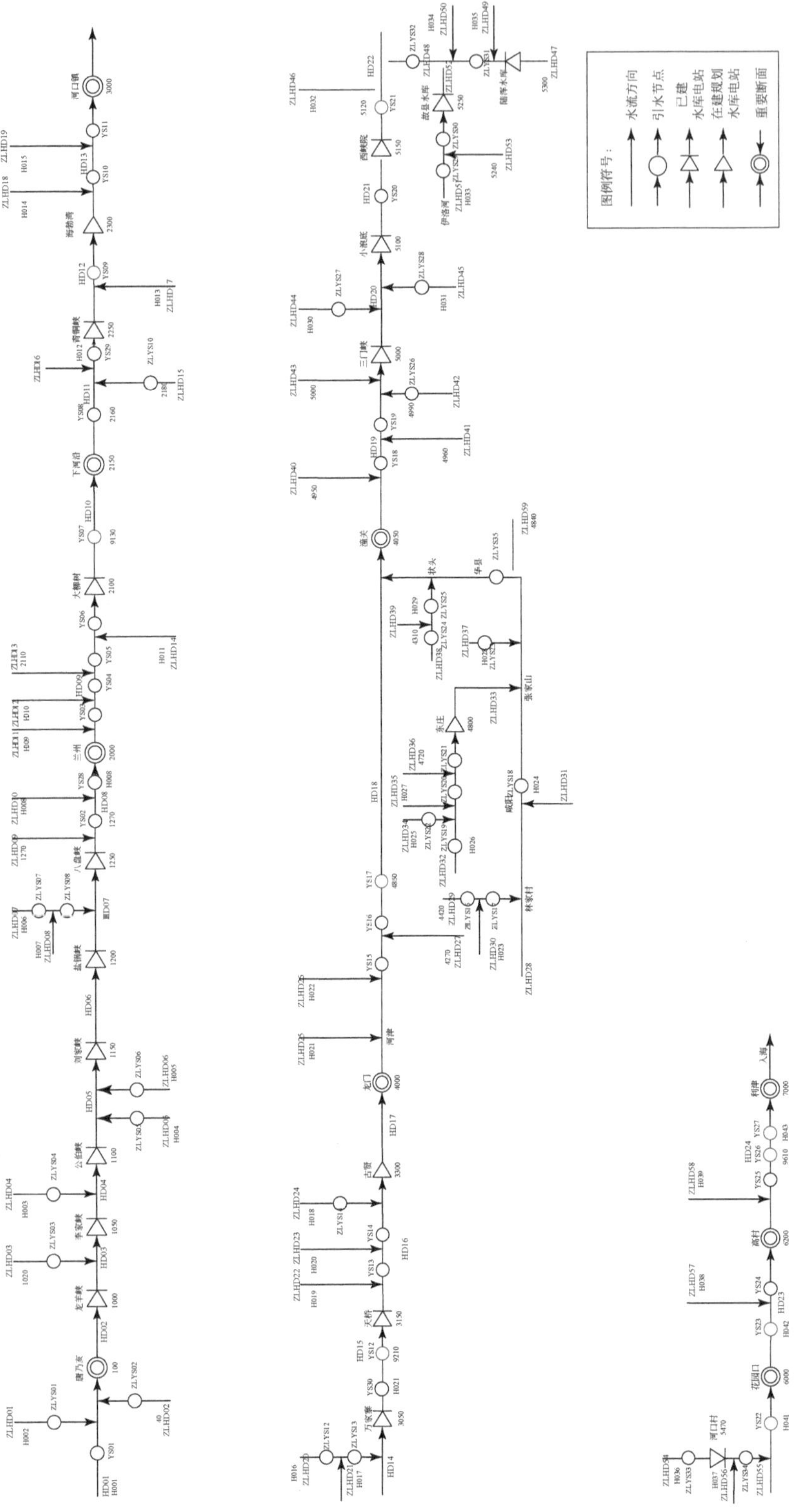

图13-7 基于多主体的黄河流域节点

ZLHD+数字指支流河段编号；HD+数字指干流河段编号；ZLYS+数字指支流用水单元；YS+数字指干流用水单元

13.2 流域水资源动态均衡配置优化方法

基于上述流域水资源动态均衡配置技术体系，结合流域水源条件和工程条件变化的不同处理方式，提出流域水资源整体动态均衡配置方法与流域水资源增量动态均衡配置方法。根据流域水量调控实践中的分水方案丰增枯减调整方式，提出流域分水同比例调整方法，作为本次方法研究和方案比较的基础，即本次研究设计了三种分水方案优化方法：流域分水同比例调整方法、流域水资源整体动态均衡配置方法、流域水资源增量动态均衡配置方法。

令黄河“八七”分水方案下河道内分水指标为 A_{PI0}，河道外各省（自治区）分水指标为 $A_{\mathrm{PO0}i}$，i 代表分水方案涉及的省（自治区），则该方案按天然径流量丰增枯减后现行的河道内分水指标 A_{PI} 及河道外各省（自治区）分水指标 $A_{\mathrm{PO}i}$，可以由式（13-1）和式（13-2）计算得到。

$$A_{\mathrm{PI}}=\frac{W_{\mathrm{Y}}}{W_{\mathrm{Y0}}}A_{\mathrm{PI0}} \tag{13-1}$$

$$A_{\mathrm{PO}i}=\frac{W_{\mathrm{Y}}}{W_{\mathrm{Y0}}}A_{\mathrm{PO0}i} \tag{13-2}$$

式中，W_{Y} 是现状采用的天然年均径流量，本次采用 1956 ~ 2016 年的年均值 490 亿 m^3；W_{Y0}是制定“八七”分水方案时采用的年均径流量，其值为 580 亿 m^3。

13.2.1 流域分水同比例调整方法

同比例调整是保持各省（自治区）间配置关系与黄河“八七”分水方案一致的调整方法，该方法不属于本次研究提出的动态均衡配置方法。将河道外特定省（自治区）n（$n=1,\cdots,10$）调减指标 $W_{\mathrm{O}n}$或通过高效输沙可节省的汛期河道内输沙水量 W_{I}，按照比例 β_i 将这部分指标分配给其他河道外未调减省（自治区）。

$$\beta_i=A_{\mathrm{PO}i}\Big/\sum_{i=1,i\neq n}^{10}A_{\mathrm{PO}i}\quad (i=1,\cdots,10,i\neq n) \tag{13-3}$$

河道外未调减省（自治区）i 配置水量为

$$A_{\mathrm{O}i}=\beta_i(W_{\mathrm{O}n}+W_{\mathrm{I}})+A_{\mathrm{PO}i}\quad (i=1,\cdots,10,i\neq n) \tag{13-4}$$

河道外调减指标省（自治区）n 配置水量为

$$A_{\mathrm{O}n}=A_{\mathrm{PO}n}-W_{\mathrm{O}n} \tag{13-5}$$

13.2.2 流域水资源整体动态均衡配置方法

流域水资源整体动态均衡配置在满足河道内需水及省（自治区）刚性需水后，将剩余的

指标按照统筹公平与效率进行均衡分配。采用该方法进行水量配置，河道外配置水量 A_{TO} 为

$$A_{\mathrm{TO}}=\sum_{i=1,i\neq n}^{10}(A_{\mathrm{PO}i}+\Delta A_i)+(A_{\mathrm{PO}n}+\Delta A_n) \tag{13-6}$$

$$\Delta A_i+\Delta A_n=W_{\mathrm{O}n}+W_{\mathrm{I}} \tag{13-7}$$

式中，ΔA_i 为河道外未调减省（自治区）i 通过整体动态均衡配置方法配置水量与原有分配指标的差值，该数值可能大于0，也可能小于0，即优化配置后的省（自治区）配置水量可能大于现行分水指标，也可能小于现行分水指标；ΔA_n 为河道外省（自治区）n 的调减水量指标。

13.2.3 流域水资源增量动态均衡配置方法

流域水资源增量动态均衡与流域水资源整体动态均衡基本配置思想一致，都是在统筹公平与效率的基础上进行均衡分配。不同之处在于增量动态均衡配置加入了省（自治区）配置水量不能小于既定分配指标的约束，即式（13-7）中 ΔA_i 不能为负，在对河道外未调减省（自治区）i 进行均衡配置时，不能小于其现行分水指标 $A_{\mathrm{PO}i}$。这种配置方法简称为“保存量、分增量”，保障了调整后的省（自治区）分水指标不低于现行分水指标。

13.3 流域水资源动态均衡配置模型系统总体构架

13.3.1 模型系统总体结构

流域水资源动态均衡配置模型系统由流域水资源综合价值评估模型、流域分层需水分析模型、用水公平协调性分析模型、供水规则优化模型、水资源供需网络模拟模型组成，模型系统总体结构见图 13-8。

流域分层需水分析模型通过刚性需水-刚弹性需水-弹性需水三个层次预测未来河道外社会经济用水需求。主要分为农业分层需水预测、工业分层需水预测、生活分层需水预测及河道外生态环境分层需水预测等部分。该模型为水资源供需网络模拟模型提供需水边界，为用水公平协调性分析模型提供满意度计算边界，并根据方案的供水总量反馈均衡参数给供水规则优化模型。

水资源综合价值评估模型是基于自然资源经济学和生态经济价值理论，采用能值分析方法，评价流域不同分区、行业的水资源价值量，进一步分析黄河流域水资源利用效率及其差异。该模型根据水资源供需网络模拟模型提供的基本主体（部门）供水量计算方案的水资源综合价值并将结果反馈给供水规则优化模型。

用水公平协调性分析模型包括用水主体满意度计算与公平协调性量化计算两个部分。

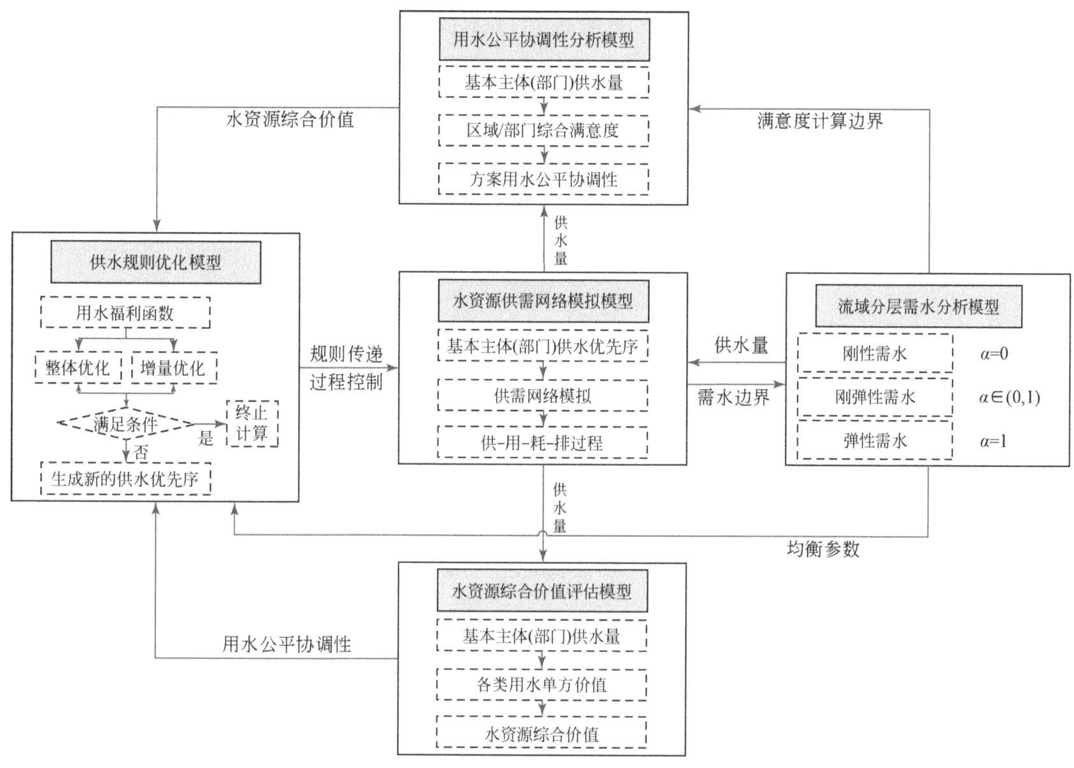

图 13-8　黄河流域水资源动态均衡配置模型系统总体结构

用水主体满意度计算根据基本主体（部门）供水量与三层需水的满足程度进行计算。以用水主体满意度为输入，采用用水基尼系数计算方法，综合区域用水公平性与部门用水协调性得到用水公平协调性量化指标，并将结果反馈给供水规则优化模型。

供水规则优化模型根据水资源综合价值评估模型及用水公平协调性分析模型的反馈，计算每个方案的社会福利函数值并控制优化过程。如果不能满足计算终止条件则形成新的供水规则集进行下一次迭代计算，如果满足计算终止条件则停止计算并输出优化方案。

水资源供需网络模拟模型是在流域水资源条件、工程技术等约束和系统供水规则下，采用网络分析技术定量描述不同用水单元的水资源供—用—耗—排过程，完成时间、空间和行业间三个层面上从水源到用水的供需过程分析，并输出对应规则下经济、社会和生态环境供水保障情况，再将基本主体（部门）的供水结果反馈给流域分层需水分析模型、水资源综合价值评估模型及用水公平协调性分析模型。

13.3.2　模型系统计算分析流程

按照模型体系构建思路和总体框架，各模型之间是遵循一定逻辑关系与特定的决策内容、目标协调连接起来的。考虑水资源配置的目标和流域供用耗排过程的复杂性，采用“分层配水—协同计算—规则优化—网络模拟”技术进行模型间的数据反馈与迭代寻优，见图 13-9。具体流程如下。

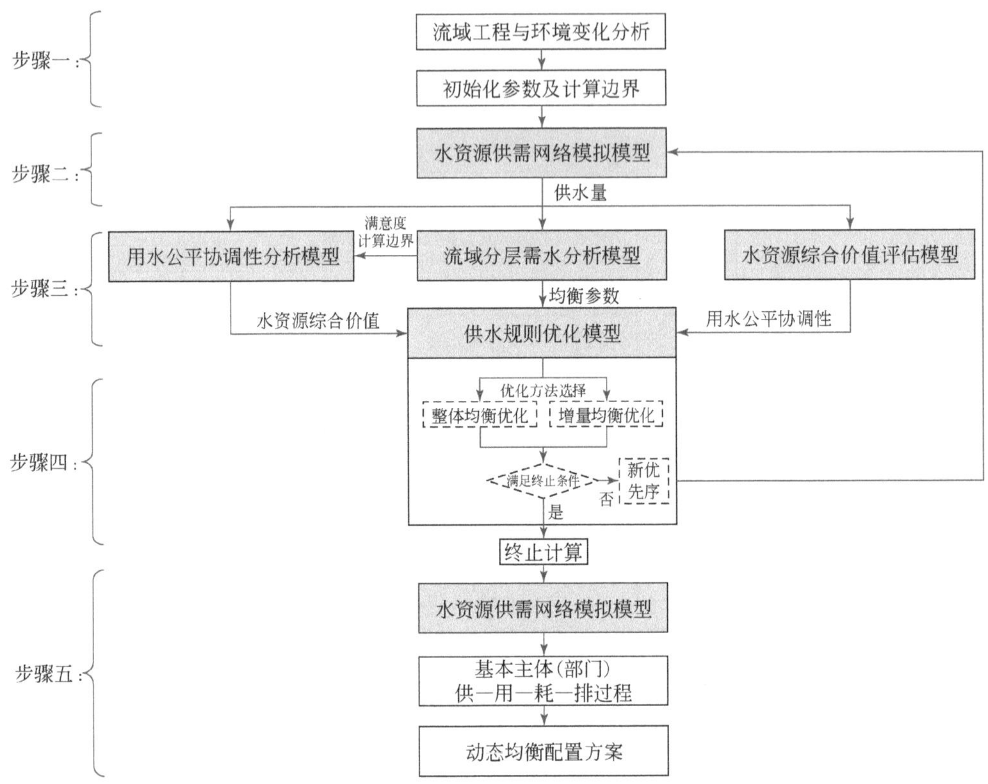

图 13-9　黄河流域水资源动态均衡配置模型系统计算流程示意

步骤一：根据流域工程与环境变化初始化计算所需的参数及边界条件，并代入水资源供需网络模拟模型。

步骤二：将供水优先序代入水资源供需网络模拟模型，计算方案基本主体（部门）的供-用-耗-排过程。

步骤三：将方案基本主体（部门）的供水量反馈给用水公平协调性分析模型、流域分层需水分析模型、水资源综合价值评估模型，分别计算得到用水公平协调性、均衡参数、水资源综合价值。

步骤四：将步骤三计算结果代入供水规则优化模型，根据需求进行整体均衡优化及增量均衡优化的选择，计算得到方案的用水福利函数。当优化计算满足终止条件时（迭代次数或用水福利极大值）进入步骤五，否则利用供水规则优化模型生成多组新的供水优先序，并返回步骤二。

步骤五：将最佳的供水优先序代入水资源供需网络模拟模型，输出最优配置方案基本主体（部门）供–用–耗–排过程、供水量、供水保障情况，得到该场景下动态均衡配置方案。

13.4 流域分层需水分析模型

基于马斯洛需求层次理论，根据对未来河道外社会、经济、生态指标的预测成果及节水定额，将河道外省（自治区）需水划分为刚性–刚弹性–弹性三层。农田灌溉需水分层计算流程为：根据人口数量、人均粮食需求量、粮食自给率、灌溉地粮经比、灌溉地复种指数等推求保有灌溉面积，再结合灌溉定额确定各层灌溉需水量，见图 13-10。其他行业按照 10.3 节所述的分水原则和方法进行划分。

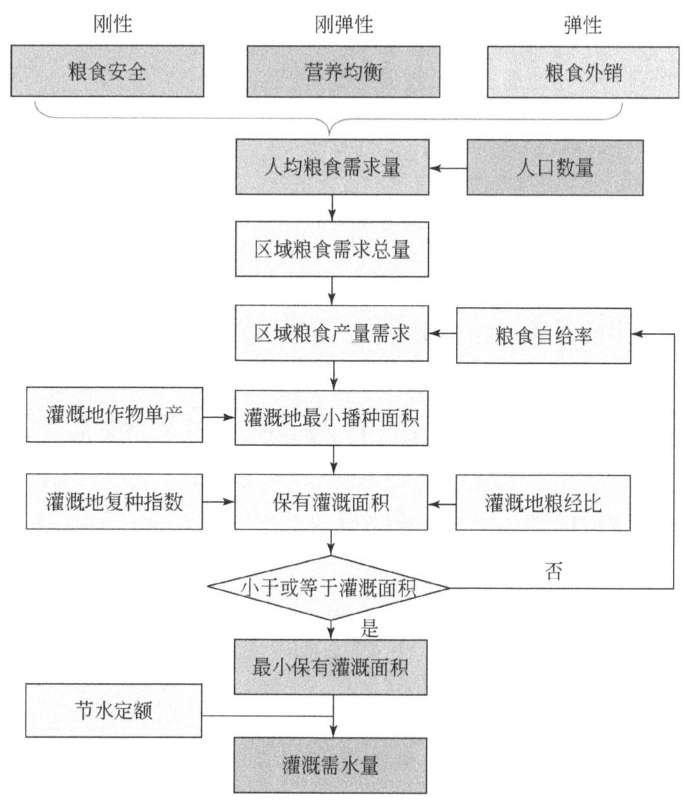

图 13-10　流域分层需水分析模型计算流程

13.5 水资源综合价值评估模型

水资源综合价值评估模型基于能值分析方法，以太阳能投入–产出为分析主线，通过社会经济系统转换得到不同地区/部门的单方水价值，见图 13-11。该模型的作用是为水资源动态均衡配置模型的价值目标提供用水效率参数。

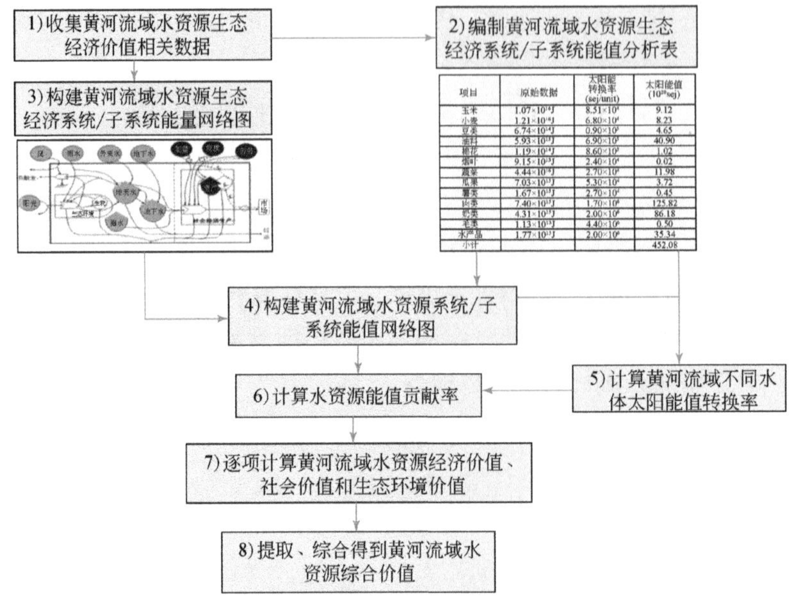

图 13-11　水资源综合价值评估模型计算流程

计算流程：①建立系统能量和能值网络；②计算不同水体能值转换率；③计算水资源能值贡献率；④计算水资源的经济、社会、生态环境价值。

13.6　用水公平协调性分析模型

用水公平协调性分析模型基于隶属度函数及基尼系数方法，为流域水资源动态均衡配置模型提供公平协调性目标，见图 13-12。

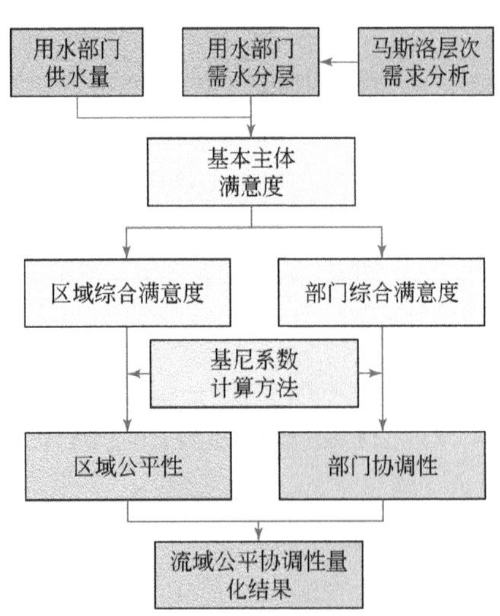

图 13-12　用水公平协调性分析模型计算流程

计算流程：①利用需水分层结构及供水量确定区域综合满意度及部门综合满意度；②基于基尼系数计算区域公平性及部门协调性；③综合得到公平协调性量化结果。

13.7 水资源供需网络模拟模型

13.7.1 模型功能

水资源供需网络模拟模块主要是在一定系统输入情况下模拟水资源供—用—耗—排过程的响应，分析不同运行规则及分水政策对黄河水资源利用带来的影响。建立模拟模型的目的就是要用计算机算法来表示原型系统的物理功能和效果，模型具备以下功能。

（1）系统概化与描述

流域水资源系统通过节点和连线构成的节点图来描述。黄河流域地域辽阔，而且各地区之间自然差异大，蓄、引、提工程设施数量多，在对流域进行概化时，应根据需要与可能，充分反映实际系统的主要特征及组成部分间的相互关系，包括水系与区域经济单元的划分、大型水利工程等。但根据研究精度要求，可对系统作某些简化，如可将支流中、小型水库及一些小型灌区概化处理等。

（2）供需平衡分析

供需分析是水资源配置的重要内容，其结果也是决策者和规划人员非常关注的问题，要求在供需计算中对社会水循环全过程进行平衡计算，同时能方便地对分区及全流域进行水资源供需分析。

（3）流域水工程运行模拟

水库调节与库群补偿调节是充分利用水资源、提高其综合利用效益的主要措施，水库群补偿调节的核心问题是妥善处理蓄水与供水的关系及蓄放水次序，要求模型能方便地适应水库运行规则的变化，使得对水库运行规则的模拟具有较大的灵活性。

（4）合理开发利用水资源

按照水资源开发利用和保护的要求，对流域多水源进行联合运用，合理开发其他水资源；模型计算时考虑地表水与地下水联合运用，根据不同地区实际情况，采用地下水可开采量直接扣除和考虑地下水允许埋深的水均衡法。

13.7.2 水量平衡分析

通过对流域水资源供—用—耗—排过程进行概化，模拟河道水量分配和梯级水库群调度的物理过程，形成流域节点图，用于流域的水量平衡演算。流域节点图由节点和连线组成。节点代表一个地理位置或一个特殊的地点，并根据实际情况设置几种要素：区间入流，回归水，城市与农村生活、生产、生态需水，地下水水源、水库蓄水等。节点是模型中的基本计算单元，各节点的水量平衡保证了流域内各分区、各河段、各行政区内的水量平衡。连线是连接节点的有向线段，通常代表河流的一个河段或人工渠道等，反映流域内实际的水力联系。用数学方程式对节点之间的联系给以充分描述。

模型中水库调节的任务是使来水尽可能满足多主体用水需求，根据模型设置的运行规则确定水库各时段的蓄泄水量。在模型中对水库运行规则模拟的基本思想是，将水库库容划分为若干个蓄水层，将各层蓄水按需水对待，分别给定各层蓄水的优先序，并与水库供水范围内各种需水的优先序组合在一起，指导水库的蓄泄。水库节点水量平衡关系式为

$$V_{\mathrm{R}}(m,t+1)=V_{\mathrm{R}}(m,t)+V_{\mathrm{RC}}(m,t)-V_{\mathrm{RX}}(m,t)-V_{\mathrm{L}}(m,t) \tag{13-8}$$

式中，$V_{\mathrm{R}}(m,t+1)$ 表示第 t 时段第 m 个水库枢纽的末库容；$V_{\mathrm{R}}(m,t)$ 表示第 t 时段第 m 个水库枢纽的初库容；$V_{\mathrm{RC}}(m,t)$ 表示第 t 时段第 m 个水库枢纽的存蓄水变化量；$V_{\mathrm{RX}}(m,t)$ 表示第 t 时段第 m 个水库枢纽的下泄水量；$V_{\mathrm{L}}(m,t)$ 表示第 t 时段第 m 个水库枢纽的水量损失。

13.7.3 约束条件

模型约束条件主要包括水资源承载能力约束、工程安全约束、地下水埋深约束、河湖最小生态需水约束等。

(1) 水资源承载能力约束

$$W_{\mathrm{EC}}(n,t)+W_{\mathrm{SO}}(n,t)+W_{\mathrm{EO}}(n,t)\leqslant W(n,t) \tag{13-9}$$

式中，$W_{\mathrm{EC}}(n,t)$、$W_{\mathrm{SO}}(n,t)$、$W_{\mathrm{EO}}(n,t)$ 分别为第 n 个计算单元第 t 时段生产、生活、河道外生态的供水量；$W(n,t)$ 为第 n 个计算单元地表水及地下水资源可利用量。

(2) 工程安全约束

1）水库库容约束：

$$V_{\min}(m)\leqslant V(m,t)\leqslant V_{\max}(m) \tag{13-10}$$

式中，$V_{\min}(m)$ 为 m 水库的死库容；$V_{\max}(m)$ 为 m 水库的最大库容；$W(m,t)$ 为 m 水库 t 时刻的库容。

2）出库流量约束：

$$Q_{\mathrm{Rcmin}}(m,t)\leqslant Q_{\mathrm{Rc}}(m,t)\leqslant Q_{\mathrm{Rcmax}}(m,t) \tag{13-11}$$

式中，$Q_{\mathrm{Rc}}(m,t)$ 为 m 水库 t 时刻的出库流量；$Q_{\mathrm{Rcmin}}(m,t)$ 为最小出库流量，与水库最小

需供水量、防凌以及生态要求有关；$Q_{\mathrm{Rcmax}}(m,t)$ 为最大出库流量，与最大过机流量、防凌要求有关。

3）出力约束：

$$N_{\min}(m,t)\leqslant N(m,t)\leqslant N_{\max}(m,t) \tag{13-12}$$

式中，$N(m,t)$ 为 m 水库 t 时刻的出力；$N_{\min}(m,t)$ 为机组最小出力；$N_{\max}(m,t)$ 为装机容量。

4）防凌约束：

$$Q_{\mathrm{Fmin}}(m,t)\leqslant Q_{\mathrm{Rc}}(m,t)\leqslant Q_{\mathrm{Fmax}}(m,t) \tag{13-13}$$

式中，$Q_{\mathrm{Fmin}}(m,t)$ 为 m 水库 t 时刻（凌汛期）的最小出库流量；$Q_{\mathrm{Fmax}}(m,t)$ 为 m 水库 t 时刻（凌汛期）的最大出库流量，防凌约束主要针对刘家峡水库和小浪底水库。

5）引提水量约束：

$$Q_{\mathrm{D}}(n,t)\leqslant Q_{\mathrm{Dmax}}(n,t) \tag{13-14}$$

式中，$Q_{\mathrm{D}}(n,t)$ 为第 n 个计算单元 t 时刻的引提水量；$Q_{\mathrm{Dmax}}(n,t)$ 表示第 n 个计算单元 t 时刻的最大引提水能力。

（3）地下水埋深约束

$$G_{\mathrm{Lmin}}(n,t)\leqslant G_{\mathrm{L}}(n,t)\leqslant G_{\mathrm{Lmax}}(n,t) \tag{13-15}$$

式中，$G_{\mathrm{L}}(n,t)$ 为第 n 个计算单元 t 时刻的地下水埋深；$G_{\mathrm{Lmin}}(n,t)$ 为第 n 个计算单元 t 时刻的最浅地下水埋深；$G_{\mathrm{Lmax}}(n,t)$ 为第 n 个计算单元 t 时刻的最深地下水埋深。

（4）河湖最小生态需水约束

$$Q_{\mathrm{Emin}}(k,t)\leqslant Q_{\mathrm{E}}(k,t) \tag{13-16}$$

式中，$Q_{\mathrm{E}}(k,t)$、$Q_{\mathrm{Emin}}(k,t)$ 分别为第 k 断面 t 时刻河道实际流量和最小流量，最小流量需求根据防断流、生态、水质等要求综合分析确定。

13.7.4 网络模拟

水资源供需网络模拟模型在计算中运用运筹学中最小费用最大流算法求解网络模型，它的前提条件之一是网络中各条连线上的费用必须在求解之前给定。经过网络构造后，采用供水规则代表多主体需水及水库蓄水的概念连线上的费用，水资源供需模拟问题转化为在各边给定一定容量（或过流能力）和单位流量费用（优先规则）情况下，带有最大流量和最小费用两个目标的网络模型，其平衡计算以运筹学中的最小费用最大流算法为基础。水平衡计算是单时段全流域同时进行，根据给定的运行规则（用优先序表示）逐次增加有关连线水量直至得出最后解。水资源供需网络模拟模型计算流程见图 13-13。

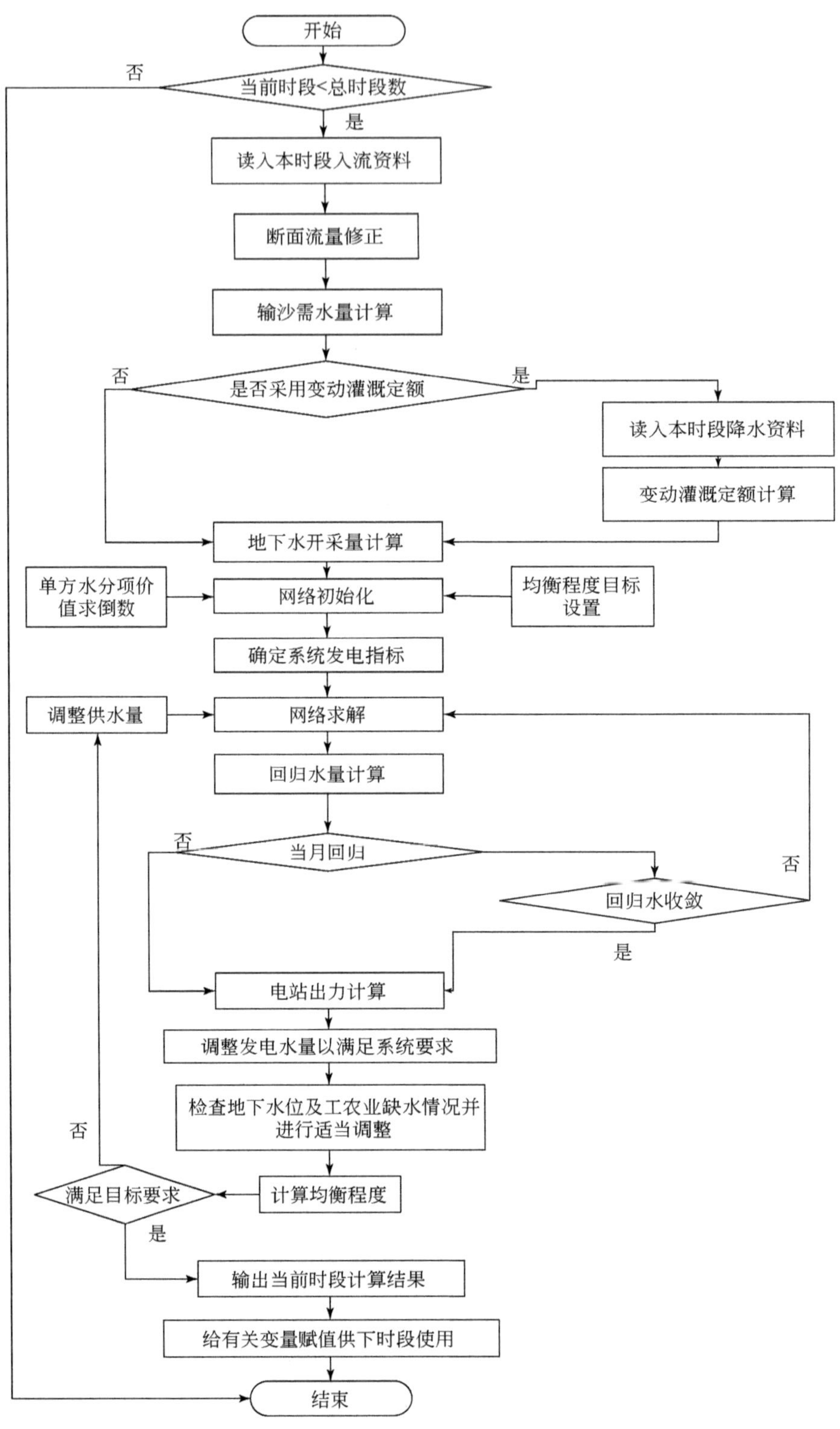

图 13-13　水资源供需网络模拟模型计算流程

13.8 供水规则优化模型

利用外部模型输入不同方案的水资源综合价值、均衡参数、用水公平协调性，计算用水福利，将用水福利作为优化过程中的适应度，采用基于精英策略和线性约束的改进遗传算法进行供水规则的优化及迭代，最终输出最佳动态均衡方案的供水规则。

13.8.1 目标函数及约束条件

（1）目标函数

水资源均衡优化配置模块的目标函数为

$$\max\{F(x)\}=\max\{F_{\mathrm{V}}^{\alpha}(x_{i,k},x_{\mathrm{EF}})F_{\mathrm{E}}^{1-\alpha}(x_{i,k},x_{\mathrm{EF}})\} \tag{13-17}$$

式中，$x_{i,k}$是第 k 个分区第 i 个行业的供水量，$i=1\sim6$，$k=1\sim9$；x_{EF}是河道内生态供水量。

（2）主要约束条件

1）供需关系约束。供水量不应低于刚性需水，不应高于刚性需水、刚弹性需水和弹性需水之和：

$$D_{\mathrm{RI},i,k}\leqslant x_{i,k}\leqslant D_{\mathrm{RI},i,k}+D_{\mathrm{RE},i,k}+D_{\mathrm{EL},i,k} \tag{13-18}$$

$$D_{\mathrm{EFRI}}\leqslant x_{\mathrm{EF}}\leqslant D_{\mathrm{EFRI}}+D_{\mathrm{EFRE}}+D_{\mathrm{EFEL}} \tag{13-19}$$

式中，$D_{\mathrm{RI},i,k}$、$D_{\mathrm{RE},i,k}$、$D_{\mathrm{EL},i,k}$分别是第 k 个分区第 i 个行业的刚性需水量、刚弹性需水量、弹性需水量；D_{EFRI}、D_{EFRE}、D_{EFEL}分别是黄河河道内生态的刚性需水量、刚弹性需水量、弹性需水量。

2）河段水量平衡约束。

$$Q_{\mathrm{IS},k+1}=Q_{\mathrm{IS},k}+Q_{\mathrm{LS},k}+Q_{\mathrm{LG},k}-\sum_{i=1}^{6}x_{i,k}\beta_{i,k} \tag{13-20}$$

式中，$Q_{\mathrm{IS},k}$是第 k 个分区所在河段的入流量；$Q_{\mathrm{LS},k}$是第 k 个分区的地表水产水量；$Q_{\mathrm{LG},k}$是第 k 个分区的地下水可开采量；$\beta_{i,k}$是第 k 个分区第 i 个行业的耗水系数。

3）分区入流断面水量约束。

$$Q_{\mathrm{IS},k}\geqslant\max(\theta_{\mathrm{EF},k}D_{\mathrm{EF},k},\theta_{\mathrm{ST},k}D_{\mathrm{ST},k},\theta_{\mathrm{WP},k}D_{\mathrm{WP},k}) \tag{13-21}$$

式中，$D_{\mathrm{EF},k}$、$D_{\mathrm{ST},k}$和 $D_{\mathrm{WP},k}$分别是第 k 个分区入流断面的河道内生态需水量、输沙需水量和水质净化需水量；$\theta_{\mathrm{EF},k}$、$\theta_{\mathrm{ST},k}$和 $\theta_{\mathrm{WP},k}$分别是 $D_{\mathrm{EF},k}$、$D_{\mathrm{ST},k}$和 $D_{\mathrm{WP},k}$的折减系数，取值范围均为 0～1，水量充足时取值为 1，刚性需水无法完全满足时进行折减。

（3）求解方法

将各分区各行业的供水量及河道内关键断面的水量作为求解变量，采用基于精英策略和线性约束的改进遗传算法进行迭代求解。

13.8.2 求解方法设计

通过将水资源综合价值和用水公平协调性两个主要目标进行整合，形成了求解流域福利函数最大的单目标问题，将各分区各行业的供水量及河道内关键断面的水量作为求解变量（每一组解即为种群中的一个个体），采用基于精英策略和线性约束的改进遗传算法进行迭代求解。供水规则优化模型计算流程见图 13-14。

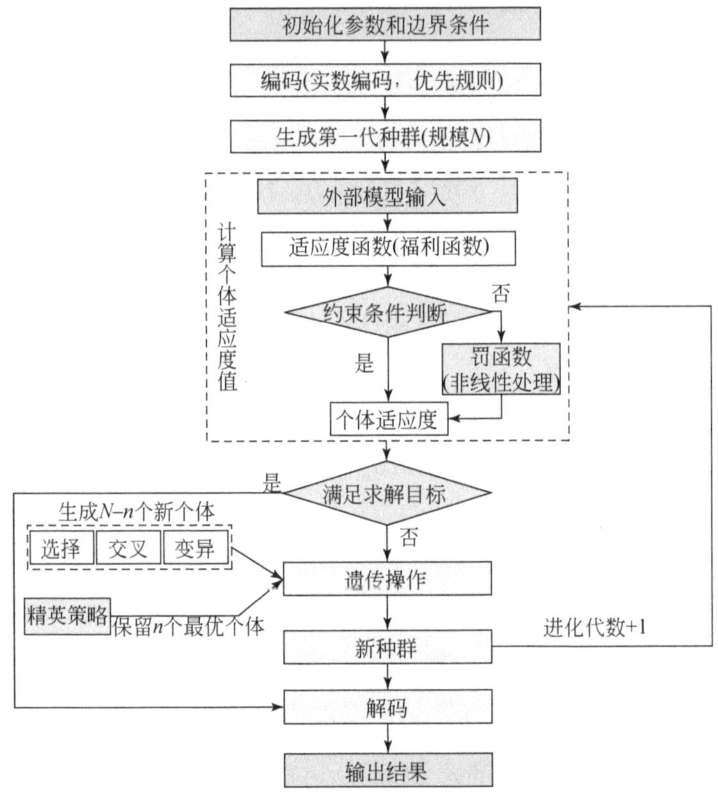

图 13-14 供水规则优化模型计算流程

1）编码。在使用遗传算法求解实际问题时，编码是首要解决的问题。编码在很大程度上决定了遗传算法运算的效率，良好的编码方法才能使得交叉、变异等遗传操作高效地执行和实现；不好的编码方法容易造成遗传运算很难实现，影响算法的运算效率，甚至产生很多无效解。实数编码具有精度高、较大搜索空间、可以处理决策变量的相对复杂的约束条件等优点，适用于本次算法设计。采用实数编码，令各分区各行业的供水优先规则构成种群中每个个体的基因序列。

2）生成第一代种群。种群规模的设定影响了遗传算法的最终结果及执行效率，若种群规模太小，算法的优化性能可能不会太好；若种群规模太大，种群多样性增加，虽能够使遗传算法陷入局部最优的机会减少，但会使计算的复杂度增加。基于求解问题的复杂性合理设置第一代种群规模为 N。

3）个体适应度计算。遗传算法在运算过程中用适应度函数来评价个体优劣，适应度函数的设计对遗传算法的性能有着重要的影响。适应度函数设计需要满足单值、连续、非负、计算量小、通用性强等条件。基于流域水资源供需部门的多样性及河道水流联系物理过程的复杂性，本次优化算法将流域水资源供需网络分析模型嵌套入适应度计算。由于计算过程中存在非线性问题，需要进行非线性约束条件处理。

4）非线性约束条件处理。对于线性优化问题（目标函数和约束条件均为线性），单纯形法已经非常成熟，而对于非线性优化问题（目标函数或约束条件不全为线性），目前不存在万无一失的解决方法。处理思路为：对不在解空间中的解个体，计算其适应度时，添加一个罚系数，从而降低该个体适应度，使该个体被遗传到下一代群体中的机会大大减少。

5）目标判断。当种群满足求解目标时，进行步骤8），否则进行步骤6）的遗传操作。

6）遗传操作，即通过选择、交叉与变异操作生成下一代种群。①选择。选择操作是建立对个体的适应度进行评价的基础之上的，目的是使性能较高的个体以较大的概率保存下来，从而使种群以最快的速度收敛于全局最优。最常用的选择方法是排序选择，即指定选择的个体数量 M，对父代种群的个体进行排序后，直接选择前 M 个最优的个体进入下一代。②交叉。交叉运算是遗传算法区别于其他进化算法的重要特征，它是指对两个相互配对的染色体按某种方式相互交换其部分基因而形成两个新的个体，即父代种群中的部分个体通过交换彼此的一部分生成子代种群的部分个体。交叉运算在遗传算法中起到了关键作用，是产生新个体的主要方法。编码方式的对交叉方式的影响比较大，一般而言，不同的编码方式其交叉方式不同。例如，对二进制编码和格雷码而言，交叉运算一般可分为一点交叉、两点交叉、多点交叉、一致交叉；实数编码的交叉又称为重组，主要包括离散重组、中间重组、线性重组和扩展线性重组；序列编码的交叉又称重排列方式，包括部分匹配交叉、循环交叉和次序交叉。③变异。变异操作是指将个体染色体编码串中的某些基因座上的基因值用该基因座的其他等位基因来替换，从而形成一个新的个体，即父代种群的部分个体通过特定方法改变自身的一部分生成子代种群的部分个体。有效基因的缺损会导致算法早熟收敛，即通过遗传算法所产生的后代的适应度值几乎不再进化且没有达到最优，变异操作在一定程度上克服了这种情况的发生，有利于增加种群的多样性。交叉操作是产生新个体的主要方法，它决定了遗传算法的全局搜索能力，而变异操作只是产生新个体的辅助方法，但它也是遗传算法中必不可少的一个步骤，因为它决定了遗传算法的局部搜索能力。交叉运算与变异运算操作相互配合，共同完成对搜索空间的全局搜索和局部搜索，从而使遗传算法能够以良好的搜索性能完成最优化问题的寻优过程。按种群个体的不同编码方式，变异主要可以分为二进制变异、实数变异和序号变异。④精英策略。精英个体是种群进化到当前为止遗传算法搜索到的适应度值最高的个体，它具有最好的基因结构和优良特性。采用精英保留的优点是，遗传算法在进化过程中，迄今出现的最优个体不会被选择、交叉和变异操作所丢失与破坏。精英策略的加入对改进标准遗传算法的全局收敛能力产生了重大作用。

7）迭代计算。将步骤6）生成的新一代种群代入步骤3）～5)，如果满足求解目标则进入步骤8)，否则继续返回步骤6)。

8）对满足求解目标的种群进行解码操作，得到满足全局极大值的优化结果。

13.8.3 算法稳定性检验

以综合价值（这里综合价值计算结果仅为弹性及刚弹性用水的价值，后文意义相同）为目标，选取种群规模3000个个体（其中精英个体200个)，进化4000代。数值计算中优化算法的进化过程见图13-15。从图13-15中可以看出，随着迭代次数的增加，种群向综合价值最大的方向进化，在进化500代后，综合价值的最大取值基本趋于稳定，实现了优化算法的全局极大值求解。

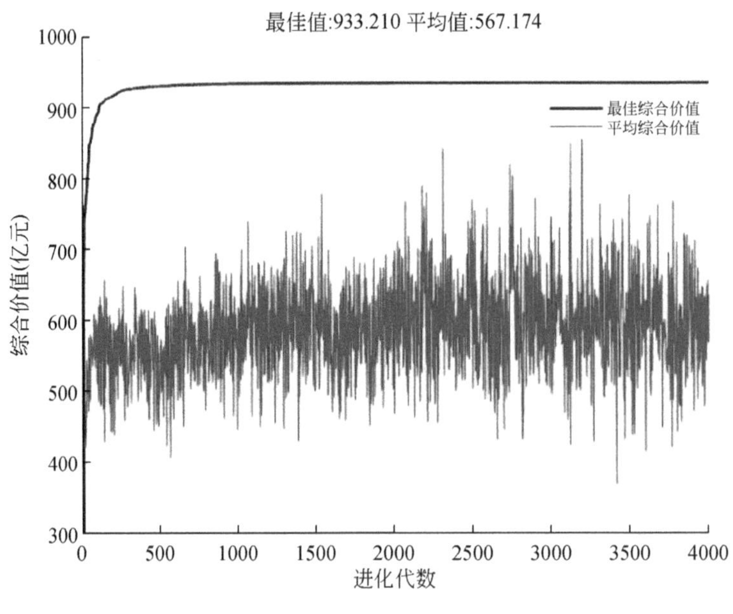

图13-15　综合价值寻优过程

以公平协调度为目标，选取种群规模3000个个体（其中精英个体200个)，迭代4000次。数值计算中优化算法的进化过程见图13-16。从图13-16中可以看出，随着迭代次数的增加，种群向公平协调度最优的方向进化，在进化 300 代后，公平协调度的最优取值基本趋于稳定，实现了优化算法的全局极大值求解。

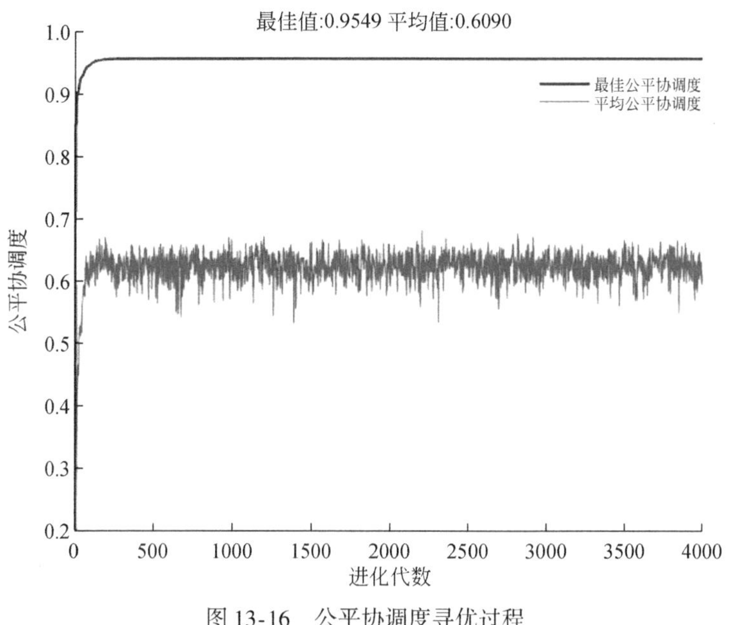

图 13-16 公平协调度寻优过程

以福利函数为目标（均衡参数 $\alpha=0.5$），选取种群规模 3000 个个体（其中精英个体 200 个），迭代 4000 次。数值计算中优化算法的进化过程见图 13-17。从图 13-17 中可以看出，随着迭代次数的增加，种群向公平协调度最优的方向进化，在进化 300 代后，福利函数取值基本趋于稳定，实现了优化算法的全局极大值求解。

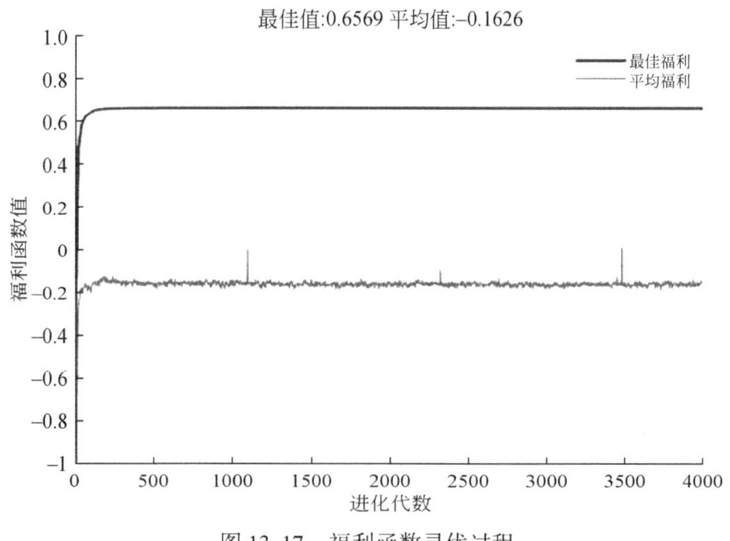

图 13-17 福利函数寻优过程

通过测试可知，采用的优化方法适合所构建的均衡配置模型求解，一般在进化500代后可得到较满意的全局极大值。

用水效率与公平的变化。随着福利函数中均衡参数 α 从0（公平优先）逐渐增加到1（价值优先），黄河流域内整体刚弹性及弹性用水的综合价值呈现出持续增加的趋势，而用水公平协调度则随着效率的提升而递减，见图13-18。

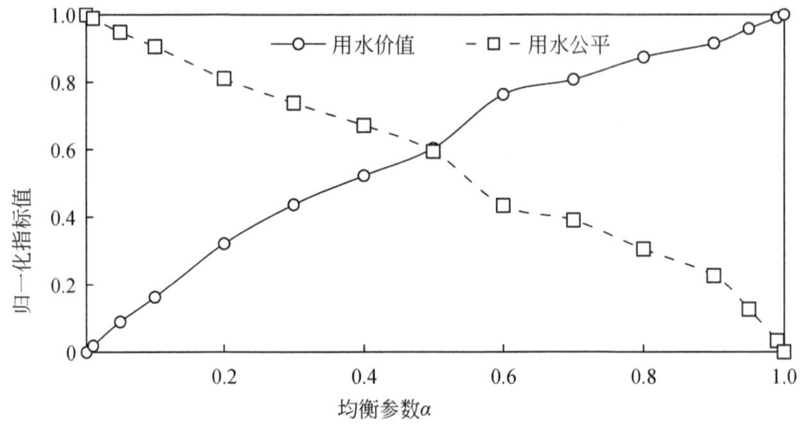

图13-18　不同均衡参数下黄河流域用水效率及公平的变化

第三篇

变化环境下黄河分水方案优化研究

第14章　黄河流域水资源调控策略

从自然和社会两个方面，研究影响流域水资源供需共同因子。从非常规水源挖潜、输沙水量动态优化和水库及外调水工程等几个方面，提出流域供给侧策略；从人口及经济合理增长、产业用水结构调整、深度节水等几个方面，提出流域需水侧策略。研究了供需双侧联动分析。

14.1　影响流域水资源供需共同因子分析

影响供水系统的驱动因素包括地表水工程、输沙水量变化、地下水可开采量、废污水排放量、水利投资、水价等。影响需水系统的驱动因素包括人口规模、GDP、产业结构、灌溉面积、水价、用水效率、纳污能力等。通过对黄河流域水资源供需的驱动因素分析，识别出黄河流域影响水资源供需的共同因子包括自然和社会两个方面。自然因子包括降水、来沙、纳污能力等；社会因子包括GDP、水价、再生水回用等。黄河流域影响水资源供需的共同因子分析过程见图14-1。

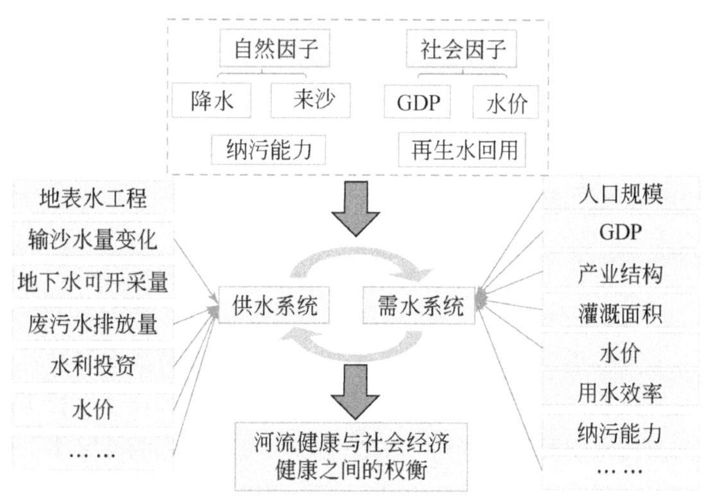

图14-1　黄河流域影响水资源供需的共同因子分析

随着中游来沙量从4亿t增加到8亿t，河道内需水量逐渐增加，相应地河道外供水量逐渐降低，来沙量是影响流域水资源供需的共同因子。黄河流域中游来沙量对水资源供需双侧的影响见图 14-2。

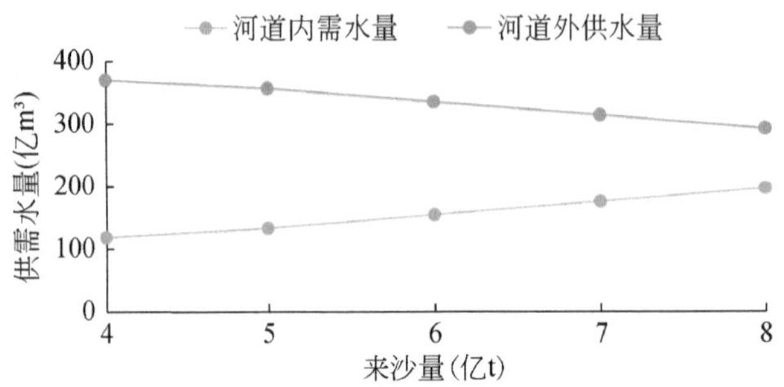

图 14-2　黄河流域中游来沙量对水资源供需双侧的影响

随着降水量的增加，天然径流量逐渐增加，农田灌溉需水量逐渐减少，总需水量也逐渐减少，降水是影响流域水资源供需的共同因子。黄河流域降水量对水资源供需双侧的影响见图 14-3。

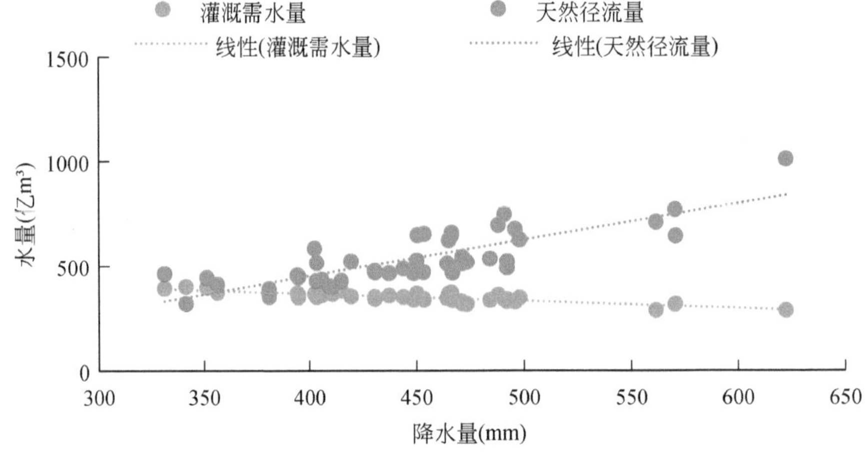

图 14-3　黄河流域降水量对水资源供需双侧的影响

从供给侧研究非常规水源挖潜、输沙水量动态优化、新增水库及外调水工程等调控措施；从需求侧研究高效节水技术、调整产业结构、人口及经济合理增长等调控措施。研究共同因子作用下的流域水资源供需形势，构建流域水资源调控的方案集。重点针对南水北调西线生效前，基于供需双侧联动分析方法，深化研究影响供给侧、需求侧的潜在调控措施，构建水资源调控方案集。流域水资源供需双侧调控策略见图 14-4。

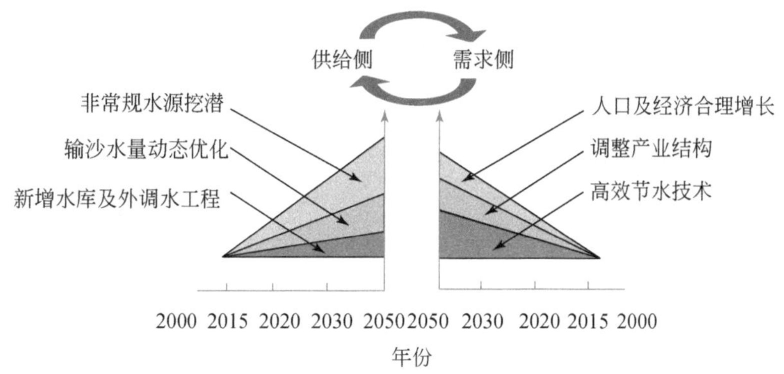

图 14-4　流域水资源供需双侧调控策略

14.2　流域供给侧策略研究

14.2.1　非常规水源挖潜

1. 非常规水源利用现状分析

黄河流域可供利用的非常规水源包括再生水、雨水、矿井水等非常规水源，非常规水源利用可在一定程度上缓解黄河流域某些地区水资源紧缺局面。近年来，黄河流域内各省（自治区）不断增加污水再生利用，由 2014 年的 6.68 亿 m^3 逐年提高至 10.01 亿 m^3，详见表 14-1；流域内雨水利用量也呈逐年提高的趋势，由 2014 年的 1.06 亿 m^3 逐年提高至 3.95 亿 m^3，详见表 14-2。根据国家对污水处理再利用、雨水利用与矿井水利用的要求，结合黄河实际及规划情况，对再生水可供水量、雨水可供水量和矿井水可供水量进行分析及预测。

表 14-1　黄河流域内各省（自治区）近年来再生水利用量　（单位：亿 m^3）

省（自治区）	2014 年	2015 年	2016 年	2017 年	2018 年
青海	0.01	0.03	0.03	0.08	0.11
四川	0	0	0	0	0
甘肃	0.10	0.10	0.17	0.39	0.52
宁夏	0.17	0.19	0.22	0.24	0.28
内蒙古	1.94	1.79	2.30	2.42	2.66

续表

省（自治区）	2014 年	2015 年	2016 年	2017 年	2018 年
陕西	1.23	1.66	1.90	2.09	2.43
山西	1.27	1.55	1.45	1.74	1.59
河南	0.32	0.32	0.38	0.83	0.95
山东	1.64	1.39	1.40	1.41	1.47
流域内	6.68	7.03	7.85	9.20	10.01

表 14-2　黄河流域内各省（自治区）近年来雨水利用量　（单位：亿 m^3）

省（自治区）	2014 年	2015 年	2016 年	2017 年	2018 年
青海	0.04	0	0	0	0
四川	0	0	0	0	0
甘肃	0.63	0.64	1.56	1.94	1.73
宁夏	0	0	0	0	0
内蒙古	0	0.04	0.04	0.02	0.01
陕西	0.08	0.08	0.09	0.14	0.15
山西	0	0.49	1.52	1.21	1.46
河南	0.10	0.19	0.13	0.15	0.19
山东	0.21	0.27	0.29	0.48	0.41
流域内	1.06	1.71	3.63	3.94	3.95

2. 再生水可供水量分析

从污水排放与收集、污水处理等环节对黄河流域再生水可供水量进行分析。

（1）污水排放与收集

规划水平年根据环境保护要求，加大再生水利用力度。根据《城市排水工程规划规范》（GB 50318—2017），考虑规划年企业污水自行处理能力的加大、与耗水比例增加所影响行业污水排放系数的降低，本次城镇生活污水排放系数采用 0.5 ~ 0.6，第三产业污水排放系数取 0.45 ~ 0.5，建筑业污水排放系数取 0.4，一般工业污水排放系数取 0.1 ~ 0.15，火电行业污水零排放。本次研究分析 2030 年污水收集率为 100%，并考虑 8% ~ 10% 的收集损失。

（2）污水处理

参考相关规划并借鉴国内外先进地区污水处理经验，未来将加大流域各地市污水处理设施及配套管网、农村集镇污水处理厂、中水回用工程建设，因地制宜推进雨污分流制管网建设。同时，结合《重点流域水污染防治规划（2016—2020 年）》要求，在继续大力加强城镇污水处理厂提标的基础上，通过优化工业空间布局、完善工业园区污水集中处理设施、提升工业清洁生产水平、优化城镇建设空间布局等方式，提高污水收集、处理以及中水回用的效率，2030 年城市污水集中处理率须分别达到 90%，流域内污水处理厂处理损失率按 20% 考虑。

（3）再生水可供水量分析计算

考虑耗水系数后分析规划期主要废污水排放量，结合规划期污水管网配套改造以及污水处理厂建设规划，拟定废污水收集率、污水处理厂和再生水厂自用损失，分析再生水可利用量。再生水可利用量计算公式为

$$W_R = \sum_{i=1}^{m} \sum_{j=1}^{n} D_{i,j} \times (1-\alpha_{i,j}) \times (1-\eta_i) \times (1-A_i) \times (1-B_i) \tag{14-1}$$

式中，W_R为再生水可利用量；$D_{i,j}$为第 i 分区（$i=1\sim m$）、第 j 类用户（$j=1\sim n$）的需求，用户类别主要包括城镇生活、城镇公共和一般工业；$\alpha_{i,j}$为第 i 分区、第 j 类用户的耗水系数；η_i 为第 i 分区的管网漏损率；A_i 为污水处理厂自用损失；B_i 为再生水厂自用损失。计算再生水可利用量后，根据工业项目、生态环境等用户对再生水利用水量、水质需求以及范围要求，落实再生水的利用数量和用途，作为区域再生水可供水量。

结合相关国家与流域规划、《中国中水回用行业发展趋势及前景规划分析报告 2019—2024 年》对黄河流域中水回用率进行分析。《水污染防治行动计划》要求 2020 年缺水城市再生水利用率达到 20% 以上；本研究再生水利用率 2030 年按 30%~35% 考虑。基于 2030 年需水方案下各行业需水预测结果，按污水排放系数、污水收集系数、污水处理损失率、再生水利用率等计算黄河流域 2030 年再生水可供水量为 18.48 亿 m^3，详见表 14-3。

表 14-3　黄河流域 2030 年再生水可供量　（单位：亿 m^3）

年份	青海	四川	甘肃	宁夏	内蒙古	陕西	山西	河南	山东	合计
现状年	0.11	0	0.52	0.28	2.66	2.43	1.59	0.95	1.47	10.01
2030 年	0.44	0	2.42	1.10	3.61	4.18	3.31	1.94	1.48	18.48

3. 雨水可供水量分析

《国务院办公厅关于推进海绵城市建设的指导意见》明确，通过海绵城市建设，综合采取“渗、滞、蓄、净、用、排”等措施，最大限度地减少城市开发建设对生态环境的影响，将 70% 的降雨就地消纳和利用。到 2030 年，城市建成区 80% 以上的面积达到目标

要求。

2030 年考虑城市建成区 80% 以上的面积达到目标要求，结合区域水资源规划成果，降雨综合转化系数取 0.2，2030 年黄河流域雨水可供水量达到 4.20 亿 m^3，详见表 14-4。

表 14-4　黄河流域 2030 年集雨工程雨水可供水量分析

省（自治区）	建成区面积（km^2）	海绵城市面积（km^2）	（1956～2016 年系列）降水量（mm）	降雨转化系数	雨水可供水量（亿 m^3）
青海	199	159	472.2	0.05	0.04
四川	—	—	644.7	—	0
甘肃	486	389	467.5	0.45	0.82
宁夏	444	355	289.8	0.05	0.05
内蒙古	750	600	271.6	0.10	0.16
陕西	2240	1791	529.1	0.08	0.76
山西	672	538	524.2	0.44	1.24
河南	552	442	634.9	0.20	0.56
山东	420	336	683.7	0.25	0.57
合计	5763	4610	452.2	0.20	4.20

4. 矿井水可供水量分析

煤炭开采过程中会产生大量的矿井水，黄河流域的矿井水主要分布在煤炭资源丰富的甘肃、宁夏、内蒙古、陕西、山西五省（自治区）。

据统计，2016 年全国原煤产量 34.1 亿 t，其中黄河流域原煤产量约 25 亿 t。黄河流域内煤炭资源主要分布在上中游地区的甘肃、宁夏、内蒙古、陕西、山西五省（自治区），现状流域内五省（自治区）原煤总产量为 23.1 亿 t，其中宁东、神东、陕北、黄陇、晋北、晋中、晋东 7 个煤炭基地现状年原煤生产量达 18.89 亿 t，见表 14-5。

表 14-5　黄河流域上中游地区煤炭基地现状年原煤生产情况　（单位：亿 t）

煤炭基地	矿区	产量	备注
宁东	石嘴山、石炭井、灵武、鸳鸯湖、横城、韦州、马家滩、积家井、萌城	0.71	—
神东	神东、万利、准格尔、包头、乌海、府谷	10.55	内蒙古 8.45；陕西 2.10
陕北	榆神、榆横	1.83	—
黄陇	彬长（含永陇）、黄陵、旬耀、铜川、蒲白、澄合、韩城、华亭	1.54	陕西 1.24；甘肃 0.30
晋北	河保偏、岚县	0.54	—

续表

煤炭基地	矿区	产量	备注
晋中	西山、东山、汾西、霍州、离柳、乡宁、霍东、石隰	2.67	—
晋东	晋城	1.05	—
合计		18.89	—

近年来黄河流域上中游煤炭基地的原煤开采保持高速增长态势。根据有关学者及机构研究成果，受世界经济低迷、需求放缓、能源结构调整，以及前期高强度投资所形成的产能集中释放等因素影响，全球能源矿产供应总体过剩，综合考虑国家供给侧结构性改革以及“去产能”倒逼煤炭产业结构调整等影响，我国能源消费较长时间内仍以煤炭为主，且黄河上中游地区又分布着众多国家能源基地，能源矿产开发规模仍缓慢增长。根据《2050年世界与中国能源展望》（2018 年版）和《BP 2035 世界能源展望》（中文版），全球煤炭需求在 2030 年前后达到峰值，之后煤炭需求将以年均约 1% 的速度逐年下降。

根据沿黄各省（自治区）矿产资源开发布局，按照全国 14 个亿吨级大型煤炭基地划分，预测黄河流域包括神东、陕北、宁东、黄陇、晋北、晋中、晋东 7 个煤炭基地的煤炭开采规模，2030 年黄河上中游地区煤炭基地煤炭开采规模为 21.74 亿 t，年均增长率为 1.01%。黄河流域上中游煤炭基地煤炭开采量及矿井水可供水量预测见表 14-6。

表 14-6　黄河流域上中游煤炭基地煤炭开采量及矿井水可供水量预测

煤炭基地	现状年	2030 年		省（自治区）（亿 m^3）
	产量（亿 t）	产量（亿 t）	矿井水可供水量（亿 m^3）	
神东	10.55	11.47	1.60	内蒙古 1.28，陕西 0.32
陕北	1.83	2.55	0.36	陕西
宁东	0.71	0.98	0.14	宁夏
黄陇	1.54	2.00	0.28	陕西 0.23，甘肃 0.05
晋北	0.54	0.60	0.08	山西
晋中	2.67	2.97	0.42	山西
晋东	1.05	1.17	0.17	山西
合计	18.89	21.74	3.05	

经调查分析，不同矿区的吨煤排水系数千差万别，即便是同一个矿区不同矿的排水系数也可能不同。以鄂尔多斯煤电基地为例，鄂尔多斯是我国煤炭主要资源地和生产基地，全市 8.7 万 km^2 的土地上，含煤面积约占 70%，全市探明煤炭资源储量 1930 亿 t，占内蒙古的 1/2，全国的 1/6。根据典型矿井调查、批复煤矿水资源论证成果及矿区规划批复矿井产量及排水量，综合确定各矿区排水系数。经分析，桌子山、上海庙、呼吉尔特、纳林

河4个矿区矿井水相对丰富，矿井水排水系数在0.35～0.41；高头窑、神东、万利、准格尔等其他矿区矿井水相对较少，矿井水排水系数仅在0.03～0.21。

本次预测矿坑水回用量采用原煤产量乘以吨煤产水系数再乘以矿坑水回用率的方法进行测算。2030年吨煤综合排水系数取0.175，矿井水回用率为80%，估算2030年黄河流域上中游地区矿井水回用量为3.05亿m^3，其中甘肃、宁夏、内蒙古、山西和陕西分别为0.05亿m^3、0.14亿m^3、1.28亿m^3、0.67亿m^3和0.91亿m^3。

5. 非常规水源可挖潜总量

综上所述，预测2030年黄河流域非常规水资源可供水量为25.73亿m^3，其中再生水、雨水、矿井水分别占72%、16%、12%。从各省（自治区）来看，陕西、山西、内蒙古非常规水源可供水量较大，分别为5.85亿m^3、5.22亿m^3、5.05亿m^3，占总量的63%，详见表14-7。

表14-7 黄河流域2030年非常规水源可供水量 （单位：亿m^3）

非常规水源	青海	四川	甘肃	宁夏	内蒙古	陕西	山西	河南	山东	流域合计
再生水	0.44	0	2.42	1.10	3.61	4.18	3.31	1.94	1.48	18.48
雨水	0.04	0	0.82	0.05	0.16	0.76	1.24	0.56	0.57	4.20
矿井水			0.05	0.14	1.28	0.91	0.67			3.05
合计	0.48	0	3.29	1.29	5.05	5.85	5.22	2.50	2.05	25.73

14.2.2 输沙水量动态优化

近年来，黄河来沙量明显减少，干流潼关站实测来沙量由1919～1975年系列的15.27亿t减少至2000～2018年系列的2.44亿t，减幅为84%。目前沙量大幅减少的主要原因为降水强度降低、过程均匀化及水利水保措施大量建设。①降水强度降低、过程均匀化是近期沙量减少的重要原因。黄河主要产沙区河口镇—龙门区间2000～2015年年均降水量与1954～1969年基本相当，但主要产沙期的7～8月降水量较1954～1969年减少10.3%，其中降水强度大于0.5mm/min和大于0.6mm/min降水量、降水笼罩面积减少更为明显，分别较1954～1969年减少23%～32%、34%～42%。②水利水保措施大量建设，水库、淤地坝等显著减少了入黄泥沙。中华人民共和国成立以来，黄土高原开展了大规模综合治理，特别是2000年以来，国家加大了水土流失治理力度，治理措施面积、骨干坝数量均较2000年以前增加了一倍。截至目前，水土保持措施累计保存面积达到24万km^2，占黄土高原水土流失总面积45.4万km^2的53%。根据其他研究成果，近期黄河流域水土保持措施年均减沙量

4.35 亿 t。

黄河百年实测水沙变化资料表明，受流域降水变化影响，黄河水沙年际变化大，枯水枯沙与丰水丰沙交替出现，丰枯段周期长短不一。基于黄河水沙变化周期性、库坝拦沙不可持续性，长远看黄河未来沙量仍会增加。综合黄河历史沙量演变规律、已有研究成果及现状基本共识，未来年入黄沙量将维持在 4 亿～8 亿 t。“八七”分水方案河道内配置 210 亿 m^3 水量是基于中游来沙 16 亿 t 的基本假设，因此在新的来沙情景下，充分考虑河道内生态环境需求后，输沙水量具有动态优化的调整空间。

当河道来沙阶段性偏少时，在保障河道内基本生态用水需求下，通过采用高效输沙方法，可以适当动态减少河道内汛期输沙用水，增加河道外供水。本研究采用高效动态输沙技术，计算了中游四站来沙 4 亿～8 亿 t 情景下，保障生态用水后，下游河道冲淤平衡或适当淤积的利津断面汛期输沙水量。鉴于小浪底水库运用的复杂性、输沙水量计算方法尚不完全成熟等，本研究以中游来沙 6 亿 t 为代表，提高河道内非汛期生态用水至 60 亿 m^3，通过采用高效输沙模式，河道内汛期输沙用水减少至 97.15 亿 m^3，河道内生态环境用水减少为 157.15 亿 m^3，较 490.04 亿 m^3 天然径流条件下河道内应分配水量 177.43 亿 m^3（其中汛期输沙用水 127.43 亿 m^3，非汛期生态用水 50 亿 m^3），即可节省出约 20.28 亿 m^3 水量用于河道外分配。本研究河道内调减水量考虑了 20.3 亿 m^3 和 10 亿 m^3 两种情景。

14.2.3 水库及外调水工程

进一步完善黄河流域水沙调控工程体系及跨流域调水是解决黄河水资源供需矛盾、支撑流域生态保护和高质量发展的需要。现状黄河干支流考虑龙羊峡、刘家峡、海勃湾、万家寨、三门峡、小浪底等大中型水利枢纽工程及南水北调东线一期、引乾济石、引红济石等调水工程。规划年考虑古贤水利枢纽，充分发挥干流骨干水利枢纽的综合效益，增强径流调节能力，提高枯水年份供水保障程度；调水工程考虑南水北调西线工程、引汉济渭工程等大型跨流域调水工程。

14.3 流域需求侧策略研究

14.3.1 人口及经济合理增长

依据各省（自治区）建制市城市统计年鉴及相关统计资料，调查分析了建制市现状年的人口、工业增加值等经济社会指标及生态环境指标；参考相关省（自治区）新型城镇化规划、城市总体规划等，结合《全国主体功能区规划》、《国家新型城镇化规划（2014—2020年)》、《全国国土规划纲要（2016—2030年)》、“一带一路”倡议、生态文明建设等相关要求以及各省（自治区）主体功能区规划、“十三五”经济社会发展规划以及融入“一带一路”发展实施方案等规划成果，按照国家“两个一百年”的发展目标，合理预测2030年黄河流域人口、经济与生态环境指标。

14.3.2 产业用水结构调整

经济增长所需的水资源一般可以通过三种途径加以解决：从源头或调水入手，将新增的水资源用来满足经济增长的用水需求；从提高水资源利用效率入手，将节省下来的水资源用来满足经济增长的用水需求；从调整产业结构入手，将单位产值需水多的产业的用水量转移到单位产值需水少的产业中，用来满足经济增长的水资源需求。

1. 建立用水量-效率-结构变化与GDP增量关系模型

按照以上三种经济增长所需的水资源来源途径，可以构造建立用水量-效率-结构变化与GDP增量关系模型。用 α_0 表示初始时段第一产业用水量占总用水量的份额，α_t 表示末时段第一产业用水量占总用水量的份额，$0<\alpha<1$；β_0 表示初始时段第二产业（不包括建筑业）用水量占总用水量的份额，β_t 表示末时段第二产业用水量占总用水量的份额，$0<\beta<1$；γ_0 表示初始时段第三产业（包括第三产业及建筑）用水量占总用水量的份额，γ_t 表示末时段第三产业（包括第三产业及建筑）用水量占总用水量的份额，$0<\gamma<1$，并有 $\alpha+\beta+\gamma=1$。这里以 $t=0$ 代表研究初始时段，$t\neq0$ 代表研究末时段。以 $Ⅰ_t$、$Ⅱ_t$、$Ⅲ_t$ 分别代表时段 t 第一产业、第二产业和第三产业单位水资源创造的GDP。此外，用 Q_t 表示时段 t 的总用水量，则时段 t 全部用水量所产生的GDP可以表示为 $Ⅰ_t\alpha_tQ_t+Ⅱ_t\beta_tQ_t+Ⅲ_t\gamma_tQ_t$。

从研究初始时段到研究末时段GDP增量 I_{GDP} 可以表示为

$$I_{\mathrm{GDP}}=(Ⅰ_t\alpha_tQ_t+Ⅱ_t\beta_tQ_t+Ⅲ_t\gamma_tQ_t)-(Ⅰ_0+\mathrm{d}Ⅰ\alpha_0Q_0+Ⅱ_0+\mathrm{d}Ⅱ\beta_0Q_0+Ⅲ_0+\mathrm{d}Ⅲ\gamma_0Q_0) \tag{14-2}$$

式中，α_t、β_t、γ_t 可以分解为 $\alpha_0+\mathrm{d}\alpha$、$\beta_0+\mathrm{d}\beta$ 及 $\gamma_0+\mathrm{d}\gamma$，其中 $\mathrm{d}\alpha$、$\mathrm{d}\beta$、$\mathrm{d}\gamma$ 分别表示从初始时段到末时段各产业用水量占总用水量份额的变化量——用水结构变化量，可将式（14-2）变形为

$$\begin{aligned} I_{\mathrm{GDP}}= & Ⅰ_t(\alpha_0+\mathrm{d}\alpha)Q_t+Ⅱ_t(\beta_0+\mathrm{d}\beta)Q_t+Ⅲ_t(\gamma_0+\mathrm{d}\gamma)Q_t \\ & -(Ⅰ_0\alpha_0Q_0+Ⅱ_0\beta_0Q_0+Ⅲ_0\gamma_0Q_0) \\ = & Ⅰ_t\alpha_0Q_t+Ⅰ_t\mathrm{d}\alpha Q_t+Ⅱ_t\beta_0Q_t+Ⅱ_t\mathrm{d}\beta Q_t+Ⅲ_t\gamma_0Q_t+Ⅲ_t\mathrm{d}\gamma Q_t \\ & -Ⅰ_0\alpha_0Q_0-Ⅱ_0\beta_0Q_0-Ⅲ_0\gamma_0Q_0 \end{aligned} \tag{14-3}$$

同理，将 $Ⅰ_t$、$Ⅱ_t$、$Ⅲ_t$ 分别分解为 $Ⅰ_0+\mathrm{d}Ⅰ$、$Ⅱ_0+\mathrm{d}Ⅱ$、$Ⅲ_0+\mathrm{d}Ⅲ$，其中 $\mathrm{d}Ⅰ$、$\mathrm{d}Ⅱ$、

$\mathrm{d}\,\mathit{III}$分别表示各产业单位水资源创造 GDP 的变化量，则式（14-3）继续变形为

$$
\begin{aligned}
I_{\mathrm{GDP}} = & \ \mathit{I}_0\alpha_0 Q_t+\mathrm{d}\,\mathit{I}\,\alpha_0 Q_t+\mathit{I}_t\,\mathrm{d}\alpha Q_t+\mathit{II}_0\beta_0 Q_t+\mathrm{d}\,\mathit{II}\beta_0 Q_t+\mathit{II}_t\,\mathrm{d}\beta Q_t \\
& +\mathit{III}_0\gamma_0 Q_t+\mathrm{d}\,\mathit{III}\gamma_0 Q_t+\mathit{III}_t\,\mathrm{d}\gamma Q_t-\mathit{I}_0\alpha_0 Q_0-\mathit{II}_0\beta_0 Q_0-\mathit{III}_0\gamma_0 Q_0 \\
= & \ \mathit{I}_0\alpha_0(Q_t-Q_0)+\mathit{II}_0\beta_0(Q_t-Q_0)+\mathit{III}_0\gamma_0(Q_t-Q_0) \\
& +\mathrm{d}\,\mathit{I}\alpha_0 Q_t+\mathrm{d}\,\mathit{II}\beta_0 Q_t+\mathrm{d}\,\mathit{III}\gamma_0 Q_t+\mathit{I}_t\,\mathrm{d}\alpha Q_t+\mathit{II}_t\,\mathrm{d}\beta Q_t+\mathit{III}_t\,\mathrm{d}\gamma Q_t
\end{aligned}
\tag{14-4}
$$

最后用用水量变化量 $\mathrm{d}Q$ 代替 Q_t-Q_0，则式（14-4）可以化简为

$$
\begin{aligned}
I_{\mathrm{GDP}} = & \ \mathit{I}_0\alpha_0\mathrm{d}Q+\mathit{II}_0\beta_0\mathrm{d}Q+\mathit{III}_0\gamma_0\mathrm{d}Q+\mathrm{d}\,\mathit{I}\,\alpha_0 Q_t+\mathrm{d}\,\mathit{II}\beta_0 Q_t \\
& +\mathrm{d}\,\mathit{III}\gamma_0 Q_t+\mathit{I}_t\,\mathrm{d}\alpha Q_t+\mathit{II}_t\,\mathrm{d}\beta Q_t+\mathit{III}_t\,\mathrm{d}\gamma Q_t
\end{aligned}
\tag{14-5}
$$

式中，$\mathit{I}_0\alpha_0\mathrm{d}Q+\mathit{II}_0\beta_0\mathrm{d}Q+\mathit{III}_0\gamma_0\mathrm{d}Q$ 为第一、第二、第三产业用水量增加所带来的 GDP 增量；$\mathrm{d}\,\mathit{I}\alpha_0 Q_t+\mathrm{d}\,\mathit{II}\beta_0 Q_t+\mathrm{d}\,\mathit{III}\gamma_0 Q_t$ 为第一、第二、第三产业用水效率提高所带来的 GDP 增量；$\mathit{I}_t\,\mathrm{d}\alpha Q_t+\mathit{II}_t\,\mathrm{d}\beta Q_t+\mathit{III}_t\,\mathrm{d}\gamma Q_t$ 为产业用水结构调整所带来的 GDP 增量。

2. 黄河流域经济增长所需水资源来源分析

采用用水量-效率-结构变化与 GDP 增量关系模型分析 1980 ~ 2018 年黄河流域的经济增长所需水资源来源贡献，见图 14-5。2005 ~ 2018 年黄河流域产值增长所需水资源量主要通过用水效率提高的途径，在用水量小幅增长的同时实现了国民经济的快速发展。由于节水潜力有限，在国内先进的水平上很难再大幅提升，在未来用水效率平稳提高的基础上，用水结构的合理调整将是增加黄河流域总产值、减少用水总量的主攻方向。

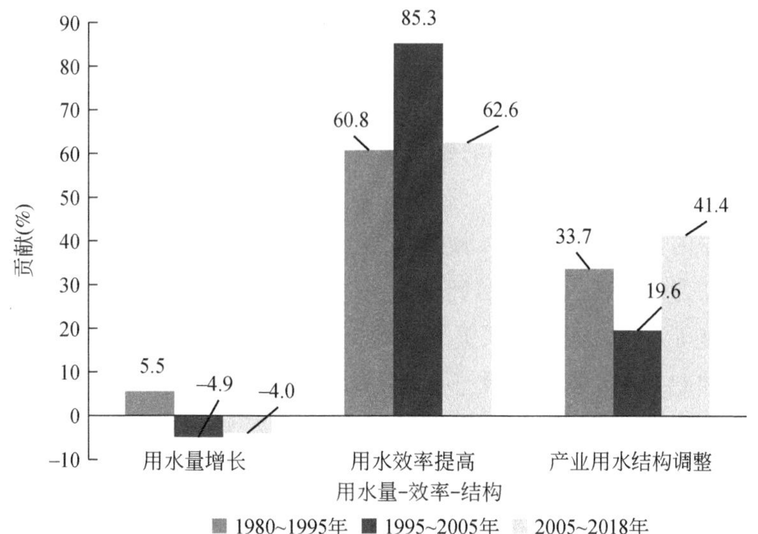

图 14-5　用水量-效率-结构变化对 GDP 增量的贡献

14.3.3 高效节水技术

节水技术主要通过采取工程和非工程措施等手段来提高用水效率。按行业分为农业节水、工业节水、生活节水等。黄河流域工农业用水水平较为先进，与国际先进水平相比，尚有一定的节水潜力。围绕农业、工业和城镇等重点领域节水和取、输、用、排水各环节，全面实施农业节水增效、工业节水减排、推进城镇节水减损等，充分挖掘黄河流域节水潜力，全面推进水资源高效利用。黄河流域节水策略见图 14-6。

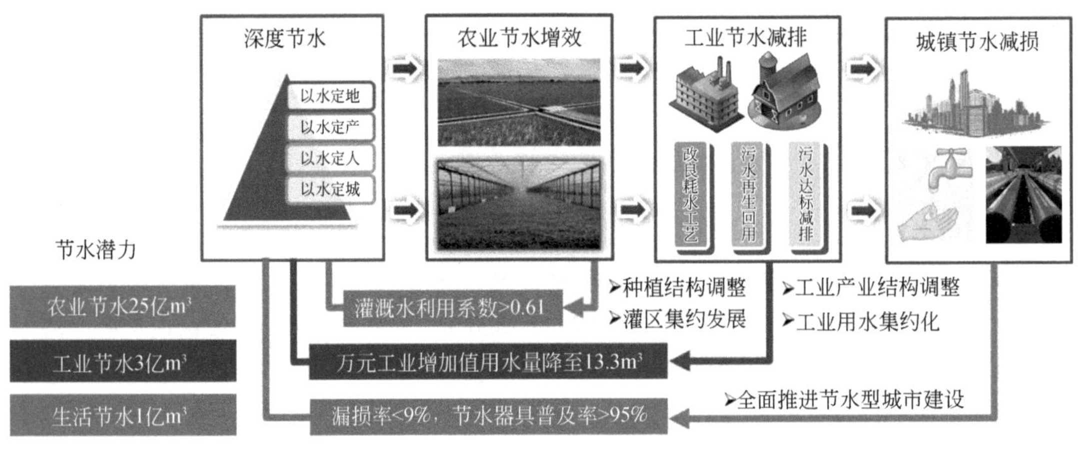

图 14-6　黄河流域节水策略示意

14.4 供需双侧联动分析

在水资源供需的共同因子分析、水资源供给侧策略研究、水资源需求侧策略研究的基础上，采用系统动力学方法，构建黄河流域整体水资源供需联动模型。通过分析社会经济、自然资源环境等系统之间的因果关系及其反馈机制，把组成系统的因素划分为状态变量、速率变量、辅助变量和常量变量等，利用软件绘制不同要素间因果闭合反馈关系图和系统流程图，综合考虑众多因子之间的相互关系建立仿真模型，对构建的模型进行精度验证并选出影响系统发展的关键变量，根据流域经济发展特点找出在现实经济发展中可以调控的变量，对关键变量中可调控因素进行调整，模拟流域社会经济发展与水资源利用之间的相互关系。通过模拟不同调控方案，对比分析模拟结果，找出提高流域水资源承载力的调控措施。

(1) 系统动力学方法和模型

本研究选用的是 Vensim PLE 版本，模型的时间范围确定为 2001 ~ 2050 年，初始时间为 2001 年，结束时间为 2050 年，时间步长为 1。

影响水资源供需联动的变量分析。黄河流域水资源供需联动模型模拟的是在一定时段内的可以利用的水量与流域用水量的发展变化情况，进而得出流域缺水率是如何变化的，当流域用水量小于可以利用的水量时，判断流域不缺水，当流域用水量大于可以利用的水量时，判断流域处于缺水状态。系统中选用若干变量，通过变量之间的关系反馈相互作用，因此变量的选择要具有较强的代表性，同时兼顾资料可获取性、完备性及其分类统计特征。变量类型分为常量（constant，C）、状态变量（level variable，L）、速率变量（rate variable，R）和辅助变量（auxiliary variable，A）等，本研究选取了人口、城镇化率、工业增加值、灌溉面积、地表水资源量、可以利用的水量、流域用水量等 47 个变量，详细见表 14-8。根据设定的各变量及变量之间的相互关系，构建黄河流域水资源供需联动模型，见图 14-7。

表 14-8　黄河流域水资源供需联动模型变量

变量名称	类型	变量名称	类型	变量名称	类型	变量名称	类型	变量名称	类型	变量名称	类型
总人口	A	农村人口流出量	A	地表水资源可利用量与地下水可开采量重复量	A	生活用水量	A	农业用水量	A	耕地面积增加率	A
城镇人口	L	农村人口增加率	R	地表水资源量	A	农村居民生活用水量	A	林牧渔畜用水量	A	河流生态环境需水量	A
农村人口	L	农村人口减少率	R	实测径流量	A	农村居民生活用水定额	A	农田灌溉用水量	A	汛期难以利用的洪水量和冲沙水量	C
出生率	A	农村人口入城率	A	还原水量	A	城镇综合生活用水量	A	灌溉面积	A	生态用水量	A
死亡率	C	城镇化率	A	地下水总补给量	A	城镇综合生活用水定额	A	亩均灌溉用水量	A	流域外用水量	A
城镇人口减少率	R	可以利用的水量	A	可开采系数	C	工业用水量	A	灌溉面积率	A	折算系数 K	A

续表

变量名称	类型	变量名称	类型	变量名称	类型	变量名称	类型	变量名称	类型	变量名称	类型
城镇人口增加率	R	地表水资源可利用量	A	降水量	A	工业增加值	A	耕地面积	L	水量要素承载状态值	A
城镇人口流入率	A	地下水可开采量	A	用水量	A	万元工业增加值用水量	A	耕地面积增加量	R		

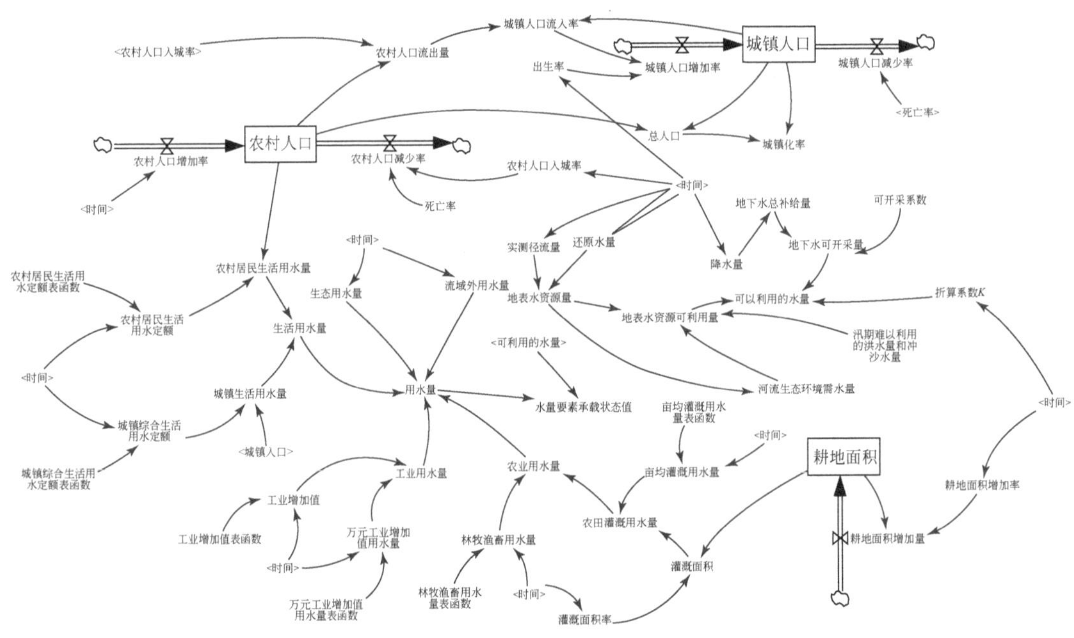

图 14-7　黄河流域水资源供需联动模型系统动力学图

构建状态、速率、辅助方程，确定模型参数。根据各变量之间的关系确定系统方程，此模型共有 24 个方程，其中 3 个状态方程，5 个速率方程，16 个辅助方程，还包括众多表函数、延迟函数、平滑函数和常数等。

1）状态方程。

城镇人口=INTEG(城镇人口增加率-城镇人口减少率,初始值)

农村人口=INTEG(农村人口增加率-农村人口减少率,初始值)

耕地面积=INTEG(耕地面积增加量,初始值)

2）速率方程。

城镇人口增加率=出生率+城镇人口流入率

城镇人口减少率=死亡率

农村人口增加率=出生率

农村人口减少率=农村人口入城率+死亡率

耕地面积增加量=耕地面积×耕地面积增加率/(1+耕地面积增加率)

3) 辅助方程。

总人口=城镇人口+农村人口

城镇化率=城镇人口/总人口

农村人口流出量=农村人口×农村人口入城率

城镇人口流入率=农村人口流出量/城镇人口

农村居民生活用水量=农村居民生活用水定额×农村人口×0.365/10 000

城镇综合生活用水量=城镇综合生活用水定额×城镇人口×0.365/10 000

生活用水量=城镇综合生活用水量+农村居民生活用水量

工业用水量=万元工业增加值用水量×工业增加值/10 000

农业用水量=林牧渔畜用水量+农田灌溉用水量

农田灌溉用水量=灌溉面积×亩均灌溉用水量

用水量=生活用水量+工业用水量+农业用水量+生态用水量+流域外用水量

地表水资源量=实测径流量+还原水量

河流生态环境需水量=地表水资源量×0.15

地表水资源可利用量=地表水资源量-河流生态环境需水量-汛期难以利用的洪水量和冲沙水量

地下水可开采量=地下水总补给量×可开采系数

可以利用的水量=折算系数 K×(地表水资源可利用量+地下水可开采量-两者重复量)

4) 模型参数。系统动力学模型涉及参数众多，且有的不容易确定。在模型调试过程中，需与模型运行相结合，确定参数。一般通过模拟试验法来确定系统参数，在参数值的变化范围内先粗略地试用参数进行模型计算，并根据实验进行反复调试，模型精度无显著变化时，即确定了模型的一组参数值。模型中的参数有初始值、常数值、表函数等，为简化模型参数，对那些随时间变化不甚显著的参数近似取为常数值，模型中使用了表函数，方便有效地处理了众多的非线性问题，模型参数估计采用了应用统计资料、调查资料及数学方法，根据模型的变量关系确定参数。

(2) 黄河流域水资源供需联动调控

建立了基于系统动力学模型的供需联动调控方法，在整体发展边界下进行全流域供需宏观调控，确定最小缺水率下代价最小的调控措施。通过调控关键因子，从总体上研判河道外需水预测方向及效果。黄河流域水资源供需联动调控方法见图 14-8。

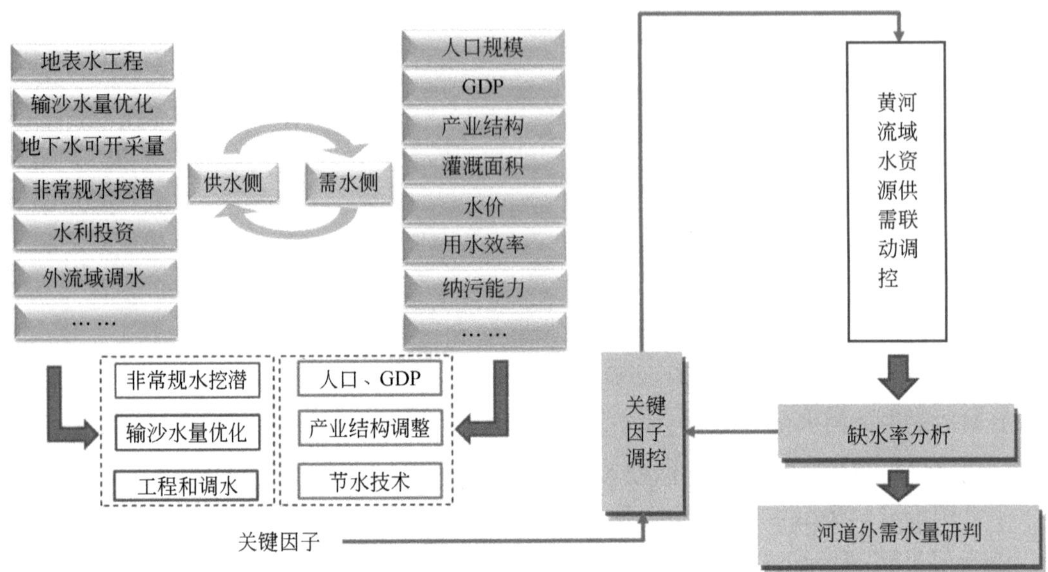

图 14-8　黄河流域水资源供需联动调控方法

第 15 章 黄河流域经济社会和河流生态需水预测

基于农业、工业和生活等深度节水，通过流域整体水资源供需联动调控，提出 2030 年流域内河道外社会经济用水需求量，集成提出上中游河道内需水量；从河口淡水湿地生态需水、河口近海水域生态需水、下游输沙用水等几个方面，研究提出下游生态环境综合需水量。

15.1 深度节水分析

15.1.1 农业节水

渠道防渗是降低渠道水量损失最根本和最有效的措施，黄河流域现状渠道防渗面积为 3082.6 万亩，占有效灌溉面积的比例为 33.0%，还具有一定发展潜力。各省（自治区）应根据地方具体情况，结合末级渠系改造项目，因地制宜选择合适的渠道防渗类型，尤其在大中型地表水灌区加大建设力度。现状黄河流域管灌、喷灌、微灌等高效节水灌溉面积 2708.2 万亩，占有效灌溉面积的比例为 29.0%，经过几十年的发展，高效节水正逐渐向规模化发展，同时在西北缺水地区已经开始在大田粮食作物上运用。虽取得了显著成效，但与国际先进水平相比还有一定差距，黄河流域尤其是西部缺水地区发展高效节水技术具有一定潜力。各省（自治区）应根据自然、经济社会、农业发展等特点，因地制宜发展高效节水灌溉技术：①在有地形条件的地表水自流灌区，实施“管代渠”输水方案，充分利用地形条件实现自压供水；②地表水提水灌区，积极推进管灌，在特色作物区优先考虑输水使用管道，田间实施微灌及喷灌；③对于地下水井灌区或井渠结合灌区，在地下水资源丰富、水质满足灌溉要求的地区，全面采用管道输水方式，田间灌溉技术方面推广管灌，有条件的地区积极发展喷灌及微灌；④在特色类、经济林果类等优势作物区，严重缺水及生态脆弱的大田粮食作物区，优先发展高效节水技术，尤其是微灌和喷灌技术。

根据不同高效节水技术的适用性，结合地方特点，确定不同高效节水措施的主要发展范围：①管灌的主要发展范围包括青海的大通河和湟水上游及中游地区，甘肃的兰州市、白银市等沿黄提灌区，宁夏的南部山区，陕西的陕北风沙滩区、渭北旱塬及黄土丘陵沟壑区、渭河阶地及秦岭北麓区，山西的北部边山丘陵区、西部黄土丘陵沟壑区、东部低山丘陵区、中南部盆地及边山丘陵区等；②喷灌的主要发展范围包括青海的大通河和湟水中游地区，宁夏的中部干旱带，内蒙古的鄂尔多斯市，陕西的陕北风沙滩区等；③微灌的主要发展范围包括甘肃的兰州市、白银市等沿黄提灌区，宁夏的北部引黄灌区、中部干旱带，内蒙古的呼和浩特市、包头市、鄂尔多斯市、巴彦淖尔市、乌海市和阿拉善盟，陕西的渭北旱塬及黄土丘陵沟壑区、渭河阶地及秦岭北麓区等。

在做好节水工程措施的同时，必须采取配套的非工程节水措施，即农艺节水措施和管理节水措施，充分发挥节水灌溉工程的节水增产效益。

15.1.2 工业节水

黄河流域工业以煤炭、火电、煤化工、冶金等为主，近年来通过改进生产设备、工艺等措施，工业用水重复利用率大幅提高，工业用水定额下降明显。未来可通过各种节水措施，进一步提高工业用水重复利用率，降低供水管网漏失率，达到工业节水的目标。

工业节水潜力的大小主要体现在三个方面：一是调整产业结构，减少高耗水、高耗能、高污染的企业；二是采用先进工艺技术、先进设备等，减少单位增加值取水量；三是提高用水重复利用率，减少新鲜水取用量。未来随着最严格水资源管理制度的实施，以及先进工艺技术、先进设备、中水回用、废污水“零排放”等节水技术推广应用，黄河流域工业用水重复率可提高到95.6%，工业供水管网漏损率将降低9.3%。

15.1.3 生活节水

随着未来生活质量不断提高，城镇生活用水水平相应提高，未来城镇居民人均生活用水量将进一步提高。因此，从城镇生活用户端分析，黄河流域城镇居民生活用水量无节水潜力。从城镇生活供水端分析，未来随着节水型社会的建设，城镇供水管网的改造更新，城镇供水管网漏损率将进一步降低，城镇生活供水环节仍具有一定的节水潜力。

生活用水的节水潜力主要是从降低供水管网漏损率和提高节水器具普及率着手，随着城镇供水管网建设、生活节水器具推广及阶梯水价实施等，供水管网漏损率进一步降低。

15.2 河道外需水分层预测结果

通过流域整体水资源供需联动调控，得到2030年黄河流域内社会经济整体发展边界。

基于发展边界、分层需水原则，采用强化节水模式得到 2030 年流域内河道外社会经济用水需求量。

15.2.1 社会经济发展预测

依据黄河流域人口增加趋势和城镇化率，预测 2030 年黄河流域人口达到 13 094 万人，其中城镇和农村人口分别达到 7704 万人和 5390 万人，比 2018 年 12 188 万人增加了 7.4%，其中城镇人口增加了 14.1%。

15.2.2 生活需水预测

考虑到黄河流域经济社会发展相对滞后，特别是上中游地区和下游滩区。基准年黄河流域城镇和农村居民用水定额分别为 103L/(人·d) 和 51L/(人·d)，远低于我国发达地区和国外发达国家的用水水平。通过需水方程计算，2030 年城镇居民需水净定额平均取 110/(人·d)，考虑水利用系数 0.89，毛定额取 124/(人·d)，城镇生活刚性需水量为 34.65 亿 m^3；2030 年农村居民毛定额取 72/(人·d)，农村生活刚性需水量为14.24 亿 m^3。

15.2.3 农业需水预测

黄河流域大部分处于干旱半干旱区，一半以上的耕地以及目前可供开发的大部分土地资源主要分布在必须灌溉的干旱半干旱地区。预测 2030 年黄河流域农业需水量共 334.34 亿 m^3，其中农田灌溉 289.57 亿 m^3、林果灌溉 16.79 亿 m^3、草场灌溉 10.28 亿 m^3、鱼塘补水 6.45 亿 m^3、牲畜需水 11.25 亿 m^3。按需水层次划分农业刚性、刚弹性和弹性需水，需水量分别为 158.62 亿 m^3、160.12 亿 m^3和 15.60 亿 m^3，分别占比 47.4%、47.9% 和 4.7%。黄河流域弹性需水主要为生产外销粮食的需水，主要分布在内蒙古和河南。

15.2.4 工业、建筑及第三产业需水预测

随着郑州、西安国家中心城市的确立，中原城市群、山东半岛城市群、关中平原城市群的快速发展，全国重要的食品加工基地和能源基地地位的进一步巩固，新的经济增长点不断涌现，预计未来工业、建筑及第三产业需水仍会进一步增长。2030 年黄河流域工业需水量 110.41 亿 m^3，其中刚性需水 68.02 亿 m^3、刚弹性需水 42.39 亿 m^3。建筑及第三产业需水 16.32 亿 m^3，全部为刚性需水。

15.2.5 河道外生态环境需水预测

2030 年黄河流域内河道外生态环境需水 24.66 亿 m^3，其中城镇环境需水 11.00 亿 m^3、城镇河湖补水 6.11 亿 m^3、农田防护林灌溉需水 3.50 亿 m^3、农村河湖补水 4.05 亿 m^3，全部按刚性需水考虑。

15.2.6 黄河流域河道外总需水量

2030 年河道外总需水量为 534.62 亿 m^3，其中刚性、刚弹性和弹性需水分别为 319.01 亿 m^3、200.01 亿 m^3和 15.60 亿 m^3，占比分别为 59.7%、37.4%和 2.9%，详见表 15-1 和图 15-1。2030 年人均水资源需水量 408m^3，小于 2018 年全国人均综合用水量 432m^3。根据黄河流域 1998～2018 年的用水变化趋势，农业用水量稳中有降，居民生活、工业和生态环境用水量呈逐渐增加趋势。本次预测的 2030 年需水成果符合黄河流域历史用水的规律，符合“节水优先”的治水思路，而且考虑了未来黄河流域经济社会发展和生态环境用水的增加需求。黄河流域生态保护和高质量发展上升为国家重大战略，给黄河流域带来了新的发展机遇，未来流域用水总量仍有一定的刚性增长。让黄河成为造福人民的幸福河，对流域水资源安全提出了更高的要求。但考虑到水资源最大刚性约束及节约集约利用，流域水资源需求上升速率会逐渐放缓。

表 15-1 黄河流域河道外需水分层结果 （单位：亿 m^3）

省（自治区）	生活	建筑及第三产业	工业		农业			河道外生态环境	合计
	刚性	刚性	刚性	刚弹性	刚性	刚弹性	弹性	刚性	
青海	1.97	0.72	3.90	1.41	8.51	8.79	0	1.61	26.91
四川	0.03	0.00	0.01	0	0.40	0.05	0	0.01	0.50
甘肃	7.52	2.28	8.17	10.18	12.15	19.72	0	1.55	61.57
宁夏	2.62	0.87	4.47	4.34	29.35	43.00	0	3.31	87.96
内蒙古	3.99	1.55	10.12	4.67	42.02	25.07	11.52	6.29	105.23
陕西	13.02	4.76	16.63	7.30	29.43	23.00	0	2.75	96.89
山西	9.04	2.60	10.66	6.92	17.96	17.94	0	3.46	68.58
河南	7.48	2.15	11.85	2.76	13.44	15.71	4.08	4.44	61.91
山东	3.22	1.39	4.71	2.31	5.36	6.84	0	1.24	25.07
合计	48.89	16.32	70.52	39.89	158.62	160.12	15.60	24.66	534.62

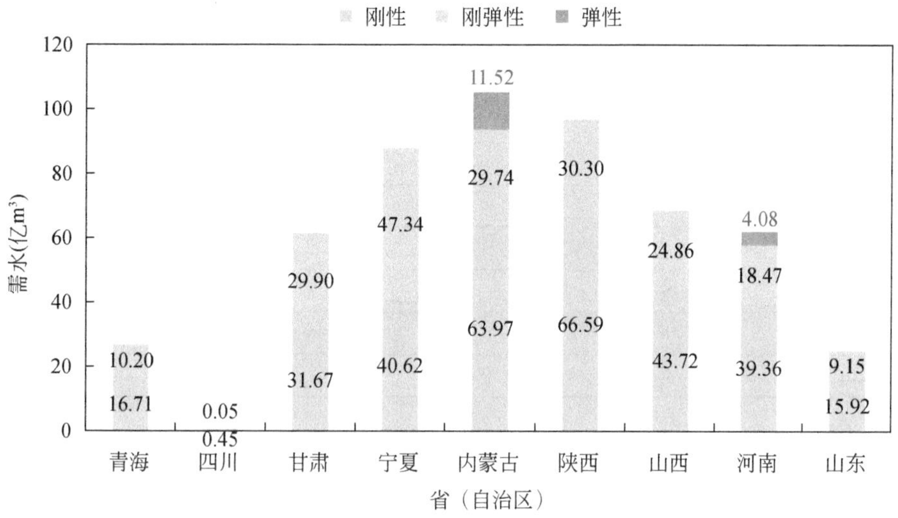

图 15-1 黄河流域河道外各省（自治区）需水分层结果

15.3 上中游河道内需水分析

15.3.1 河道内生态需水计算方法

据不完全统计，国内外生态水量（流量）的计算方法已超过 200 种，各种方法对应的水文特性和适用条件都不尽相同，没有一种方法适用于所有河流。本研究采用《河湖生态环境需水计算规范》（SL/T 712—2021）中提出的几种常用方法进行生态水量（流量）计算。

（1）Tennant 法

依据观测资料建立的流量和河流生态环境状况之间的经验关系，用历史流量资料确定年内不同时段的生态环境需水量，一般按多年平均天然径流量的百分比计算。不同河道内生态环境状况对应的流量百分比见表 15-2。Tennant 法适用于水量较大的常年性河流，用于计算生态基流、基本生态水量、敏感期生态水量。

表 15-2 不同河道内生态环境状况对应的流量百分比 （单位：%）

不同流量百分比 对应河道内生态环境状况	占同时段多年年均天然流量百分比 （年内较枯时段）	占同时段多年年均天然流量百分比 （年内较丰时段）
最大	200	200

续表

不同流量百分比 对应河道内生态环境状况	占同时段多年年均天然流量百分比 （年内较枯时段）	占同时段多年年均天然流量百分比 （年内较丰时段）
最佳	60 ~ 100	60 ~ 100
极好	40	60
非常好	30	50
好	20	40
中	10	30
差	10	10
极差	0 ~ 10	0 ~ 10

（2）QP 法

以节点长系列（$n \geqslant 30$ 年）天然月平均流量为基础，用每年的最枯月排频，选择不同频率下的最枯月平均流量作为节点基本生态环境需水量的最小值。频率 P 根据河湖水资源开发利用程度、规模、来水情况等实际情况确定，宜取 90% 或 95% 。QP 法适用于计算生态基流。

（3）7Q10 法

通常选取 90% ~95% 保证率下、年内连续 7 天最枯流量值的平均值作为基本生态环境需水量的最小值。7Q10 法适用于计算水量较小且开发利用程度较高的河流生态基流。

（4）流量历时曲线法

利用历史流量资料建立各月或年流量历时曲线，应以 90% 或 95% 保证率对应流量作为基本生态需水量的最小值。流量历时曲线法分析至少 20 年的日均流量资料，适用于所有河流，用于计算生态基流。

（5）频率曲线法

用长系列水文资料的月平均流量的历史资料构建水文频率曲线，将 95% 频率相应的月平均流量作为对应月份的节点基本生态环境需水量，组成年内不同时段值，用汛期、非汛期各月的平均值复核汛期、非汛期的基本生态环境需水量。频率宜取 95% ，也可根据需要进行适当调整。频率曲线法一般需要 30 年以上的水文系列数据，适用于计算基本生态水量。

15. 3. 2 黄河上中游生态基流及生态水量

采用上述生态需水计算方法，得到黄河上中游干流及主要支流各断面的生态基流和基本生态水量，基本可以维持河流基本形态、河流廊道连通、有一定的自净能力和一定的栖息地环境等基本生态功能。16 个干支流重要控制断面生态水量（流量）详见表 15-3 和表 15-4。

表 15-3　黄河流域主要断面生态基流占多年平均流量的比例

序号	河流	主要控制断面名称	生态基流（m^3/s）	占多年平均流量的比例（%）
1	黄河上中游	兰州	350	34
2		下河沿	340	34
3		河口镇	150	15
4		潼关	200	14
5		花园口	200	13
6	湟水	民和	10	15
7	洮河	红旗	30	20
8	窟野河	温家川	1.0	8
9	无定河	白家川	3.65	12
10	汾河	河津	6.46	12
11	渭河	华县	20	8
12	泾河	张家山	1.5	3
13	北洛河	洑头	1.3	5
14	伊洛河	黑石关	9	10
15	沁河	山路平	0.2	3
16	大汶河	戴村坝	1	3

表 15-4　黄河流域主要断面生态水量占多年平均径流量的比例

序号	河流	主要控制断面名称	基本生态水量（亿 m^3）			占多年平均径流量的比例（%）		
			汛期	非汛期	全年	汛期	非汛期	全年
1	黄河上中游	兰州		74			54	
2		下河沿		72			54	
3		河口镇		77			61	
4		潼关		50			26	
5		花园口		50			24	
6	湟水	民和	2.7	2.6	5.3	25	25	25
7	洮河	红旗	7.8	6.3	14.1	30	31	30
8	窟野河	温家川		0.2			12	
9	无定河	白家川		0.77			14	
10	汾河	河津	0.7	1.4	2.1	8	17	12
11	渭河	华县		11.0			32	
12	泾河	张家山		1.12			15	

续表

序号	河流	主要控制断面名称	基本生态水量（亿 m^3）			占多年平均径流量的比例（%）		
			汛期	非汛期	全年	汛期	非汛期	全年
13	北洛河	洑头		0.41			10	
14	伊洛河	黑石关	2.34	1.89	4.23	15	16	16
15	沁河	山路平			0.06			3
16	大汶河	戴村坝			1.24			10

15.3.3 结果合理性分析

1）黄河干流兰州、下河沿断面的生态基流占多年平均流量的比例在 30% 以上，干流其他断面的生态基流占多年平均流量的比例为 3% ~15%，黄河主要支流各断面的生态基流占多年平均流量的比例为 3% ~20%。

黄河上游兰州、下河沿断面的非汛期基本生态水量占非汛期多年平均径流量的比例在 54% ~61%，黄河干流其他断面的非汛期基本生态水量占非汛期多年平均径流量的比例在 24% ~26%；黄河重要支流各断面的全年基本生态水量占多年平均径流量的比例在10% ~32%。

2）针对黄河水资源供需矛盾尖锐的问题，统筹生活、生态、生产用水，按照人水和谐要求，考虑需求与可能，基本处理好生活、生态、生产用水的平衡关系，能够维系河湖基本形态、基本生态廊道、基本生物栖息地、基本自净能力等功能。

15.4 下游河道内需水分析

15.4.1 下游断面生态需水量

《黄河流域综合规划（2012—2030 年）》中的利津断面非汛期生态需水主要考虑河道不断流、河口三角洲湿地、生物需水量等，需水取值范围为 45.6 亿 ~55.4 亿 m^3，考虑黄河水资源现状利用情况和未来供需形势，需水采用 50 亿 m^3左右。

本研究择机实施脉冲小洪水，用于刺激鱼类产卵；相机塑造脉冲洪水，制造一定的漫滩过程用于河流廊道功能维持、鱼类到岸边觅食、湿地发育等。根据塑造流量的大小，提出基本生态流量和适宜生态流量两套流量塑造过程，花园口断面及利津断面的生态流量过程见图 15-2 和图 15-3。综合各月生态流量过程，花园口断面非汛期基本生态需水量、适宜生态需水量分别为 67.9 亿 m^3、134.9 亿 m^3；利津断面非汛期基本生态需水量、适宜生态需水量分别为 39.7 亿 m^3、74.8 亿 m^3，详见表 15-5。花园口—利津区间非汛期多年平均引水量达 80 亿 m^3，因此只要满足利津断面非汛期生态用水需求即可满足花园口断面非汛期河段生态需水。

表 15-5　黄河下游利津断面干流非汛期生态需水量　　（单位：亿 m^3）

方法	基本生态需水量	适宜生态需水量
《黄河流域综合规划（2012—2030 年）》	50	50
本研究	39.7	74.8

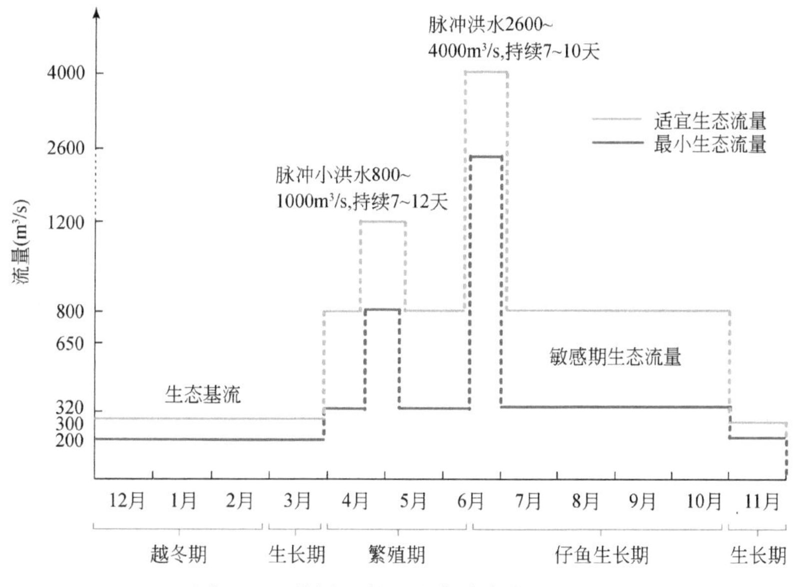

图 15-2　花园口断面生态需水流量过程

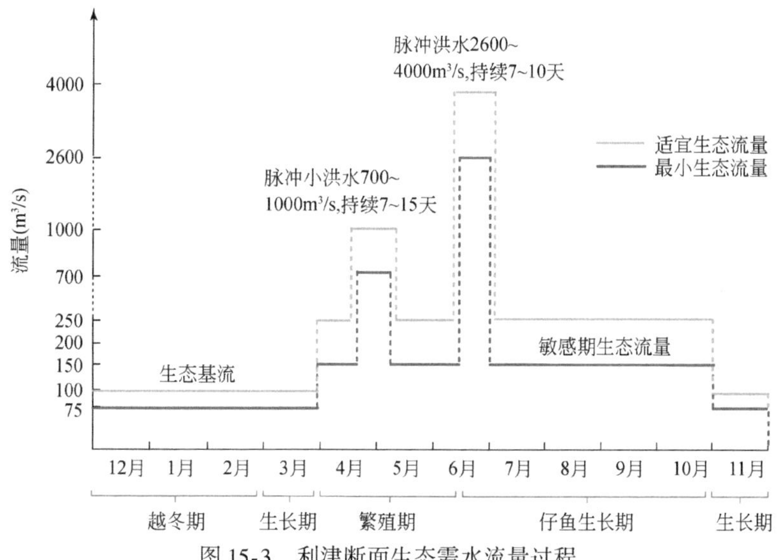

图 15-3　利津断面生态需水流量过程

15.4.2 河口淡水湿地生态需水量

结合黄河来水实际和自然保护区恢复规划，综合确定湿地恢复的生态需水量在2.7亿~4.2亿m^3，适宜生态需水量为3.5亿m^3，生态补水月份确定为3~10月，其中7~10月以自流引水为主。根据2008~2019年黄河三角洲生态引水实践和效果，依据水位和流量之间的关系，当利津断面日均流量为2500m^3/s时，湿地恢复区满足自流引水条件，当利津断面日均流量为3500m^3/s时，可实现自流引水设计引水指标，且历时在11~20天。根据上述关系，综合确定黄河三角洲湿地生态补水对利津断面流量过程需求为2500~3500m^3/s，且持续时间不少于15天，总水量为32.4亿~45.4亿m^3。

15.4.3 河口近海水域生态需水量

本研究分析了近海区域低盐面积和近海水域水质与近海水域健康水平的关系，并分析提出了所需的入海水量条件。维持河口近海水域盐度27‰等值线低盐区面积为380km^2、河口近海水域为Ⅱ类水质，则河口近海水域处于亚健康水平，利津断面全年入海水量应达到106亿m^3，其中非汛期60亿m^3、汛期46亿m^3。维持河口近海水域盐度27‰等值线低盐区面积为1380km^2、河口近海水域为Ⅱ类水质，则河口近海水域处于健康水平，利津断面全年入海水量应达到193亿m^3，其中非汛期93亿m^3、汛期100亿m^3，见表15-6。

表15-6 河口近海水域生态需水量 （单位：亿m^3）

方法	基本生态需水量			适宜生态需水量		
	非汛期	汛期	全年	非汛期	汛期	全年
《黄河流域综合规划(2012—2030年)》	未研究			未研究		
本研究	60	46	106	93	100	193

15.4.4 下游输沙用水量分析

1. 输沙用水量计算结果

《黄河流域综合规划（2012—2030年）》中花园口—利津河段输沙水量计算分析主要考虑非汛期和汛期两个时段。其中，非汛期按照年均进入下游的沙量0.3亿t、冲刷0.6亿t考虑；汛期根据1950~2002年下游河道输沙率修正资料，并考虑到汛期花园口—利津区间引水引沙后，构建黄河下游汛期泥沙淤积与来水来沙间的关系式及汛期利津站输沙水量与下游来水来沙量关系式，从而计算得到全下游不同淤积程度的利津断面汛期的输沙水量。

本研究基于当前对未来黄河来沙量 4 亿 ~8 亿 t（指中游四站年均，下同）的基本共识，考虑小浪底水库拦沙运用，从更符合黄河下游冲淤规律的角度出发，构建了基于非汛期、汛期平水期河道冲刷，汛期洪水期高效输沙（排沙比大于 80%）的全下游输沙水量计算模型。

根据高效输沙理论及全下游输沙水量计算模型，当中游四站来沙 4 亿 t、5 亿 t、6 亿 t、7 亿 t、8 亿 t 时，考虑小浪底拦沙运用及下游河道适当淤积，利津断面的汛期输沙水量分别为 69.73 亿 m^3、90.46 亿 m^3、97.15 亿 m^3、114.32 亿 m^3、120.98 亿 m^3，详见表 15-7。

表 15-7　中游四站不同来沙情景下汛期输沙需水

指标	中游四站不同来沙情景				
	4 亿 t	5 亿 t	6 亿 t	7 亿 t	8 亿 t
输沙需水量（亿 m^3）	69.73	90.46	97.15	114.32	120.98
下游河道淤积比（%）	冲淤平衡（0）	冲淤平衡（0）	10	10	15

根据《黄河流域水资源综合规划（2012—2030 年）》成果，当进入下游沙量为 9 亿 t，下游河道年淤积量为 2.0 亿 t、1.5 亿 t、1.0 亿 t 时，利津断面汛期输沙需水量分别为 143 亿 m^3、163 亿 m^3、184 亿 m^3。按照本研究提出的输沙水量计算方法，采用输沙流量级为 3500m^3/s，下游河道年淤积量为 2.0 亿 t、1.5 亿 t、1.0 亿 t 时，利津断面汛期输沙需水量分别为 139.02 亿 m^3、156.80 亿 m^3、174.69 亿 m^3；分别较《黄河流域水资源综合规划》成果减少汛期输沙水量 3.98 亿 m^3、6.20 亿 m^3、9.31 亿 m^3。目前缺少古贤等重大水沙调控工程，输沙动力不足，基于保守考虑，采用输沙流量级为 3000m^3/s，当下游河道年淤积量为 2.0 亿 t、1.5 亿 t、1.0 亿 t 时，利津断面汛期输沙需水量分别为 148.28 亿 m^3、167.45 亿 m^3、186.73 亿 m^3；分别较《黄河流域水资源综合规划（2012—2030 年）》成果增加汛期输沙水量 5.28 亿 m^3、4.45 亿 m^3、2.73 亿 m^3，成果对比详见表 15-8。本研究基于古贤水库与小浪底联合运用，推荐采用 3500m^3/s 流量进行高效输沙。

表 15-8　输沙水量对比

成果来源	下游年来沙量（亿 t）	下游年淤积量（亿 t）	输沙水量（亿 m^3）		
			全年	汛期	非汛期
《黄河流域水资源综合规划（2012—2030 年）》	9	2.0	193	143	50
		1.5	213	163	50
		1.0	234	184	50

续表

成果来源	下游年来沙量（亿 t）	下游年淤积量（亿 t）	输沙水量（亿 m^3）		
			全年	汛期	非汛期
本研究高效输沙流量 3500m^3/s	9	2.0	189.02	139.02	50
		1.5	206.80	156.80	50
		1.0	224.69	174.69	50
本研究高效输沙流量 3000m^3/s	9	2.0	198.28	148.28	50
		1.5	217.45	167.45	50
		1.0	236.73	186.73	50

2. 下游河道冲淤效果验证

本研究采用高效输沙方式提出了实现下游河道适当淤积的输沙需水量，为进一步验证高效输沙水的冲淤效果，采用经验公式、数学模型和实测资料分析等方式以来沙 6 亿 t 及以下情景为代表进行对比分析。

1）经验公式结果分析。利用黄河下游河道 1960 ~ 2015 年小黑武（指小浪底、黑石关、武陟三站）的实测年水沙量和利津的实测年沙量，回归得到利津断面输沙量与进入下游水量、沙量的关系式。该关系式的相关系数 R^2 = 0.976，标准误差 σ = 1.12，相关程度较高。根据实测资料分析得到，下游河道年均引水含沙量约为进入黄河下游年均含沙量的 50%，据此考虑黄河下游引水量可估算不同来水来沙条件下的引沙量。在此基础上，根据沙量平衡原理，给出不同来水来沙条件下的河道冲淤量。按照建议方案河道内外分配水量，进入下游水量 263.2 亿 m^3，沙量 4 亿 t，利津断面可输送沙量 2.67 亿 t，考虑区间引水引沙，则下游河道淤积 0.64 亿 t，淤积比为 16.0%。

2）数学模型结果分析。利用水库、河道泥沙冲淤计算数学模型开展小浪底水库和下游河道冲淤长系列模拟（日过程），考虑沿河取用水并经小北干流河道和三门峡库区冲淤影响。小浪底水库按照现状运用方式考虑，汛期采取防洪、拦沙和调水调沙的运用方式，即“多年调节泥沙，相机降低水位冲刷，拦沙和调水调沙运用”的防洪减淤运用方式；非汛期按照防断流、灌溉、供水、发电要求进行调节。按照建议方案河道内外分配水量，经过长系列模拟分析，小浪底现状水库运用方式下，中游四站来沙 6 亿 t 情景计算小浪底水库拦沙库容淤满时间约为 20 年，年均淤积量为 2.17 亿 m^3。小浪底水库调节进入黄河下游的水沙量分别为 294.62 亿 m^3、4.66 亿 t，其中流量大于 3500m^3/s 的天数年均为 25.35 天，相应水量为 88.2 亿 m^3，相应沙量为 3.76 亿 t，相应含沙量为 42.63kg/m^3，该水沙条件下输送至利津断面的年均沙量为 3.37 亿 t，下游河道年均淤积量为 0.77 亿 t，淤积比为 16.5%。

3）实测资料分析。基于实测资料分析，当前小浪底水库调节受来水来沙条件、水库蓄水条件和运用方式等诸多因素影响，要搭配协调出高效的水沙过程，实现下游河道冲淤平衡有较大的难度。2018 年黄河来水量较大，小浪底年均出库水量为 431.3 亿 m^3，出库沙量为 4.64 亿 t，其中汛期出库水量为 221.6 亿 m^3，流量大于 $3000m^3/s$ 的天数为 20 天（花园口大于 $3000m^3/s$ 的天数为 28 天，平均流量为 $3550m^3/s$），出库沙量全部集中在汛期，汛期平均含沙量为 $20.9kg/m^3$，日均最大含沙量为 $289.3kg/m^3$。该水沙条件下输送至利津断面的年均沙量为 2.97 亿 t，其中汛期为 2.62 亿 t，按沙量平衡计算下游河道年淤积量为 1.49 亿 t，淤积比为 32.1%。

综上，按照现状小浪底运用方式及下游河道输沙规律，则三种分析方法的下游河道淤积比分别为 16.0%、16.5%、32.1%，平均淤积比为 21.5%。因此，来沙 6 亿 t 及以下情景提出的利津断面下泄水量 157.15 亿 m^3，在现状工程条件和调水调沙运用方式下，仅通过现有水库调节，下游河道淤积比 20% 左右。考虑未来一段时间进入黄河下游沙量偏少，通过完善水沙调控体系，在严格管控河道外用水条件下，实现高效输沙并维持下游河道淤积比在 10% 以内具有可行性。

15.4.5 下游生态环境综合需水量

综合黄河下游干流生态需水、河口近海水域生态需水、淡水湿地生态补水及汛期输沙需水量，得到下游利津断面生态环境综合需水量，即 $Q_{利津生态环境}=\max(Q_{干流非汛期生态}, Q_{河口近海非汛期生态}, Q_{淡水湿地生态补水})+\max(Q_{干流汛期生态}, Q_{利津汛期输沙}, Q_{河口近海汛期生态}, Q_{淡水湿地生态补水})$。

中游四站来沙 4 亿 t、5 亿 t、6 亿 t、7 亿 t、8 亿 t 情景下，利津断面基本生态环境综合需水量分别为 129.73 亿 m^3、150.46 亿 m^3、157.15 亿 m^3、174.32 亿 m^3、180.98 亿 m^3，下游河道淤积比为 0、0、10.0%、10.0%、15.0%；考虑西线调入水量 80 亿 m^3后，中游来沙6 亿 t、8 亿 t 情景下，利津断面适宜生态环境综合需水量分别为 193.00 亿 m^3、210.53 亿 m^3，下游河道淤积比为 10.0%、15.0%，详见表 15-9 和表 15-10。

表 15-9 中游四站不同来沙量情景下利津断面基本生态环境综合需水量

中游四站来沙情景	基本生态环境需水（亿 m^3）						下游河道全年淤积比（%）
	非汛期		汛期			综合	
	河道内生态	河口近海生态	河道内生态	输沙用水	河口近海生态		
4 亿 t	39.72	60.00	15.94	69.73	46.00	129.73	0
5 亿 t	39.72	60.00	15.94	90.46	46.00	150.46	0
6 亿 t	39.72	60.00	15.94	97.15	46.00	157.15	10.0

续表

中游四站来沙情景	基本生态环境需水（亿 m^3）						下游河道全年淤积比（%）
	非汛期		汛期			综合	
	河道内生态	河口近海生态	河道内生态	输沙用水	河口近海生态		
7 亿 t	39.72	60.00	15.94	114.32	46.00	174.32	10.0
8 亿 t	39.72	60.00	15.94	120.98	46.00	180.98	15.0

表 15-10　中游四站不同来沙量情景下利津断面适宜生态环境综合需水量

中游四站来沙情景	适宜生态环境需水（亿 m^3）						下游河道全年淤积比（%）
	非汛期		汛期			综合	
	河道内生态	河口近海生态	河道内生态	输沙用水	河口近海生态		
6 亿 t	74.82	93.00	26.57	93.63	100.00	193.00	10.0
8 亿 t	74.82	93.00	26.57	117.53	100.00	210.53	15.0

注：考虑西线调水 80 亿 m^3。

第 16 章　分水方案优化场景设置分析

目前南水北调东、中线一期工程已经生效，具备向河北、天津供水的条件，可以对其 20 亿 m^3的引黄指标进行适当调减；未来南水北调东、中线二期工程规划如果增加向河南、山东引黄区供水，则也具备局部调减河南、山东引黄指标条件；通过黄河水沙调控体系的不断完善及黄河泥沙输移机理的深入研究，可以利用高含沙水流输沙入海，在不影响生态用水的前提下适当节省河道内输沙水量用于河道外再分配。基于以上因素构建分水方案优化多个场景，设置了多个情景方案。

16.1 边界条件

本研究以 2018 年为现状基准年，2030 年为研究水平年。考虑黄河流域水沙变化、经济社会发展、生态环境演变、重大工程措施等，结合水资源潜在调控措施分析，形成西线工程生效前黄河流域水资源均衡调控的边界条件。

(1) 来水来沙情景

黄河“八七”分水方案采用 1919 ~ 1975 年多年平均天然径流量 580.00 亿 m^3；《黄河流域综合规划（2012—2030 年）》基准年采用 1956 ~ 2000 年多年平均天然径流量 534.79 亿 m^3，2030 年考虑天然径流衰减 20 亿 m^3；《黄河流域水文设计成果修订报告》提出 1956 ~ 2010 年多年平均天然径流量 482.4 亿 m^3。本书在综合整理分析以往天然径流量成果的基础上，结合近年来黄河天然径流量发生的新变化及第三次水资源调查评价结果（1956 ~ 2016 年），兰州、河口镇、三门峡、花园口、利津断面多年平均天然径流量分别为 323.97 亿 m^3、307.41 亿 m^3、435.38 亿 m^3、484.22 亿 m^3、490.04 亿 m^3，见表 16-1。

表 16-1　黄河干流主要断面天然径流量　　（单位：亿 m^3）

断面天然径流量	兰州	河口镇	三门峡	花园口	利津
1956 ~ 2000 年	328.89	312	444.62	495.18	500.99
2001 ~ 2016 年	310.14	293.53	409.40	453.39	459.24
1956 ~ 2016 年	323.97	307.41	435.38	484.22	490.04

考虑《黄河流域综合规划（2012—2030 年）》采用的泥沙系列、“十二五”国家科技支

撑计划项目“黄河水沙调控技术研究与应用”成果以及动态高效输沙模式的研究成果，设置未来不同入黄沙量多个情景方案。基于近年来中游来沙情况，预测未来黄河中游四站（干流龙门站及泾河、北洛河、渭河3条支流的把口站）年均来沙量在4亿~8亿t。目前黄河中游除小浪底外缺少其他水沙调控骨干工程，在中游来沙较少时应尽可能减少小浪底拦沙库容的损耗，以应对极端高含沙洪水事件，保证下游河道长期稳定。本研究按照中游来沙6亿t考虑。

(2) 需水情景

河道外国民经济发展及生态维持需水量采用高效节水模式下的推荐需水成果，即流域内河道外总需水量为534.62亿m^3，其中刚性、刚弹性和弹性需水量分别为319.01亿m^3、200.01亿m^3、15.60亿m^3，青海、四川、甘肃、宁夏、内蒙古、陕西、山西、河南、山东需水量分别为26.91亿m^3、0.50亿m^3、61.57亿m^3、87.96亿m^3、105.23亿m^3、96.89亿m^3、68.58亿m^3、61.91亿m^3、25.07亿m^3，见表16-2。

表16-2　黄河流域内河道外省（自治区）分层需水量　　（单位：亿m^3）

指标	青海	四川	甘肃	宁夏	内蒙古	陕西	山西	河南	山东	流域合计
刚性需水量	16.71	0.45	31.67	40.62	63.97	66.59	43.72	39.36	15.92	319.01
刚弹性需水量	10.20	0.05	29.90	47.34	29.74	30.30	24.86	18.47	9.15	200.01
弹性需水量	0	0	0	0	11.52	0	0	4.08	0	15.60
总需水量	26.91	0.50	61.57	87.96	105.23	96.89	68.58	61.91	25.07	534.62

河道内生态环境需水量：根据黄河干支流关键断面的河道内生态需水量及需水过程进行控制；利津断面综合考虑河道内生态需水及河口生态环境需水，参考15.3节上中游河道内需水分析及15.4节下游河道内需水分析成果。

下游河道输沙水量：采用高效动态输沙分析成果。

(3) 调蓄工程

现状考虑龙羊峡、刘家峡、海勃湾、万家寨、三门峡、小浪底等34座干支流大中型水利枢纽工程。

1）龙羊峡水利枢纽。水库正常蓄水位为2600m，相应总库容为247亿m^3，调节库容为193.5亿m^3，具有多年调节性能，被称为黄河上游河段的“龙头”水库。根据经济社会发展要求和坝址水沙特性、库容条件，龙羊峡水库在黄河水资源合理配置方面具有关键性的战略地位和极为重要的作用，通过对径流的多年调节，增加黄河枯水年特别是连续枯水年的供水能力，提高上游梯级电站的发电效益。

2）刘家峡水利枢纽。水库正常蓄水位为1735m，相应总库容为57亿m^3，有效库容约为35亿m^3，为年调节水库，主要承担防洪、防凌、供水、灌溉、发电等综合利用任务。

3）万家寨水利枢纽。水库最高蓄水位为980.00m，相应总库容为8.96亿m^3，调节库容为4.45亿m^3。工程开发任务主要是供水结合发电调峰，兼有防洪、防凌作用。电站装机容量为1080MW。

4）海勃湾水利枢纽。水库正常蓄水位为1076m，相应总库容为4.87亿m^3，调节库容约为0.94亿m^3。工程开发任务以防凌为主，结合发电，兼顾防洪和改善生态环境等综合利用。

5）三门峡水利枢纽。小浪底水库建成运用后，三门峡不再承担灌溉和供水任务，主要配合小浪底水库进行防洪、防凌和调水调沙运用，并兼顾发电。水库汛期一般控制水位305m运用，流量大于1500m^3/s时敞泄运用，非汛期平均运用水位315m。在黄河发生大洪水时，三门峡水库与小浪底、故县、陆浑水库以及东平湖滞洪区联合调控洪水，保证黄河防洪安全；凌汛期三门峡水库预留15亿m^3防凌库容，在小浪底水库防凌库容不能满足需要时投入运用，可基本解决下游凌汛威胁。

6）小浪底水利枢纽。水库正常蓄水位为275m，相应总库容为126.5亿m^3，有效库容为51亿m^3，电站装机容量为1800MW，开发任务以防洪（包括防凌）、减淤为主，兼顾供水、灌溉和发电，除害兴利，综合利用。

2030年考虑古贤水利枢纽投入运行。古贤水利枢纽工程死水位为588m，汛限水位为617m，正常蓄水位为627m，设计洪水位为627.52m，校核洪水位为628.75m，水库总库容为129.42亿m^3，死库容为60.5亿m^3，电站装机容量为2100MW。该枢纽位于黄河中游干流碛口—禹门口河段，坝址控制流域面积为49万km^2，是黄河干流梯级开发规划总体布局中七大骨干工程之一，是黄河水沙调控体系的重要组成部分，在黄河水沙调控体系中具有承上启下的战略地位，在黄河综合治理开发中具有十分重要的作用。其主要开发任务是以防洪减淤为主，兼顾发电、供水和灌溉、调水调沙、综合利用。

（4）调水工程

已经生效外调水工程主要有南水北调东线向山东调水1.26亿m^3，引乾济石向陕西调水0.47亿m^3、引红济石向陕西调水0.90亿m^3。

2030年考虑引汉济渭调水工程生效。该工程规划从汉江干流黄金峡水库和支流子午河三河口水库两处取水，在咸阳以上的渭河支流黑河入渭河。供水范围主要为渭河流域的关中地区，以关中地区城市工业和生活用水为主，兼顾农业灌溉和生态环境用水。调水规模为年调水量15亿m^3，其中一期调水10亿m^3，二期调水5亿m^3。调水实施后可基本满足关中地区国民经济用水要求，大大缓解渭河流域的缺水问题，并可适当补充渭河河道内生态用水，对确保渭河不断流起到积极的作用。

（5）非常规水源

2030年黄河流域非常规水源利用量为25.73亿m^3，其中再生水18.48亿m^3、雨水4.20亿m^3、矿井水3.05亿m^3。青海、甘肃、宁夏、内蒙古、陕西、山西、河南、山东需水量分别为0.48亿m^3、3.29m^3、1.29m^3、5.05m^3、5.85m^3、5.22m^3、2.50m^3、2.05 m^3，见表14-7。

16.2 分水调整的制约因素分析

(1) 河段水资源开发利用率制约

根据2013年国务院批复的《黄河流域综合规划（2012—2030年)》，河口镇断面生态环境需水量包括汛期输沙120亿m^3和非汛期基流77亿m^3。由于黄河天然径流量减少和上游取用水影响，河口镇断面实测2001～2016年多年平均实际下泄水量仅为167.26亿m^3，断面生态用水尚得不到满足，汛期输沙水量偏低、水沙关系恶化，宁蒙河段不断淤积抬升，形成新悬河，湿地萎缩。若上游省（自治区）调增20亿m^3分水指标，则上游河段水资源开发利用率将达到69%，河道内生态用水较现状水平将进一步减少，将对河道内生态环境产生不利影响，见表16-3。因此，调整河道外各个省（自治区）配置关系，尤其是增加上游地区河道外分水指标时，需要考虑河道内生态用水要求，不能大幅度增加上游省（自治区）用水指标。

表16-3 河口镇断面以上水资源开发利用情况

河口镇断面以上	天然径流量（亿m^3）	地表取水量（亿m^3）	开发利用率（%）
《黄河流域综合规划（2012—2030年)》(1956～2000年)	331.8	185.0	55.8
现状（2001～2016年）	293.5	182.9	62.3
上游增加耗水（10亿～20亿m^3）	307.4*	196～211	64～69

*1956～2016年水文系列。

(2) 重叠区调整指标制约

东中线供水对象是城市生活及工业用水，根据现行东中线工程供水范围，从工程技术、供水成本、水价承受能力等方面分析，目前河南省最多可置换出生活及工业引黄指标2.5亿m^3，山东省最多可置换出生活及工业引黄指标4.5亿m^3，两省重叠区共计可置换出引黄指标7亿m^3。

16.3 重大工程和供水条件变化

16.3.1 南水北调东线、中线一期工程生效

根据2002年国务院批复的《南水北调工程总体规划》，在海河流域水资源供需分析

时，考虑到南水北调即将实施，规划只将引黄济冀水量计入可供水量。引黄济冀可供水量按穿卫枢纽能力 5 亿 m^3 计（折算至黄河边为 6.2 亿 m^3），其中供城市 1.46 亿 m^3，供农村 3.54 亿 m^3。根据 2013 年国务院批复的《黄河流域综合规划（2012—2030 年）》，南水北调东中线工程生效后，仍考虑向河北配置 6.2 亿 m^3 水量，不再考虑向天津配置水量。但是在必要时，根据河北、天津的缺水情况和黄河流域来水情况，可以向河北、天津应急供水。因此，将河北、天津分水指标从 20 亿 m^3 减少到 6.2 亿 m^3，调出 13.8 亿 m^3。目前，黄河水量调度已经执行向河北配置水量 6.2 亿 m^3，现状场景考虑不调整河北、天津指标及调减了河北、天津分水指标 13.8 亿 m^3 指标两种情况。河北、天津调减 13.8 亿 m^3 分水指标，在天然径流量 490 亿 m^3 条件下按照丰增枯减的原则相当于调减分水指标 11.66 亿 m^3。

16.3.2 南水北调东线、中线二期工程生效

1. 东线二期工程生效后山东流域外引黄指标调整

（1）南水北调东线二期工程情况

根据《南水北调东线二期工程规划报告》，东线一期规划调水量 87.66 亿 m^3，二期规划调水量 163.97 亿 m^3，增抽水量 76.31 亿 m^3。扣除各项损失后的干线口门多年平均净增供水量为 59.21 亿 m^3，其中黄河以南 7.45 亿 m^3、山东半岛 15.40 亿 m^3、黄河以北 36.36 亿 m^3。山东省净增供水量 26.36 亿 m^3，其中鲁南 2.88 亿 m^3、山东半岛 15.40 亿 m^3、鲁北8.08 亿 m^3。各干线口门多年平均净增供水量见表 16-4。

表 16-4 各干线口门多年平均净增供水量 （单位：亿 m^3）

地区		生活工业和环境	农业	生态		小计
				湿地补水	地下水超采治理补源	
安徽		3.49	1.08			4.57
山东	鲁南	2.88				2.88
	山东半岛	15.40				15.40
	鲁北	8.08				8.08
	小计	26.36				26.36
河北（不含雄安新区）		8.75			5.07	13.82
雄安新区				1.03		1.03
天津		9.43				9.43
北京		4.00				4.00

续表

地区		生活工业和环境	农业	生态		小计
				湿地补水	地下水超采治理补源	
分区	黄河以南	6.37	1.08			7.45
	山东半岛	15.40				15.40
	黄河以北	30.26		1.03	5.07	36.36
总计		52.03	1.08	1.03	5.07	59.21

(2）山东省南水北调东线二期工程受水区水资源配置情况

根据《南水北调东线二期工程规划报告》，东线二期工程实施后，南水北调东线供水范围内山东省多年平均河道外配置水量 199.98 亿 m^3，其中包括当地地表水 44.22 亿 m^3，地下水 52.97 亿 m^3，外调水 83.26 亿 m^3（其中引黄 46.24 亿 m^3、南水北调东线 37.02 亿 m^3），其他水源 19.53 亿 m^3。其中城镇配置水量 91.94 亿 m^3，农村配置水量 108.04 亿 m^3。南水北调东线供水范围山东省规划年多年平均河道外水资源配置成果（二期实施后）见表 16-5。

表 16-5　南水北调东线供水范围山东省规划年多年平均河道外水资源配置成果（二期实施后）

（单位：亿 m^3）

分片	分用户配置			分水源配置					
	城镇	农村	合计	当地地表水	外调		地下水	其他水源	合计
					引黄	南水北调东线			
黄河以南	18.70	25.33	44.03	14.59	4.49	4.98	16.32	3.65	44.03
山东半岛	55.48	42.96	98.44	25.25	16.14	21.29	22.82	12.94	98.44
黄河以北	17.76	39.75	57.51	4.38	25.61	10.75	13.83	2.94	57.51
山东省合计	91.94	108.04	199.98	44.22	46.24	37.02	52.97	19.53	199.98

(3）山东南水北调东线二期工程城镇受水区引黄水量情况

根据《南水北调东线二期工程规划报告》，东线二期工程实施后，南水北调东线供水范围内山东省城镇 2030 年多年平均河道外配置水量 91.94 亿 m^3，其中包括当地地表水 14.75 亿 m^3，地下水 11.22 亿 m^3，外调水 49.92 亿 m^3（其中引黄 12.90 亿 m^3、南水北调东线 37.02 亿 m^3），其他水源 16.05 亿 m^3。南水北调东线供水范围山东省城镇规划年多年平均河道外水资源配置成果见表 16-6。

表 16-6 南水北调东线供水范围山东省城镇规划年多年平均河道外水资源配置成果（二期实施后）（单位：亿 m^3）

分片	城镇需水（含农村生活）	分水源配置						缺水
		当地地表水	外调		地下水	其他水源	合计	
			引黄	南水北调东线				
黄河以南	18.71	5.54		4.98	5.31	2.87	18.70	0.01
山东半岛	55.48	8.63	9.81	21.29	4.48	11.27	55.48	
黄河以北	17.79	0.58	3.09	10.75	1.43	1.91	17.76	0.03
山东省合计	91.98	14.75	12.90	37.02	11.22	16.05	91.94	0.04

南水北调东线二期工程调水量是在考虑当地供水量和引黄水量的基础上分析确定的。东线二期工程供水区和引黄供水区的重叠区引黄指标为 12.90 亿 m^3，在东线工程水资源优化配置和提高供水能力情况下，可以将重叠区的引黄用水由东线供水替代。考虑供水配套、供水成本、水价承受能力等因素，本研究考虑重叠区的城镇生活及第三产业用水 4.5 亿 m^3 由东线供水，即可以减少重叠区引黄指标 4.5 亿 m^3。

2. 南水北调中线后续工程引江补汉生效后河南引黄水量调整

（1）引江补汉工程情况

根据《引江补汉工程规划》，引江补汉工程是提高汉江水资源调配能力、增加中线工程和引汉济渭工程调水量、提高中线供水保障能力的必要工程，是国家重要战略和发展布局的水资源保障工程，是缓解汉江中下游生态环境压力、改善中线受水区生态环境的重大生态工程。

实施引江补汉工程，中线北调水量可由中线一期规划的多年平均 95 亿 m^3，增加到 117 亿 m^3。河南省的供水范围为南阳、平顶山、漯河、周口、许昌、郑州、焦作、新乡、鹤壁、安阳、濮阳共 11 个市（涉及 7 个县级市和 26 个县）。

（2）引江补汉生效后河南引黄指标调整

《引江补汉工程规划》提出，河南省引黄供水的城市有郑州、新乡、濮阳 3 市，共建有引黄工程 5 处，包括郑州市利用邙山提灌站、花园口提灌站、东大坝提灌站提水工程，新乡市利用人民胜利渠引水工程，濮阳市从渠村闸后埋设专用输水管道供水工程等。按照引黄水控制原则，城市引黄水量基本维持现状，规划 2035 年引黄供水量为 3 亿 m^3，其中郑州 2.3 亿 m^3，新乡 0.5 亿 m^3，濮阳 0.2 亿 m^3。南水北调中线受水区河南省 2035 年净需中线工程增加调水量见表 16-7。

表 16-7　南水北调中线受水区河南省 2035 年净需中线工程增加调水量

（单位：亿 m^3）

2035 年需水量					可供水量								净需中线新增调水量
					地表水								
城镇综合生活	工业	城镇生态环境	刁河灌区农业	合计	蓄水工程	引提水工程	地下水	再生水利用量	引黄	东线工程	中线一期工程	合计	
21.5	25.1	3.7	4.5	54.8	2.47	0.67	2.09	4.4	3.0		32	44.63	10.17

南水北调中线后续工程调水量是在考虑当地供水量和引黄水量的基础上分析确定的。中线受水区和引黄供水区的重叠区引黄指标为 3.0 亿 m^3，考虑供水配套、供水成本、水价承受能力等因素，本研究考虑重叠区的城镇生活及第三产业用水 2.5 亿 m^3 由中线供水，即可以减少重叠区引黄指标 2.5 亿 m^3。

16.3.3　古贤水库工程生效

2030 年考虑古贤水库工程建成生效。古贤水库设计拦沙库容 93.4 亿 m^3，调水调沙库容 20 亿 m^3，与小浪底水库联合调控运用，可延长小浪底水库拦沙库容运用年限约 10 年，减少下游河道泥沙淤积 72 亿 t，同时还可冲刷降低潼关高程，减轻渭河下游防洪压力，改善中游地区供水条件，提升生态环境质量。通过古贤水库与小浪底水库联合运用，持续提供汛期洪水期 3500m^3/s 的输沙动力，进一步塑造高效输沙洪水过程，减少河道内输沙用水。本研究以中游来沙 6 亿 t 为代表，提高河道内非汛期生态用水至 60 亿 m^3，通过采用高效输沙模式河道内汛期输沙用水减少至 97.15 亿 m^3，河道内生态环境用水减少为 157.15 亿 m^3，较 490.04 亿 m^3 天然径流条件下河道内应分配水量 177.43 亿 m^3（其中汛期输沙用水 127.43 亿 m^3，非汛期生态用水 50 亿 m^3），即可节省出 20.3 亿 m^3 水量用于河道外分配。本研究河道内调减水量考虑了 20.28 亿 m^3 和 10 亿 m^3 两种情景。

16.3.4　西线一期工程生效

根据国务院批复的《南水北调总体规划》等有关规划成果，西线第一期工程从雅砻江干流、雅砻江和大渡河 6 条支流共调水 80 亿 m^3 进入黄河源头地区。西线调入水量约占黄河天然径流量的 16.3%，应和黄河流域水资源进行统一配置。考虑下游河道不淤积和适宜生态用水等河道内生态环境用水，按照本研究提出的流域水资源均衡配置方法，统筹考虑分水的公平性和效率因素，优化配置河道内和河道外用水以及河道外各个省（自治区）用水。

16.4 场景分析与方案设置

16.4.1 场景分析

场景 1：现状南水北调东、中线一期工程生效，不考虑调减河北、天津指标。

场景 2：现状南水北调东、中线一期工程生效，调减河北、天津 11.66 亿 m^3指标。

场景 3：考虑南水北调东、中线一期工程生效，调减河北、天津 11.66 亿 m^3指标；考虑南水北调东、中线二期工程生效，调减河南 2.5 亿 m^3指标、山东 4.5 亿 m^3指标（河南、山东调减的 7.0 亿 m^3指标中 3.5 亿 m^3用于增加下游河道内生态用水）。

场景 4：考虑南水北调东、中线一期工程生效，调减河北、天津 11.66 亿 m^3指标；考虑南水北调东、中线二期工程生效，调减河南 2.5 亿 m^3指标、山东 4.5 亿 m^3指标（河南、山东调减的 7.0 亿 m^3指标全部用于河道外消耗）。

场景 5：考虑南水北调东、中线一期工程生效，调减河北、天津 11.66 亿 m^3指标；考虑古贤水库生效，动态减少河道内汛期输沙用水 10 亿 m^3增加河道外供水。

场景 6：考虑南水北调东、中线一期工程生效，调减河北、天津 11.66 亿 m^3指标；考虑南水北调东、中线二期工程生效，调减河南 2.5 亿 m^3指标、山东 4.5 亿 m^3指标（河南、山东调减的 7.0 亿 m^3指标中 3.5 亿 m^3用于增加下游河道内生态用水）；考虑古贤水库生效，动态减少河道内汛期输沙用水 10 亿 m^3增加河道外供水。

场景 7：考虑南水北调东、中线一期工程生效，调减河北、天津 11.66 亿 m^3指标；考虑古贤水库生效，动态减少河道内汛期输沙用水 20.3 亿 m^3；增加河道外供水。

场景 8：考虑南水北调东、中线一期工程生效，不调减河北、天津指标；考虑南水北调西线一期工程生效，调入黄河上游 80 亿 m^3水量。

16.4.2 方案设置

综合考虑重大工程和水源条件变化、分水方案调整制约因素、均衡调控边界条件、采用同比例调整、整体动态均衡配置、增量动态均衡配置三种优化方法，设置 8 类场景21 个方案，见表 16-8。场景 1，设置同比例调整（P1D）和整体动态均衡配置（P1W）两个方案；场景 8，设置整体动态均衡配置（P8W）方案；其余场景根据三种优化方法均设置三个方案。P1D 为基准方案。

表 16-8　方案设置

场景	重大工程条件	方案编号	优化方法	方案说明
场景 1（现状）	东、中线一期工程生效	P1D	同比例调整（基准方案）	东、中线一期工程生效，不考虑新增水源，河北、天津不调减指标
		P1W	整体动态均衡配置	
场景 2（现状）	东、中线一期工程生效	P2D	同比例调整	考虑东、中线一期工程生效，调减河北、天津 11.66 亿 m^3 指标
		P2W	整体动态均衡配置	
		P2I	增量动态均衡配置	
场景 3（规划中期）	东、中线一期和二期工程生效	P3D	同比例调整	东、中线一期工程生效，调减河北、天津 11.66 亿 m^3 指标；东、中线二期工程生效，调减河南、山东 7.0 亿 m^3 指标（其中河南 2.5 亿 m^3，山东 4.5 亿 m^3，增加下游河道生态用水 3.5 亿 m^3）
		P3W	整体动态均衡配置	
		P3I	增量动态均衡配置	
场景 4（规划中期）	东、中线一期和二期工程生效	P4D	同比例调整	东、中线一期工程生效，调减河北、天津 11.66 亿 m^3 指标；东、中线二期工程生效，调减河南、山东 7.0 亿 m^3 指标（其中河南 2.5 亿 m^3，山东 4.5 亿 m^3）
		P4W	整体动态均衡配置	
		P4I	增量动态均衡配置	
场景 5（规划中期）	东、中线一期工程生效，古贤水库生效	P5D	同比例调整	东、中线一期工程生效，调减河北、天津 11.66 亿 m^3 指标；古贤水库生效，减少河道内汛期输沙用水 10 亿 m^3，增加河道外供水
		P5W	整体动态均衡配置	
		P5I	增量动态均衡配置	
场景 6（规划中期）	东、中线一期和二期工程生效，古贤水库生效	P6D	同比例调整	东、中线一期工程生效，调减河北天津 11.66 亿 m^3 指标；东、中线二期工程生效，调减河南、山东 7.0 亿 m^3 指标（其中河南 2.5 亿 m^3，山东 4.5 亿 m^3，增加下游河道生态用水 3.5 亿 m^3）；古贤水库生效，动态减少河道内汛期输沙用水 10 亿 m^3，增加河道外供水
		P6W	整体动态均衡配置	
		P6I	增量动态均衡配置	

续表

场景	重大工程条件	方案编号	优化方法	方案说明
场景 7 (规划中期)	东、中线一期工程生效，古贤水库生效	P7D	同比例调整	东、中线一期工程生效，调减河北、天津 11.66 亿 m^3 指标；古贤水库生效，减少河道内汛期输沙用水 20.28 亿 m^3 增加河道外供水
		P7W	整体动态均衡配置	
		P7I	增量动态均衡配置	
场景 8 (规划远期)	东、中线一期工程生效，西线一期工程生效	P8W	整体动态均衡配置	东、中线一期工程生效，不调减河北、天津指标；西线一期工程生效，从黄河源头区调入 80 亿 m^3 水量

注：河北天津调减 13.8 亿 m^3 分水指标，在天然径流量 490 亿 m^3 条件下，相当于调减分水指标 11.66 亿 m^3。

第 17 章 变化环境下分水方案多场景优化研究

运用流域水资源动态均衡配置模型系统，对第 16 章提出的多场景多个情景方案进行分析，提出各个情景方案优化配置结果。

17.1 场景 1（现状场景）

17.1.1 配置结果

不考虑现状重大水源条件，各方案均不改变河道内与河道外水量配置关系，即仍维持 36.21∶63.79，采用同比例调整和整体动态均衡优化方法来确定河道外各个省（自治区、直辖市）配置，形成两个方案 P1D 和 P1W，见表 17-1。两个方案均配置河道外水量 312.61 亿 m^3，河道内水量 177.43 亿 m^3，考虑引汉济渭等增加的河道内来水 3.04 亿 m^3，入海水量为 180.47 亿 m^3。

表 17-1 配置方案及占比

方案	青海	四川	甘肃	宁夏	内蒙古	陕西	山西	河南	山东	河北、天津	河道外	河道内
黄河“八七”分水方案（亿 m^3）	14.10	0.40	30.40	40.00	58.60	38.00	43.10	55.40	70.00	20.00	370.00	210.00
占比（%）	2.43	0.07	5.24	6.90	10.10	6.55	7.43	9.55	12.07	3.45	63.79	36.21
P1D（亿 m^3）	11.91	0.34	25.68	33.80	49.51	32.11	36.41	46.81	59.14	16.90	312.61	177.43
占比（%）	2.43	0.07	5.24	6.90	10.10	6.55	7.43	9.55	12.07	3.45	63.79	36.21
P1W（亿 m^3）	15.38	0.43	31.69	38.57	53.42	34.39	32.94	41.41	55.46	8.92	312.61	177.43
占比（%）	3.14	0.09	6.47	7.87	10.90	7.02	6.72	8.45	11.32	1.82	63.79	36.21

注：占比是指配置水量占天然径流的比例。

P1D 方案（基准方案，黄河“八七”分水方案），将黄河“八七”分水方案从当初制定的天然径流量 580 亿 m^3 情况调整到现状天然径流量 490 亿 m^3，河道内和河道外各省（自治区、直辖市）配置水量均按照天然径流量的变化比例进行同比例调整，配置水量均有所减少，但是配置水量占天然径流量的比例同黄河“八七”分水方案一致。

P1W 方案，采用流域水资源整体动态均衡优化方法对河道外各个省（自治区、直辖市）的配置进行优化调整，和 P1D 方案相比，山西、河南、山东、河北和天津的配置比例有所减少，上中游其他省（自治区）配置比例有所增加。说明在不考虑水源置换的情况下，考虑用水的公平性与效率因素，黄河流域水资源优化的方向是适当减少山西和下游配置与增加上中游配置。

按照黄河“八七”分水方案确定的利津断面水量 210 亿 m^3 在 490.04 亿 m^3 新径流条件下按照同比例调整为 177.43 亿 m^3，2000～2018 年现状水平（其天然径流量与多年平均情况基本相当）利津断面实测平均下泄水量为 167.26 亿 m^3。现状场景下，黄河干流关键断面下泄水量及开发利用率见表 17-2。方案 P1D、P1W 河口镇断面下泄水量分别为 196.53 亿 m^3、180.31 亿 m^3，断面以上河段地表水资源开发利用率分别为 46.7%、53.2%；利津断面下泄水量均为 180.47 亿 m^3，断面以上河段地表水资源开发利用率分别为 78.0%、78.8%。该场景下，利津断面下泄水量较黄河“八七”分水方案新径流条件下水量 177.43 亿 m^3 和现状实测水量 167.26 亿 m^3 均有所增加。

表 17-2　黄河干流关键断面下泄水量及开发利用率

方案	断面下泄水量（亿 m^3）					断面以上黄河地表水资源开发利用率（%）				
	兰州	河口镇	三门峡	花园口	利津	兰州	河口镇	三门峡	花园口	利津
P1D	301.92	196.53	249.58	277.15	180.47	9.2	46.7	57.0	56.7	78.0
P1W	295.89	180.31	232.53	262.83	180.47	11.3	53.2	61.9	60.5	78.8

17.1.2　供需结果

P1D 方案流域内供水量为 421.36 亿 m^3，缺水量 113.26 亿 m^3，与《黄河流域综合规划（2012—2030 年）》中 2030 年西线生效前供需方案（简称黄流规供需方案）相比，缺水量增加 19.10 亿 m^3；P1W 方案流域内供水量为 439.77 亿 m^3，缺水量 94.85 亿 m^3，与黄流规供需方案相比，缺水量增加 0.69 亿 m^3，见表 17-3。各省（自治区）供需方案见表 17-4 和表 17-5。

表 17-3　供需方案对比　（单位：亿 m^3）

方案	需水量	流域内供水量	流域内缺水量	流域内地表水耗水量
黄流规供需方案	547.33	453.18*	94.16*	247.26
P1D	534.62	421.36	113.26	214.70
P1W	534.62	439.77	94.85	229.18

*对《黄河流域综合规划（2012—2030 年）》中 2030 年供需方案加入了 10 亿 m^3 的引汉济渭供水量。

表 17-4 P1D 供需方案

（单位：亿 m^3）

省（自治区）	需水量（亿 m^3）	向流域内配置的供水量（亿 m^3）			缺水量（亿 m^3）	缺水率（%）	黄河地表水消耗量（亿 m^3）			外流域调水消耗量（亿 m^3）
		地表水供水量	地下水供水量	合计			流域内消耗量	流域外消耗量	合计	
青海	26.91	15.04	3.24	18.28	8.63	32.1	11.91	0	11.91	
四川	0.50	0.37	0.02	0.39	0.11	22.0	0.34	0	0.34	
甘肃	61.57	35.03	5.61	40.64	20.93	34.0	23.80	1.88	25.68	
宁夏	87.96	50.55	7.78	58.33	29.63	33.7	33.80	0	33.80	
内蒙古	105.23	56.98	25.17	82.15	23.08	21.9	49.51	0	49.51	
陕西	96.89	55.97	29.47	85.44	11.45	11.8	32.11	0	32.11	8.33
山西	68.58	39.70	20.98	60.68	7.90	11.5	31.14	5.27	36.41	
河南	61.91	34.77	20.91	55.68	6.23	10.1	27.30	19.50	46.80	
山东	25.07	8.34	11.43	19.77	5.30	21.1	4.79	54.36	59.15	1.26
河北								16.90	16.90	
合计	534.62	296.75	124.61	421.36	113.26	21.2	214.70	97.91	312.61	9.59

表 17-5 P1W 供需方案

省（自治区）	需水量（亿 m^3）	向流域内配置的供水量（亿 m^3）			缺水量（亿 m^3）	缺水率（%）	黄河地表水消耗量（亿 m^3）			外流域调水消耗量（亿 m^3）
		地表水供水量	地下水供水量	合计			流域内消耗量	流域外消耗量	合计	
青海	26.91	18.85	3.24	22.09	4.82	17.9	15.38	0	15.38	
四川	0.50	0.46	0.02	0.48	0.02	4.0	0.43	0	0.43	
甘肃	61.57	41.85	5.61	47.46	14.11	22.9	29.81	1.88	31.69	
宁夏	87.96	57.99	7.78	65.77	22.19	25.2	38.57	0	38.57	
内蒙古	105.23	61.18	25.17	86.35	18.88	17.9	53.42	0	53.42	
陕西	96.89	58.57	29.47	88.04	8.85	9.1	34.39	0	34.39	8.33
山西	68.58	35.99	20.98	56.97	11.61	16.9	27.66	5.27	32.93	
河南	61.91	30.35	20.91	51.26	10.65	17.2	23.33	18.09	41.42	
山东	25.07	9.92	11.43	21.35	3.72	14.8	6.19	49.27	55.46	1.26
河北								8.92	8.92	
合计	534.62	315.16	124.61	439.77	94.85	17.7	229.18	83.43	312.61	9.59

17.1.3 方案间公平与效益分析

经计算，方案（P1D、P1W）配置河道内水量 177.43 亿 m^3、河道外水量 312.61 亿 m^3。当均衡参数 α 取值从 1（仅考虑效率）向 0（仅考虑公平）变化，综合价值呈现出递减的规律，公平性呈现出递增规律；当 $\alpha=0.5$ 时，P1W 方案有效兼顾了效率与公平，见表 17-6。如果将河道外指标增量按黄河“八七”分水方案的固定比例分给 9 省（自治区）（P1D 方案），此时综合价值略高于 $\alpha=0.5$ 时的 P5W，但公平协调度较低。

表 17-6 方案综合价值及公平协调度分析

方案	P1D（同比例调整）	P1W（整体动态均衡配置）		
		$\alpha=1$	$\alpha=0$	$\alpha=0.5$
配置策略	无	仅考虑效率	仅考虑公平	公平效率兼顾
综合价值*（亿元）	834	893	501	830
公平协调度	0.6752	0.451	0.997	0.923

*综合价值仅考虑刚弹性、弹性供水产生的价值。

为了分析各省（自治区）间配置的公平性，对比了方案 P1W 与基准方案 P1D 的各省（自治区）弹性缺水率（即刚弹性和弹性需水的缺水率），见表 17-7。基于本次预测的 2030 年需水量及分层结果，方案 P1D 各省（自治区）间弹性缺水率差异较大，上、中、下游省（自治区）的缺水率分别为 67.1%、44.2%、25.9%。方案 P1W 在满足刚性需水的基础上，对剩余水量进行了整体动态均衡优化，各省（自治区）间的弹性缺水率差异较小，上、中、下游各省（自治区）的缺水率分别为 51.0%、47.1%、47.2%，基本实现了区域间的均衡分配。

表 17-7 黄河流域内各省（自治区）弹性缺水率对比 （单位：%）

方案	青海	四川	甘肃	宁夏	内蒙古	陕西	山西	河南	山东	上游	中游	下游
P1D	84.6	100.0	70.0	62.9	65.7	60.1	32.0	24.8	29.0	67.1	44.2	25.9
P1W	47.2	47.2	47.2	47.2	57.5	47.2	47.0	47.2	47.2	51.0	47.1	47.2

17.2 场景 2（现状场景）

17.2.1 配置结果

考虑河北、天津分水指标调减 11.66 亿 m^3，现状情景各方案均不改变河道内与河道外水量配置关系，即仍维持36.21∶63.79，采用不同的优化模式确定河道外各省（自治区）的配置，形成三个方案P2D、P2W和P2I，见表17-8。三个方案均配置河道外水量312.61亿m^3，河道内水量177.43亿m^3，考虑引汉济渭等增加的河道内来水3.04亿m^3，入海水量为180.47亿m^3。

表17-8　配置方案及占比

方案	青海	四川	甘肃	宁夏	内蒙古	陕西	山西	河南	山东	河北、天津	河道外	河道内
P2D（亿m^3）	12.38	0.35	26.70	35.13	51.46	33.37	37.85	48.65	61.48	5.24	312.61	177.43
占比（%）	2.53	0.07	5.45	7.17	10.50	6.81	7.72	9.93	12.54	1.07	63.79	36.21
P2W（亿m^3）	15.56	0.43	32.23	39.16	54.17	34.74	33.35	41.88	55.85	5.24	312.61	177.43
占比（%）	3.17	0.09	6.58	7.99	11.05	7.09	6.80	8.55	11.40	1.07	63.79	36.21
P2I（亿m^3）	14.82	0.42	29.26	36.54	50.64	33.32	36.42	46.81	59.14	5.24	312.61	177.43
占比（%）	3.02	0.09	5.97	7.46	10.33	6.80	7.43	9.55	12.07	1.07	63.79	36.21

注：占比是指配置水量占天然径流的比例。

P2D方案，首先调整河北、天津的配置水量，再采用同比例调整方法确定其他省（自治区）配置水量。与基准方案P1D相比，河北、天津的配置占比有所下降，从基准方案的3.45%下降到1.07%，其他省（自治区）均有所增加，且增加的比例一致。

P2W方案，首先调整河北、天津的配置水量，再采用整体动态均衡优化方法确定其他省（自治区）配置水量。与P2D方案相比，山西、河南、山东的配置占比降低，上中游其他省（自治区）占比增加。与P1W相比，各省（自治区）调整优化的方向一致，但调整幅度较大。说明考虑水源置换条件与否流域水资源优化调整方向是一致的，考虑水源置换后总体优化空间加大，各省（自治区）优化调整幅度增大。

P2I方案，首先调整河北天津的配置水量，再采用增量动态均衡优化方法确定其他省（自治区）配置水量。与P2D方案相比，山西、河南、山东的配置占比降低，上中游其他省（自治区）占比增加。与P2W方案相比，两个方案的优化调整方向一致，均减少了山西、河南、山东的配置占比，增加了其他省（自治区）占比，但各省（自治区）调整幅度相对较小。说明增量动态均衡配置方法与整体动态均衡配置方法的优化方向是一致的，而优化调整幅度相对较小。

现状场景下，黄河干流关键断面水量及开发利用率见表17-9。方案P2D、P2W、P2I河口镇断面下泄水量分别192.18亿m^3、178.45亿m^3、187.22亿m^3，断面以上河段地表水资源开发利用率分别为48.5%、54.0%、50.5%；利津断面下泄水量均为180.47亿m^3，断面以上河段地表水资源开发利用率分别为78.2%、78.9%、78.6%。

表 17-9　黄河干流关键断面下泄水量及开发利用率

方案	断面下泄水量（亿 m^3）					断面以上黄河地表水资源开发利用率（%）				
	兰州	河口镇	三门峡	花园口	利津	兰州	河口镇	三门峡	花园口	利津
P2D	301.02	192.18	242.06	268.26	180.47	9.6	48.5	51.9	58.8	78.2
P2W	295.48	178.45	229.72	259.74	180.47	11.4	54.0	62.6	61.2	78.9
P2I	297.46	187.22	237.81	264.74	180.47	10.8	50.5	60.3	59.8	78.6

该场景下，利津断面下泄水量180.47亿 m^3，较2001～2018年现状水平（利津断面年均天然径流量与1956～2016年系列接近）的167.26亿 m^3增加13.21亿 m^3，较黄河"八七"分水方案新径流条件下利津水量177.43亿 m^3增加3.04亿 m^3。

17.2.2　供需结果

P2D方案流域内供水量为436.09亿 m^3，缺水量为98.53亿 m^3，与黄流规供需方案相比，缺水量增加4.37亿 m^3；P2W方案流域内供水量为443.68亿 m^3，缺水量为90.94亿 m^3，与黄流规供需方案相比，缺水量减少3.22亿 m^3；P2I方案流域内供水量为440.04亿 m^3，缺水量为94.58亿 m^3，与黄流规供需方案相比，缺水量增加0.42亿 m^3，见表17-10。各省（自治区）供需方案见表17-11～表17-13。

表 17-10　供需方案对比　（单位：亿 m^3）

方案	需水量	流域内供水量	流域内缺水量	流域内地表水耗水量
黄流规供需方案	547.33	453.17*	94.16*	247.26
P2D	534.62	436.09	98.53	228.13
P2W	534.62	443.68	90.94	232.55
P2I	534.62	440.04	94.58	230.41

*对《黄河流域综合规划（2012—2030年）》中2030年供需方案加入了10亿 m^3的引汉济渭供水量。

17.2.3　方案间公平与效益分析

经计算，方案（P2D、P2W、P2I）配置河道内水量177.43亿 m^3、河道外水量312.61亿 m^3。当均衡参数 α 取值从1（仅考虑效率）向0（仅考虑公平）变化，综合价值呈现出递减的规律，公平性呈现出递增规律；当 $\alpha=0.5$ 时，P2W、P2I方案有效兼顾了效率与公平，见表17-14。如果将河道外指标增量按同比例调整方法分配（P2D方案），此时综合价值略高于 $\alpha=0.5$ 时的P5W，但公平协调度较低。

表 17-11　P2D 供需方案

省（自治区）	需水量（亿 m³）	向流域内配置的供水量（亿 m³）			缺水量（亿 m³）	缺水率（%）	黄河地表水消耗量（亿 m³）			外流域调水消耗量（亿 m³）
		地表水供水量	地下水供水量	合计			流域内消耗量	流域外消耗量	合计	
青海	26.91	15.55	3.24	18.79	8.12	30.2	12.38	0	12.38	
四川	0.5	0.39	0.02	0.41	0.09	18.0	0.35	0	0.35	
甘肃	61.57	36.48	5.61	42.09	19.48	31.6	24.82	1.88	26.7	
宁夏	87.96	52.47	7.78	60.25	27.71	31.5	35.13	0	35.13	
内蒙古	105.23	59.07	25.17	84.24	20.99	19.9	51.46	0	51.46	
陕西	96.89	57.48	29.47	86.95	9.94	10.3	33.37	0	33.37	8.33
山西	68.58	41.23	20.98	62.21	6.37	9.3	32.58	5.27	37.85	
河南	61.91	37.15	20.91	58.06	3.85	6.2	29.66	18.99	48.65	
山东	25.07	11.66	11.43	23.09	1.98	7.9	8.38	53.1	61.48	1.26
河北								5.24	5.24	
合计	534.62	311.48	124.61	436.09	98.53	18.4	228.13	84.48	312.61	9.59

表 17-12　P2W 供需方案

省（自治区）	需水量（亿 m³）	向流域内配置的供水量（亿 m³）			缺水量（亿 m³）	缺水率（%）	黄河地表水消耗量（亿 m³）			外流域调水消耗量（亿 m³）
		地表水供水量	地下水供水量	合计			流域内消耗量	流域外消耗量	合计	
青海	26.91	19.06	3.24	22.30	4.61	17.1	15.56	0	15.56	
四川	0.50	0.46	0.02	0.48	0.02	4.0	0.43	0	0.43	
甘肃	61.57	42.43	5.61	48.04	13.53	22.0	30.35	1.88	32.23	
宁夏	87.96	58.91	7.78	66.69	21.27	24.2	39.16	0	39.16	
内蒙古	105.23	61.98	25.17	87.15	18.08	17.2	54.17	0	54.17	
陕西	96.89	58.94	29.47	88.41	8.48	8.8	34.74	0	34.74	8.33
山西	68.58	36.42	20.98	57.40	11.18	16.3	28.08	5.27	33.35	
河南	61.91	30.80	20.91	51.71	10.20	16.5	23.73	18.15	41.88	
山东	25.07	10.07	11.43	21.50	3.57	14.2	6.33	49.52	55.85	1.26
河北								5.24	5.24	
合计	534.62	319.07	124.61	443.68	90.94	17.0	232.55	80.06	312.61	9.59

表 17-13 P2I 供需方案

省（自治区）	需水量（亿 m^3）	向流域内配置的供水量（亿 m^3）			缺水量（亿 m^3）	缺水率（%）	黄河地表水消耗量（亿 m^3）			外流域调水消耗量（亿 m^3）
		地表水供水量	地下水供水量	合计			流域内消耗量	流域外消耗量	合计	
青海	26.91	18.24	3.24	21.48	5.43	20.2	14.82	0	14.82	
四川	0.50	0.46	0.02	0.48	0.02	4.0	0.42	0	0.42	
甘肃	61.57	39.23	5.61	44.84	16.73	27.2	27.37	1.88	29.25	
宁夏	87.96	54.81	7.78	62.59	25.37	28.8	36.54	0	36.54	
内蒙古	105.23	58.20	25.17	83.37	21.86	20.8	50.65	0	50.65	
陕西	96.89	57.42	29.47	86.89	10.00	10.3	33.32	0	33.32	8.33
山西	68.58	39.70	20.98	60.68	7.90	11.5	31.14	5.27	36.41	
河南	61.91	36.33	20.91	57.24	4.67	7.5	28.90	17.91	46.81	
山东	25.07	11.04	11.43	22.47	2.60	10.4	7.25	51.90	59.15	1.26
河北								5.24	5.24	
合计	534.62	315.43	124.61	440.04	94.58	17.7	230.41	82.20	312.61	9.59

表 17-14　方案综合价值及公平协调度分析

方案	P2D（同比例调整）	P2W（整体动态均衡配置）			P2I（增量动态均衡配置）		
		α=1	α=0	α=0.5	α=1	α=0	α=0.5
配置策略	无	仅考虑效率	仅考虑公平	公平效率兼顾	仅考虑效率	仅考虑公平	公平效率兼顾
综合价值*（亿元）	836	876	309	835	854	619	816
公平协调度	0.768	0.423	0.997	0.933	0.655	0.860	0.814

*综合价值仅考虑刚弹性、弹性供水产生的价值。

为了进一步分析各省（自治区）间配水的公平性，对比了 P2D、P2W、P2I 三个方案流域内各省（自治区）的弹性缺水率，见表 17-15。基于本次预测的 2030 年需水量及分层结果，P2D 方案中各省（自治区）间弹性缺水率差异较大，上、中、下游各省（自治区）的缺水率分别为 62.6%、37.6%、17.2%；P2W 方案由于进行了全局均衡优化，其省（自治区）间的弹性缺水率差异最小，上、中、下游各省（自治区）的缺水率分别为 49.2%、45.2%、45.2%，基本实现了区域均衡配置；P2I 方案由于考虑到了维持各省（自治区）现状指标不减少，对增量部分进行了均衡优化，上、中、下游省（自治区）的缺水率分别为 57.8%、41.2%、24.5%。

表 17-15　黄河流域内各省（自治区）弹性需水的缺水率对比　　（单位：%）

方案	青海	四川	甘肃	宁夏	内蒙古	陕西	山西	河南	山东	上游	中游	下游
P2D	79.5	100.0	65.2	58.5	61.6	53.0	25.9	17.1	17.4	62.6	37.6	17.2
P2W	45.2	45.2	45.2	45.2	55.9	45.2	45.2	45.2	45.2	49.2	45.2	45.2
P2I	53.3	53.2	56.0	53.9	63.3	53.2	32.0	20.7	35.5	57.8	41.2	24.5

17.3　场景 3（规划中期场景）

17.3.1　配置结果

考虑东中线二期生效之后的规划情况，调减下游省（直辖市）指标 18.66 亿 m^3，其中调减河北、天津 11.66 亿 m^3，调减河南 2.50 亿 m^3 和山东 4.50 亿 m^3，并将河南、山东调减指标的一半（3.50 亿 m^3）用于增加下游河道生态用水。河道内与河道外水量配置关系调整为 36.92∶63.08，采用不同的优化模式确定河道外各省（自治区）配置，形成三个方案 P3D、P3W 和 P3I，见表 17-16。三个方案均配置河道外水量 309.11 亿 m^3，河道内水量 180.93 亿 m^3，考虑引汉济渭等增加的河道内来水 3.04 亿 m^3，入海水量为183.97 亿 m^3。

表 17-16　配置方案及占比

方案	青海	四川	甘肃	宁夏	内蒙古	陕西	山西	河南	山东	河北、天津	河道外	河道内
P3D（亿 m^3）	12.86	0.37	27.74	36.49	53.47	34.67	39.32	44.31	54.64	5.24	309.11	180.93
占比（%）	2.62	0.08	5.66	7.45	10.91	7.07	8.02	9.04	11.15	1.07	63.08	36.92
P3W（亿 m^3）	15.26	0.43	31.34	38.19	52.94	34.17	32.59	44.31	54.64	5.24	309.11	180.93
占比（%）	3.11	0.09	6.40	7.79	10.80	6.97	6.65	9.04	11.15	1.07	63.08	36.92
P3I（亿 m^3）	14.99	0.42	30.48	37.25	51.75	33.62	36.41	44.31	54.64	5.24	309.11	180.93
占比（%）	3.06	0.09	6.22	7.60	10.56	6.86	7.43	9.04	11.15	1.07	63.08	36.92

注：占比是指配置水量占天然径流的比例。

P3D 方案，首先调整河北和天津、河南、山东的配置水量，再采用同比例调整方法确定其他省（自治区）配置水量。与基准方案 P1D 相比，河北和天津、河南、山东的配置占比有所下降，从基准方案的 3.45%、9.55%、12.07% 分别下降到 1.07%、9.04%、11.15%，上中游其他省（自治区）均有所增加，各省（自治区、直辖市）增加的比例一致。

P3W 方案，首先调整河北和天津，河南，山东的配置水量，再采用整体动态均衡优化方法确定其他省（自治区）配置水量。与 P3D 方案相比，河南，山东，河北和天津的配置占比与 P3D 方案相同，青海、四川、甘肃、宁夏的配置占比有所增加，内蒙古、陕西、山西的配置占比降低。与 P2W 方案相比，各省（自治区、直辖市）配置占比的变化幅度较大。说明随着水源置换增大，流域水资源优化空间增大，各省（自治区、直辖市）优化调整幅度加大。

P3I 方案，首先调整河北和天津、河南、山东的配置水量，再采用增量动态均衡优化方法确定其他省（自治区）配置水量。与 P3W 方案相比，两个方案的优化调整方向一致，即河北和天津、河南、山东配置占比与 P3W 方案相同，青海、四川、甘肃、宁夏的配置占比有所增加，内蒙古、陕西、山西的配置占比降低，但是各省（自治区、直辖市）调整幅度相对较小。与 P2I 方案相比，各省（自治区、直辖市）配置占比的变化幅度较大。

从场景 3 与场景 2 优化结果比较来看，说明随着水源置换增大，流域水资源优化空间增大，各省（自治区、直辖市）优化调整幅度加大。

规划中期场景下，黄河干流关键断面水量及开发利用率见表 17-17。方案 P3D、P3W、P3I 河口镇断面下泄水量分别为 187.72 亿 m^3、181.50 亿 m^3、184.44 亿 m^3，断面以上河段地表水资源开发利用率分别为 50.3%、52.8%、51.6%；利津断面下泄水量均为

183.97 亿 m^3，断面以上河段地表水资源开发利用率分别为 77.8%、78.3%、78.2%。

表 17-17 黄河干流关键断面下泄水量及开发利用率

方案	断面下泄水量（亿 m^3）					断面以上黄河地表水资源开发利用率（%）				
	兰州	河口镇	三门峡	花园口	利津	兰州	河口镇	三门峡	花园口	利津
P3D	300.09	187.72	234.80	263.08	183.97	9.9	50.3	61.1	60.2	77.8
P3W	296.15	181.50	234.21	263.08	183.97	11.2	52.8	61.4	60.4	78.3
P3I	296.78	184.44	234.54	263.08	183.97	11.0	51.6	61.2	60.3	78.2

该场景下，利津断面下泄水量 183.97 亿 m^3，较 2001～2018 年现状实测水平 167.26 亿 m^3 增加 16.71 亿 m^3，较“八七”分水方案新径流条件下利津水量 177.43 亿 m^3 增加 6.54 亿 m^3。

17.3.2 供需结果

P3D 方案流域内供水量为 438.98 亿 m^3，缺水量为 95.64 亿 m^3，与黄流规供需方案相比，缺水量增加 1.48 亿 m^3；P3W 方案流域内供水量为 441.20 亿 m^3，缺水量为 93.42 亿 m^3，与黄流规供需方案相比，缺水量减少 0.74 亿 m^3；P3I 方案流域内供水量为 440.69 亿 m^3，缺水量为 93.93 亿 m^3，与黄流规供需方案相比，缺水量减少 0.23 亿 m^3，见表 17-18。各省（自治区）供需方案见表 17-19～表 17-21。

表 17-18 供需方案对比 （单位：亿 m^3）

方案	需水量	流域内供水量	流域内缺水量	流域内地表水耗水量
黄流规供需方案	547.33	453.17 *	94.16 *	247.26
P3D	534.62	438.98	95.64	229.52
P3W	534.62	441.20	93.42	229.52
P3I	534.62	440.69	93.93	229.52

* 对《黄河流域综合规划（2012—2030 年）》中 2030 年供需方案加入了 10 亿 m^3 的引汉济渭供水量。

17.3.3 方案间公平与效益分析

经计算，方案（P3D、P3W、P3I）配置河道内水量 180.93 亿 m^3、河道外水量 312.61 亿 m^3。当均衡参数 α 取值从 1（仅考虑效率）向 0（仅考虑公平）变化，综合价值呈现出递减的规律，公平性呈现出递增规律；当 $\alpha=0.5$ 时，P3W、P3I 方案有效兼顾了效率与公平，见表 17-22。如果将河道外指标增量按同比例调整方法分配（P3D 方案），此时综合价值略高于 $\alpha=0.5$ 时的 P3W，但公平协调度较低。

表 17-19　P3D 供需方案

省（自治区）	需水量（亿 m^3）	向流域内配置的供水量（亿 m^3）			缺水量（亿 m^3）	缺水率（%）	黄河地表水消耗量（亿 m^3）			外流域调水消耗量（亿 m^3）
		地表水供水量	地下水供水量	合计			流域内消耗量	流域外消耗量	合计	
青海	26.91	16.07	3.24	19.31	7.60	28.2	12.86	0	12.86	
四川	0.50	0.40	0.02	0.42	0.08	16.0	0.37	0	0.37	
甘肃	61.57	37.59	5.61	43.20	18.37	29.8	25.86	1.88	27.74	
宁夏	87.96	54.75	7.78	62.53	25.43	28.9	36.49	0	36.49	
内蒙古	105.23	61.23	25.17	86.40	18.83	17.9	53.47	0	53.47	
陕西	96.89	58.86	29.47	88.33	8.56	8.8	34.67	0	34.67	8.33
山西	68.58	42.81	20.98	63.79	4.79	7.0	34.05	5.27	39.32	
河南	61.91	33.05	20.91	53.96	7.95	12.8	25.85	18.46	44.31	
山东	25.07	9.61	11.43	21.04	4.03	16.1	5.90	48.74	54.64	1.26
河北								5.24	5.24	
合计	534.62	314.37	124.61	438.98	95.64	17.9	229.52	79.59	309.11	9.59

表 17-20　P3W 供需方案

省（自治区）	需水量（亿 m^3）	向流域内配置的供水量（亿 m^3）			缺水量（亿 m^3）	缺水率（%）	黄河地表水消耗量（亿 m^3）			外流域调水消耗量（亿 m^3）
		地表水供水量	地下水供水量	合计			流域内消耗量	流域外消耗量	合计	
青海	26.91	18.73	3.24	21.97	4.94	18.4	15.26	0	15.26	
四川	0.50	0.46	0.02	0.48	0.02	4.0	0.43	0	0.43	
甘肃	61.57	41.47	5.61	47.08	14.49	23.5	29.46	1.88	31.34	
宁夏	87.96	57.39	7.78	65.17	22.79	25.9	38.19	0	38.19	
内蒙古	105.23	60.66	25.17	85.83	19.40	18.4	52.94	0	52.94	
陕西	96.89	58.33	29.47	87.80	9.09	9.4	34.17	0	34.17	8.33
山西	68.58	35.63	20.98	56.61	11.97	17.5	27.32	5.27	32.59	
河南	61.91	33.05	20.91	53.96	7.95	12.8	25.85	18.46	44.31	
山东	25.07	10.87	11.43	22.30	2.77	11.0	5.90	48.74	54.64	1.26
河北								5.24	5.24	
合计	534.62	316.59	124.61	441.20	93.42	17.5	229.52	79.59	309.11	9.59

表 17-21　P3I 供需方案

省（自治区）	需水量（亿 m^3）	向流域内配置的供水量（亿 m^3）			缺水量（亿 m^3）	缺水率（%）	黄河地表水消耗量（亿 m^3）			外流域调水消耗量（亿 m^3）
		地表水供水量	地下水供水量	合计			流域内消耗量	流域外消耗量	合计	
青海	26.91	18.41	3.24	21.65	5.26	19.5	14.99	0	14.99	
四川	0.50	0.46	0.02	0.48	0.02	4.0	0.42	0	0.42	
甘肃	61.57	40.55	5.61	46.16	15.41	25.0	28.60	1.88	30.48	
宁夏	87.96	55.92	7.78	63.70	24.26	27.6	37.25	0	37.25	
内蒙古	105.23	59.38	25.17	84.55	20.68	19.7	51.74	0	51.74	
陕西	96.89	57.74	29.47	87.21	9.68	10.0	33.62	0	33.62	8.33
山西	68.58	39.70	20.98	60.68	7.90	11.5	31.15	5.27	36.42	
河南	61.91	33.05	20.91	53.96	7.95	12.8	25.85	18.46	44.31	
山东	25.07	10.87	11.43	22.30	2.77	11.0	5.90	48.74	54.64	1.26
河北								5.24	5.24	
合计	534.62	316.08	124.61	440.69	93.93	17.6	229.52	79.59	309.11	9.59

表 17-22　方案综合价值及公平协调度分析

方案	P3D（同比例调整）	P3W（整体动态均衡配置）			P3I（增量动态均衡配置）		
		α=1	α=0	α=0.5	α=1	α=0	α=0.5
配置策略	无	仅考虑效率	仅考虑公平	公平效率兼顾	仅考虑效率	仅考虑公平	公平效率兼顾
综合价值*（亿元）	678	696	416	667	691	359	672
公平协调度	0.778	0.615	1.000	0.938	0.684	0.957	0.901

*综合价值仅考虑刚弹性、弹性供水产生的价值。

为了进一步分析各省（自治区）间配水的公平性，对比了 P3D、P3W、P3I 三个方案流域内各省（自治区）的弹性缺水率，见表 17-23。基于本次预测的 2030 年需水量及分层结果，P3D 方案中各省（自治区）间弹性缺水率差异较大，上、中、下游各省（自治区）的缺水率分别为 58.4%、30.8%、39.3%；P3W 方案由于进行了全局均衡优化，各省（自治区）间的弹性缺水率差异最小，上、中、下游各省（自治区）的缺水率分别为 52.2%、48.4%、39.3%，基本实现了区域均衡配置；P3I 方案由于考虑到了维持各省（自治区）现状指标不减少，对增量部分进行了均衡优化，上、中、下游各省（自治区）的缺水率分别为 55.0%、40.5%、39.3%，且各省（自治区）间的差异较 P3D 方案有了明显改善。

表 17-23　黄河流域内各省（自治区）弹性需水的缺水率对比　　（单位：%）

方案	青海	四川	甘肃	宁夏	内蒙古	陕西	山西	河南	山东	上游	中游	下游
P3D	74.5	100.0	61.4	54.0	57.4	45.6	19.6	35.2	51.1	58.4	30.8	39.3
P3W	48.4	48.4	48.4	48.4	58.5	48.4	48.4	35.2	51.1	52.2	48.4	39.3
P3I	51.5	51.6	51.6	51.6	61.0	51.6	32.0	35.2	51.1	55.0	40.5	39.3

17.4　场景 4（规划中期场景）

17.4.1　配置结果

考虑东中线二期生效之后的规划情况，调减下游指标 18.66 亿 m^3，其中调减河北、天津 11.66 亿 m^3，调减河南 2.50 亿 m^3 和山东 4.50 亿 m^3。各方案均不改变河道内与河道外水量配置关系，即仍维持 36.21%：63.79%，采用不同的优化模式确定河道外各省（自治区）配置，形成三个方案 P4D、P4W 和 P4I，见表 17-24。三个方案均配置河道外水量 312.61 亿 m^3，河道内水量 177.43 亿 m^3，考虑引汉济渭等增加的河道内来水 3.04 亿 m^3，入海水量为 180.47 亿 m^3。

表 17-24　配置方案及占比

方案	青海	四川	甘肃	宁夏	内蒙古	陕西	山西	河南	山东	河北、天津	河道外	河道内
P4D（亿 m^3）	13.08	0.37	28.21	37.12	54.38	35.26	40.00	44.31	54.64	5.24	312.61	177.43
占比（%）	2.67	0.08	5.76	7.57	11.10	7.20	8.16	9.04	11.15	1.07	63.79	36.21
P4W（亿 m^3）	15.48	0.43	32.01	38.92	53.85	34.59	33.14	44.31	54.64	5.24	312.61	177.43
占比（%）	3.16	0.09	6.53	7.94	10.99	7.06	6.76	9.04	11.15	1.07	63.79	36.21
P4I（亿 m^3）	15.24	0.43	31.27	38.11	52.84	34.12	36.41	44.31	54.64	5.24	312.61	177.43
占比（%）	3.11	0.09	6.38	7.78	10.78	6.96	7.43	9.04	11.15	1.07	63.79	36.21

注：占比是指配置水量占天然径流的比例。

P4D 方案，首先调整河北和天津、河南、山东的配置水量，再采用同比例调整方法确定其他省（自治区）配置水量。与基准方案 P1D 相比，河北和天津、河南、山东的配置占比有所下降，从基准方案的 3.45%、9.55%、12.07% 分别下降到 1.07%、9.04%、11.15%，上中游其他省（自治区）均有所增加，各省（自治区、直辖市）增加的比例一致。

P4W 方案，首先调整河北天津、河南、山东的配置水量，再采用整体动态均衡优化方法确定其他省（自治区）配置水量。与 P4D 方案相比，河南、山东、河北天津的配置占比与 P4D 方案一致，青海、四川、甘肃、宁夏的配置占比有所增加，内蒙古、陕西、山西的配置占比降低。与 P3W 方案相比，各省（自治区、直辖市）配置占比的变化幅度较大。

P4I 方案，首先调整河北天津、河南、山东的配置水量，再采用增量动态均衡优化方法确定其他省（自治区）配置水量。与 P4D 方案相比，两个方案的优化调整方向一致，即河北天津、河南、山东的配置占比与 P4D 方案相同，青海、四川、甘肃、宁夏的配置占比有所增加，内蒙古、陕西、山西的配置占比降低，但是各省（自治区）调整幅度相对较小。与 P3I 方案相比，各省（自治区、直辖市）调整幅度比 P3I 方案较大。

从场景 4、场景 3、场景 2 的优化结果比较来看，说明随着水源置换进一步增大，流域水资源优化的方向保持不变，优化空间增大，各省（自治区、直辖市）优化调整幅度加大。

规划中期场景下，黄河干流关键断面水量及开发利用率见表 17-25。方案 P4D、P4W、P4I 河口镇断面下泄水量分别为 185.68 亿 m^3、179.23 亿 m^3、181.75 亿 m^3，断面以上河段地表水资源开发利用率分别为 51.1%、53.7%、52.7%；利津断面下泄水量均为 180.47 亿 m^3，断面以上河段地表水资源开发利用率分别为 78.6%、79.1%、79.0%。

表 17-25　黄河干流关键断面下泄水量及开发利用率

方案	断面下泄水量（亿 m^3）					断面以上黄河地表水资源开发利用率（%）				
	兰州	河口镇	三门峡	花园口	利津	兰州	河口镇	三门峡	花园口	利津
P4D	299.67	185.68	231.36	259.58	180.47	10.0	51.1	62.0	61.0	78.6
P4W	295.65	179.23	230.76	259.58	180.47	11.4	53.7	62.4	61.2	79.1
P4I	296.20	181.75	231.04	259.58	180.47	11.2	52.7	62.2	61.1	79.0

该场景下，利津断面下泄水量为 180.47 亿 m^3，较 2001 ~ 2018 年现状实测水平的 167.26 亿 m^3增加 13.21 亿 m^3，较黄河“八七”分水方案新径流条件下利津水量 177.43 亿 m^3增加 3.04 亿 m^3。

17.4.2　供需结果

P4D 方案流域内供水量为442.90 亿 m^3，缺水量为91.72 亿 m^3，与黄流规供需方案相比，缺水量减少 2.44 亿 m^3；P4W 方案流域内供水量为 445.31 亿 m^3，缺水量为 89.31 亿 m^3，与黄流规供需方案相比，缺水量减少 4.85 亿 m^3；P4I 方案流域内供水量为 444.89 亿 m^3，缺水量为 89.73 亿 m^3，与黄流规供需方案相比，缺水量减少 4.43 亿 m^3，见表 17-26。各省（自治区）供需方案见表 17-27 ~ 表 17-29。

表 17-26　供需方案对比　　　　（单位：亿 m^3）

方案	需水量	流域内供水量	流域内缺水量	流域内地表水耗水量
黄流规供需方案	547.33	453.17 *	94.16 *	247.26
P4D	534.62	442.90	91.72	233.02
P4W	534.62	445.31	89.31	233.02
P4I	534.62	444.89	89.73	233.02

* 对《黄河流域综合规划（2012—2030 年）》中 2030 年供需方案加入了 10 亿 m^3的引汉济渭供水量。

17.4.3　方案间公平与效益分析

经计算，方案（P4D、P4W、P4I）配置河道内水量 177.43 亿 m^3、河道外水量 312.61 亿 m^3。当均衡参数 α 取值从 1（仅考虑效率）向 0（仅考虑公平）变化，综合价值呈现出递减的规律，公平性呈现出递增规律；当 $\alpha=0.5$ 时，P4W、P4I 方案有效兼顾了效率与公平，见表 17-30。如果将河道外指标增量按同比例调整方法分配（P4D 方案），此时综合价值及公平协调度皆低于 $\alpha=0.5$ 时的 P4W 及 P4I 方案。

表 17-27　P4D 供需方案

省（自治区）	需水量（亿 m^3）	向流域内配置的供水量（亿 m^3）			缺水量（亿 m^3）	缺水率（%）	黄河地表水消耗量（亿 m^3）			外流域调水消耗量（亿 m^3）
		地表水供水量	地下水供水量	合计			流域内消耗量	流域外消耗量	合计	
青海	26.91	16.33	3.24	19.57	7.34	27.3	13.08	0	13.08	
四川	0.50	0.40	0.02	0.42	0.08	16.0	0.37	0	0.37	
甘肃	61.57	38.10	5.61	43.71	17.86	29.0	26.33	1.88	28.21	
宁夏	87.96	55.57	7.78	63.35	24.61	28.0	37.12	0	37.12	
内蒙古	105.23	62.21	25.17	87.38	17.85	17.0	54.38	0	54.38	
陕西	96.89	59.50	29.47	88.97	7.92	8.2	35.26	0	35.26	8.33
山西	68.58	43.52	20.98	64.50	4.08	5.9	34.73	5.27	40.00	
河南	61.91	33.05	20.91	53.96	7.95	12.8	25.85	18.46	44.31	
山东	25.07	9.61	11.43	21.04	4.03	16.1	5.90	48.74	54.64	1.26
河北								5.24	5.24	
合计	534.62	318.29	124.61	442.90	91.72	17.2	233.02	79.59	312.61	9.59

表 17-28　P4W 供需方案

省（自治区）	需水量（亿 m^3）	向流域内配置的供水量（亿 m^3）			缺水量（亿 m^3）	缺水率（%）	黄河地表水消耗量（亿 m^3）			外流域调水消耗量（亿 m^3）
		地表水供水量	地下水供水量	合计			流域内消耗量	流域外消耗量	合计	
青海	26.91	18.97	3.24	22.21	4.70	17.5	15.48	0	15.48	
四川	0.50	0.46	0.02	0.48	0.02	4.0	0.43	0	0.43	
甘肃	61.57	42.19	5.61	47.80	13.77	22.4	30.13	1.88	32.01	
宁夏	87.96	58.52	7.80	66.30	21.66	24.6	38.92	0	38.92	
内蒙古	105.23	61.64	25.17	86.81	18.42	17.5	53.85	0	53.85	
陕西	96.89	58.78	29.47	88.25	8.64	8.9	34.59	0	34.59	8.33
山西	68.58	36.22	20.98	57.20	11.38	16.6	27.87	5.27	33.14	
河南	61.91	33.05	20.91	53.96	7.95	12.8	25.85	18.46	44.31	
山东	25.07	10.87	11.43	22.30	2.77	11.0	5.90	48.74	54.64	1.26
河北								5.24	5.24	
合计	534.62	320.70	124.61	445.31	89.31	16.7	233.02	79.59	312.61	9.59

表 17-29　P4I 供需方案

省（自治区）	需水量（亿 m^3）	向流域内配置的供水量（亿 m^3）			缺水量（亿 m^3）	缺水率（%）	黄河地表水消耗量（亿 m^3）			外流域调水消耗量（亿 m^3）
		地表水供水量	地下水供水量	合计			流域内消耗量	流域外消耗量	合计	
青海	26.91	18.70	3.24	21.94	4.97	18.5	15.24	0	15.24	
四川	0.50	0.46	0.02	0.48	0.02	4.0	0.43	0	0.43	
甘肃	61.57	41.39	5.61	47.00	14.57	23.7	29.39	1.88	31.27	
宁夏	87.96	57.27	7.78	65.05	22.91	26.0	38.11	0	38.11	
内蒙古	105.23	60.55	25.17	85.72	19.51	18.5	52.84	0	52.84	
陕西	96.89	58.28	29.47	87.75	9.14	9.4	34.12	0	34.12	8.33
山西	68.58	39.71	20.98	60.69	7.89	11.5	31.14	5.27	36.41	
河南	61.91	33.05	20.91	53.96	7.95	12.8	25.85	18.46	44.31	
山东	25.07	10.87	11.43	22.30	2.77	11.0	5.90	48.74	54.64	1.26
河北								5.24	5.24	
合计	534.62	320.28	124.61	444.89	89.73	16.8	233.02	79.59	312.61	9.59

表 17-30　方案综合价值及公平协调度分析

方案	P4D（同比例调整）	P4W（整体动态均衡配置）			P4I（增量动态均衡配置）		
		α=1	α=0	α=0.5	α=1	α=0	α=0.5
配置策略	无	仅考虑效率	仅考虑公平	公平效率兼顾	仅考虑效率	仅考虑公平	公平效率兼顾
综合价值*（亿元）	684	782	502	758	777	445	753
公平协调度	0.761	0.559	0.957	0.906	0.632	0.912	0.874

* 综合价值仅考虑刚弹性、弹性供水产生的价值。

为了进一步分析各省（自治区）间配水的公平性，对比了 P4D、P4W、P4I 三个方案流域内各省（自治区）的弹性缺水率，见表 17-31。基于本次预测的 2030 年需水量及分层结果，P4D 方案中省（自治区）间弹性缺水率差异较大，上、中、下游各省（自治区）的缺水率分别为 56.4%、27.8%、39.3%；P4W 方案由于进行了全局均衡优化，各省（自治区）间的弹性缺水率差异最小，上、中、下游各省（自治区）的缺水率分别为 49.9%、46.1%、39.3%，基本实现了区域均衡配置；P4I 方案由于考虑到了维持各省（自治区）现状指标不减少，对增量部分进行了均衡优化，上、中、下游各省（自治区）的缺水率分别为 52.4%、39.2%、39.3%，且各省（自治区）间的差异较 P4D 方案有了明显改善。

表 17-31　黄河流域内各省（自治区）弹性需水的缺水率对比　　（单位:%）

方案	青海	四川	甘肃	宁夏	内蒙古	陕西	山西	河南	山东	上游	中游	下游
P4D	72.0	100.0	59.7	52.0	55.5	42.3	16.7	35.2	51.1	56.4	27.8	39.3
P4W	46.1	46.0	46.1	46.1	56.6	46.1	46.1	35.2	51.1	49.9	46.1	39.3
P4I	48.7	48.6	48.7	48.7	58.7	48.7	32.0	35.2	51.1	52.4	39.2	39.3

17.5　场景 5（规划中期场景）

17.5.1　配置结果

考虑河北、天津分水指标调减 11.66 亿 m^3 和动态减少河道内汛期输沙用水 10 亿 m^3 增加河道外供水的现状情景，改变河道内与河道外水量配置关系为 34.17 : 65.83，采用不同的优化模式确定河道外各省（自治区、直辖市）的配置，形成三个方案 P5D、P5W 和

P5I，见表 17-32。三个方案均配置河道外水量 322.61 亿 m^3，河道内水量 167.43 亿 m^3，考虑引汉济渭等增加的河道内来水 3.04 亿 m^3，入海水量为 170.47 亿 m^3。

表 17-32 配置方案及占比

方案	青海	四川	甘肃	宁夏	内蒙古	陕西	山西	河南	山东	河北、天津	河道外	河道内
P5D（亿 m^3）	12.79	0.36	27.57	36.27	53.14	34.46	39.08	50.24	63.46	5.24	322.61	167.43
占比（%）	2.61	0.07	5.63	7.40	10.84	7.03	7.97	10.25	12.95	1.07	65.83	34.17
P5W（亿 m^3）	16.04	0.43	33.69	40.75	56.17	35.67	34.56	43.15	56.91	5.24	322.61	167.43
占比（%）	3.27	0.09	6.87	8.32	11.46	7.28	7.05	8.81	11.61	1.07	65.83	34.17
P5I（亿 m^3）	15.58	0.43	31.80	38.68	53.75	34.76	36.42	46.81	59.14	5.24	322.61	167.43
占比（%）	3.18	0.09	6.49	7.89	10.97	7.09	7.43	9.55	12.07	1.07	65.83	34.17

* 占比是指配置水量占天然径流的比例。

P5D 方案，首先调整河北和天津的配置水量，再考虑 10 亿 m^3 新增的河道外供水，采用同比例调整方法确定其他省（自治区）配置水量。与基准方案 P1D 相比，河北天津的配置占比有所下降，从基准方案的 3.45% 下降到 1.07%，上中下游其他省（自治区）均有所增加，各省（自治区、直辖市）增加的比例一致。

P5W 方案，首先调整河北和天津的配置水量，考虑 10 亿 m^3 新增的河道外供水，再采用整体动态均衡优化方法确定其他省（自治区）配置水量。与 P5D 方案相比，山西、河南、山东的配置占比降低，上中游其他省（自治区）占比增加。与 P2W 相比，P5W 方案考虑了新增加 10 亿 m^3 河道外供水，新增水量配置给了除河北和天津外的其他各省（自治区）。

P5I 方案，首先调整河北和天津的配置水量，再考虑 10 亿 m^3 新增的河道外供水，采用增量动态均衡优化方法确定其他省（自治区）配置水量。与 P5D 方案相比，山西、河南、山东的配置占比降低，上中游其他省（自治区）占比增加。与 P5W 方案相比，两个方案的优化调整方向一致，均减少了山西、河南、山东的配置占比，增加了其他省（自治区）配置占比，但 P5I 方案各省（自治区）调整幅度相对较小。与 P2I 方案相比，P5I 方案考虑了新增 10 亿 m^3 河道外供水，新增水量配置给了青海、甘肃、宁夏、内蒙古和陕西五个省（自治区）。

规划中期场景下，黄河干流关键断面水量及开发利用率见表 17-33。方案 P5D、P5W、P5I 河口镇断面下泄水量分别为 188.45 亿 m^3、173.48 亿 m^3、179.60 亿 m^3，断面以上河段地表水资源开发利用率分别为 50.0%、56.0%、53.5%；利津断面下泄水量均为 170.47 亿 m^3，断面以上河段地表水资源开发利用率分别为 80.6%、81.2%、81.0%。

表 17-33　黄河干流关键断面下泄水量及开发利用率

方案	断面下泄水量（亿 m^3）					断面以上黄河地表水资源开发利用率（%）				
	兰州	河口镇	三门峡	花园口	利津	兰州	河口镇	三门峡	花园口	利津
P5D	300. 24	188. 45	235. 66	260. 93	170. 47	9. 8	50. 0	60. 8	60. 6	80. 6
P5W	294. 40	173. 48	222. 08	251. 34	170. 47	11. 8	56. 0	64. 7	63. 2	81. 2
P5I	295. 64	179. 60	227. 84	254. 85	170. 47	11. 4	53. 5	63. 1	62. 2	81. 0

该场景下，利津断面下泄水量为 170. 47 亿 m^3，较 2001 ~ 2018 年现状实测水平的 167. 26 亿 m^3增加 3. 21 亿 m^3，较黄河“八七”分水方案新径流条件下利津水量 177. 43 亿 m^3减少 6. 96 亿 m^3。

17. 5. 2　供需结果

P5D 方案流域内供水量为446. 42 亿 m^3，缺水量为88. 20 亿 m^3，与黄流规供需方案相比，缺水量减少 5. 96 亿 m^3；P5W 方案流域内供水量为 454. 29 亿 m^3，缺水量为 80. 33 亿 m^3，与黄流规供需方案相比，缺水量减少 13. 83 亿 m^3；P5I 方案流域内供水量为 451. 74 亿 m^3，缺水量为 82. 88 亿 m^3，与黄流规供需方案相比，缺水量减少 11. 29 亿 m^3，见表 17-34。各省（自治区）供需方案见表 17-35 ~ 表 17-37。

表 17-34　供需方案对比　（单位：亿 m^3）

方案	需水量	流域内供水量	流域内缺水量	流域内地表水耗水量
黄流规供需方案	547. 33	453. 17 *	94. 16 *	247. 26
P5D	534. 62	446. 42	88. 20	236. 68
P5W	534. 62	454. 29	80. 33	241. 72
P5I	534. 62	451. 74	82. 88	240. 31

* 对《黄河流域综合规划（2012—2030 年）》中 2030 年供需方案加入了 10 亿 m^3的引汉济渭供水量。

17. 5. 3　河道外各省（自治区）配置水量的公平与效益分析

经计算，方案（P5D、P5W、P5I）配置河道内水量 167. 43 亿 m^3、河道外水量 322. 61 亿 m^3。当均衡参数 α 取值从 1（仅考虑效率）向 0（仅考虑公平）变化，综合价值呈现出递减的规律，公平性呈现出递增规律；当 α=0. 5 时，P5W、P5I 方案有效兼顾了效率与公平，见表 17-38。如果将河道外指标增量按同比例调整方法分配（P5D 方案），此时综合价值略高于 α=0. 5 时的 P5W 及 P5I 方案，而公平协调度较低。

表 17-35 P5D 供需方案

省（自治区）	需水量（亿 m^3）	向流域内配置的供水量（亿 m^3）			缺水量（亿 m^3）	缺水率（%）	黄河地表水消耗量（亿 m^3）			外流域调水消耗量（亿 m^3）
		地表水供水量	地下水供水量	合计			流域内消耗量	流域外消耗量	合计	
青海	26.91	16.00	3.24	19.24	7.67	28.5	12.79	0	12.79	
四川	0.50	0.39	0.02	0.41	0.09	18.0	0.36	0	0.36	
甘肃	61.57	37.41	5.61	43.02	18.55	30.1	25.69	1.88	27.57	
宁夏	87.96	54.25	7.78	62.03	25.93	29.5	36.27	0	36.27	
内蒙古	105.23	60.87	25.17	86.04	19.19	18.2	53.14	0	53.14	
陕西	96.89	58.64	29.47	88.11	8.78	9.1	34.46	0	34.46	8.33
山西	68.58	42.55	20.98	63.53	5.05	7.4	33.81	5.27	39.08	
河南	61.91	38.64	20.91	59.55	2.36	3.8	31.05	19.19	50.24	
山东	25.07	13.06	11.43	24.49	0.58	2.3	9.11	54.35	63.46	1.26
河北								5.24	5.24	
合计	534.62	321.81	124.61	446.42	88.20	16.5	236.68	85.93	322.61	9.59

表 17-36 P5W 供需方案

省（自治区）	需水量（亿 m^3）	向流域内配置的供水量（亿 m^3）			缺水量（亿 m^3）	缺水率（%）	黄河地表水消耗量（亿 m^3）			外流域调水消耗量（亿 m^3）
		地表水供水量	地下水供水量	合计			流域内消耗量	流域外消耗量	合计	
青海	26.91	19.59	3.24	22.83	4.08	15.2	16.04	0	16.04	
四川	0.50	0.46	0.02	0.48	0.02	4.0	0.43	0	0.43	
甘肃	61.57	43.99	5.61	49.60	11.97	19.4	31.81	1.88	33.69	
宁夏	87.96	61.38	7.78	69.16	18.80	21.4	40.75	0	40.75	
内蒙古	105.23	64.14	25.17	89.31	15.92	15.1	56.17	0	56.17	
陕西	96.89	59.93	29.47	89.40	7.49	7.7	35.67	0	35.67	8.33
山西	68.58	37.73	20.98	58.71	9.87	14.4	29.29	5.27	34.56	
河南	61.91	31.98	20.91	52.89	9.02	14.6	24.85	18.30	43.15	
山东	25.07	10.48	11.43	21.91	3.16	12.6	6.71	50.20	56.91	1.26
河北								5.24	5.24	
合计	534.62	329.68	124.61	454.29	80.33	15.0	241.72	80.89	322.61	9.59

表 17-37　P5I 供需方案

省（自治区）	需水量（亿 m^3）	向流域内配置的供水量（亿 m^3）			缺水量（亿 m^3）	缺水率（%）	黄河地表水消耗量（亿 m^3）			外流域调水消耗量（亿 m^3）
		地表水供水量	地下水供水量	合计			流域内消耗量	流域外消耗量	合计	
青海	26.91	19.07	3.24	22.31	4.60	17.1	15.58	0	15.58	
四川	0.50	0.46	0.02	0.48	0.02	4.0	0.43	0	0.43	
甘肃	61.57	41.96	5.61	47.57	14.00	22.7	29.92	1.88	31.80	
宁夏	87.96	58.16	7.78	65.94	22.02	25.0	38.68	0	38.68	
内蒙古	105.23	61.55	25.17	86.72	18.51	17.6	53.76	0	53.76	
陕西	96.89	58.95	29.47	88.42	8.47	8.7	34.75	0	34.75	8.33
山西	68.58	39.71	20.98	60.69	7.89	11.5	31.15	5.27	36.42	
河南	61.91	36.06	20.91	56.97	4.94	8.0	28.65	18.16	46.81	
山东	25.07	11.21	11.43	22.64	2.43	9.7	7.39	51.75	59.14	1.26
河北								5.24	5.24	
合计	534.62	327.13	124.61	451.74	82.88	15.5	240.31	82.30	322.61	9.59

表 17-38　方案综合价值及公平协调度分析

方案	P5D（同比例调整）	P5W（整体动态均衡配置）			P5I（增量动态均衡配置）		
		α=1	α=0	α=0.5	α=1	α=0	α=0.5
配置策略	无	仅考虑效率	仅考虑公平	公平效率兼顾	仅考虑效率	仅考虑公平	公平效率兼顾
综合价值*（亿元）	862	886	499	832	877	635	845
公平协调度	0.590	0.406	1.000	0.973	0.421	0.888	0.829

* 综合价值仅考虑刚弹性、弹性供水产生的价值。

为了进一步分析各省（自治区）间配水的公平性，对比了 P5D、P5W、P5I 三个方案流域内各省（自治区）的弹性缺水率，见表 17-39。基于本次预测的 2030 年需水量及分层结果，P5D 方案中各省（自治区）间弹性缺水率差异较大，上、中、下游各省（自治区）的缺水率分别为 59.1%、31.9%、9.6%；P5W 方案由于进行了全局均衡优化，各省（自治区）间的弹性缺水率差异最小，上、中、下游各省（自治区）的缺水率分别为 44.3%、40.0%、40.0%，基本实现了区域均衡配置；P5I 方案由于考虑到了维持各省（自治区）现状指标不减少，对增量部分进行了均衡优化，上、中、下游各省（自治区）的缺水率分别为 50.4%、37.7%、24.2%，且各省（自治区）间的差异较 P5D 方案有了明显改善。

表 17-39　黄河流域内各省（自治区）弹性需水的缺水率对比　　（单位：%）

方案	青海	四川	甘肃	宁夏	内蒙古	陕西	山西	河南	山东	上游	中游	下游
P5D	75.2	100.0	62.0	54.8	58.1	46.8	20.6	10.5	7.3	59.1	31.9	9.6
P5W	40.0	40.0	40.0	40.0	51.7	40.0	40.0	40.0	40.0	44.3	40.0	40.0
P5I	45.0	45.0	46.8	46.8	56.8	45.2	32.0	21.9	30.7	50.4	37.7	24.2

17.6　场景 6（规划中期场景）

17.6.1　配置结果

综合考虑河北、天津分水指标调减 11.66 亿 m^3；东中线二期生效后河南及山东流域外引黄供水与东中线供水重叠区分别调减指标 2.50 亿 m^3、4.50 亿 m^3，并将河南、山东调减指标的一半（3.50 亿 m^3）用于增加下游河道生态用水；同时通过动态减少河道内汛期输沙用水 10 亿 m^3 进一步增加河道外供水。此时，河道内外水量配置关系调整为

34.88∶65.12，采用不同的优化模式确定河道外各省（自治区、直辖市）的配置，形成三个方案 P6D、P6W 和 P6I，见表 17-40。三个方案均配置河道外水量 319.11 亿 m^3，河道内水量 170.93 亿 m^3，考虑引汉济渭等增加的河道内来水 3.04 亿 m^3，入海水量为 173.97 亿 m^3。

表 17-40　配置方案及占比

方案	青海	四川	甘肃	宁夏	内蒙古	陕西	山西	河南	山东	河北、天津	河道外	河道内
P6D（亿 m^3）	13.49	0.38	29.09	38.28	56.08	36.36	41.24	44.31	54.64	5.24	319.11	170.93
占比（%）	2.75	0.08	5.94	7.81	11.44	7.42	8.42	9.04	11.15	1.07	65.12	34.88
P6W（亿 m^3）	15.89	0.43	33.24	40.26	55.55	35.38	34.17	44.31	54.64	5.24	319.11	170.93
占比（%）	3.24	0.09	6.78	8.22	11.34	7.22	6.97	9.04	11.15	1.07	65.12	34.88
P6I（亿 m^3）	15.73	0.43	32.73	39.71	54.85	35.06	36.41	44.31	54.64	5.24	319.11	170.93
占比（%）	3.21	0.09	6.68	8.10	11.19	7.15	7.43	9.04	11.15	1.07	65.12	34.88

注：占比是指配置水量占天然径流的比例。

P6D 方案，首先调整河北和天津、河南、山东的配置水量，再考虑 10 亿 m^3 新增的河道外供水，采用同比例调整方法确定其他省（自治区）配置水量。与基准方案 P1D 相比，河北和天津、河南、山东的配置占比有所下降，从基准方案的 3.45%、9.55%、12.07% 分别下降到 1.07%、9.04%、11.15%，上中游其他省（自治区）均有所增加，各省（自治区）增加的比例一致。

P6W 方案，首先调整河北和天津、河南、山东的配置水量，再考虑 10 亿 m^3 新增的河道外供水，采用整体动态均衡优化方法确定其他省（自治区）配置水量。与 P6D 方案相比，河南、山东、河北和天津的配置占比与 P6D 方案相同，青海、四川、甘肃、宁夏的配置占比有所增加，内蒙古、陕西、山西的配置占比降低。与 P4W 方案相比，由于调整出 10 亿 m^3 河道内用水给河道外，各省（自治区、直辖市）配置占比均有所增加。

P6I 方案，与 P6D 方案相比，两个方案的优化调整方向一致，即河北和天津、河南、山东的配置占比与 P6D 方案相同，青海、四川、甘肃、宁夏的配置占比有所增加，内蒙古、陕西、山西的配置占比降低，但是各省（自治区）调整幅度相对较小。与 P3I 方案相比，各省（自治区、直辖市）配置占比的变化幅度较大。

规划中期场景下，黄河干流关键断面下泄水量及开发利用率见表 17-41。方案 P6D、P6W、P6I 河口镇断面水量分别为 181.90 亿 m^3、175.02 亿 m^3、176.75 亿 m^3，断面以上河段地表水资源开发利用率分别为 52.6%、55.4%、54.7%；利津断面下泄水量均为

173.97 亿 m^3，断面以上河段地表水资源开发利用率分别为 80.2%、80.7%、80.6%。

表 17-41　黄河干流关键断面下泄水量及开发利用率

方案	断面下泄水量（亿 m^3）					断面以上黄河地表水资源开发利用率（%）				
	兰州	河口镇	三门峡	花园口	利津	兰州	河口镇	三门峡	花园口	利津
P6D	298.89	181.90	224.98	253.08	173.97	10.3	52.6	63.7	62.5	80.2
P6W	294.73	175.02	224.36	253.08	173.97	11.7	55.4	64.1	62.8	80.7
P6I	295.11	176.75	224.55	253.08	173.97	11.5	54.7	64.0	62.7	80.6

该场景下，利津断面下泄水量为 173.97 亿 m^3，较 2001 ~ 2018 年现状实测水平的 167.26 亿 m^3增加 6.71 亿 m^3，较黄河“八七”分水方案新径流条件下利津水量 177.43 亿 m^3减少 3.46 亿 m^3。

17.6.2　供需结果

P6D 方案流域内供水量为 450.42 亿 m^3，缺水量为 84.20 亿 m^3，与黄流规供需方案相比，缺水量减少 9.96 亿 m^3；P6W 方案流域内供水量为 452.94 亿 m^3，缺水量为 81.68 亿 m^3，与黄流规供需方案相比，缺水量减少 12.48 亿 m^3；P6I 方案流域内供水量为 452.65 亿 m^3，缺水量为 81.97 亿 m^3，与黄流规供需方案相比，缺水量减少 12.19 亿 m^3，见表 17-42。各省（自治区）供需方案见表 17-43 ~ 表 17-45。

表 17-42　供需方案对比　（单位：亿 m^3）

方案	需水量	流域内供水量	流域内缺水量	流域内地表水耗水量
黄流规供需方案	547.33	453.17*	94.16*	247.26
P6D	534.62	450.42	84.20	239.52
P6W	534.62	452.94	81.68	239.52
P6I	534.62	452.65	81.97	239.52

* 对《黄河流域综合规划（2012—2030 年）》中 2030 年供需方案加入了 10 亿 m^3的引汉济渭供水量。

17.6.3　河道外各省（自治区）配置水量的公平与效益分析

经计算，方案（P6D、P6W、P6I）配置河道内水量 170.93 亿 m^3、河道外水量 319.11 亿 m^3。当均衡参数 α 取值从 1（仅考虑效率）向 0（仅考虑公平）变化，综合价值呈现出递减的规律，公平性呈现出递增规律；当 $\alpha=0.5$ 时，P6W、P6I 方案有效兼顾了效率与公平，见表 17-46。如果将河道外指标增量按同比例调整方法分配（P6D 方案），此时综合价值低于 $\alpha=0.5$ 时的 P6W 及 P6I 方案，且公平协调度较低。

表 17-43　P6D 供需方案

省（自治区）	需水量（亿 m^3）	向流域内配置的供水量（亿 m^3）			缺水量（亿 m^3）	缺水率（%）	黄河地表水消耗量（亿 m^3）			外流域调水消耗量（亿 m^3）
		地表水供水量	地下水供水量	合计			流域内消耗量	流域外消耗量	合计	
青海	26.91	16.76	3.24	20.00	6.91	25.7	13.49	0	13.49	
四川	0.50	0.41	0.02	0.43	0.07	14.0	0.38	0	0.38	
甘肃	61.57	39.05	5.61	44.66	16.91	27.5	27.21	1.88	29.09	
宁夏	87.96	57.38	7.78	65.16	22.80	25.9	38.28	0	38.28	
内蒙古	105.23	64.03	25.17	89.20	16.03	15.2	56.08	0	56.08	
陕西	96.89	60.67	29.47	90.14	6.75	7.0	36.36	0	36.36	8.33
山西	68.58	44.85	20.98	65.83	2.75	4.0	35.97	5.27	41.24	
河南	61.91	33.05	20.91	53.96	7.95	12.8	25.84	18.47	44.31	
山东	25.07	9.61	11.43	21.04	4.03	16.1	5.91	48.73	54.64	1.26
河北								5.24	5.24	
合计	534.62	325.81	124.61	450.42	84.20	15.7	239.52	79.59	319.11	9.59

表 17-44　P6W 供需方案

省（自治区）	需水量（亿 m^3）	向流域内配置的供水量（亿 m^3）			缺水量（亿 m^3）	缺水率（%）	黄河地表水消耗量（亿 m^3）			外流域调水消耗量（亿 m^3）
		地表水供水量	地下水供水量	合计			流域内消耗量	流域外消耗量	合计	
青海	26.91	19.42	3.24	22.66	4.25	15.8	15.89	0	15.89	
四川	0.50	0.46	0.02	0.48	0.02	4.0	0.43	0	0.43	
甘肃	61.57	43.51	5.61	49.12	12.45	20.2	31.36	1.88	33.24	
宁夏	87.96	60.62	7.78	68.40	19.56	22.2	40.26	0	40.26	
内蒙古	105.23	63.47	25.17	88.64	16.59	15.8	55.55	0	55.55	
陕西	96.89	59.62	29.47	89.09	7.80	8.1	35.38	0	35.38	8.33
山西	68.58	37.31	20.98	58.29	10.29	15.0	28.90	5.27	34.17	
河南	61.91	33.05	20.91	53.96	7.95	12.8	25.84	18.47	44.31	
山东	25.07	10.87	11.43	22.30	2.77	11.0	5.91	48.73	54.64	1.26
河北								5.24	5.24	
合计	534.62	328.33	124.61	452.94	81.68	15.3	239.52	79.59	319.11	9.59

表 17-45 P6I 供需方案

省（自治区）	需水量（亿 m^3）	向流域内配置的供水量（亿 m^3）			缺水量（亿 m^3）	缺水率（%）	黄河地表水消耗量（亿 m^3）			外流域调水消耗量（亿 m^3）
		地表水供水量	地下水供水量	合计			流域内消耗量	流域外消耗量	合计	
青海	26.91	19.24	3.24	22.48	4.43	16.5	15.73	0	15.73	
四川	0.50	0.46	0.02	0.48	0.02	4.0	0.43	0	0.43	
甘肃	61.57	42.97	5.61	48.58	12.99	21.1	30.85	1.88	32.73	
宁夏	87.96	59.76	7.78	67.54	20.42	23.2	39.71	0	39.71	
内蒙古	105.23	62.72	25.17	87.89	17.34	16.5	54.85	0	54.85	
陕西	96.89	59.27	29.47	88.74	8.15	8.4	35.06	0	35.06	8.33
山西	68.58	39.70	20.98	60.68	7.90	11.5	31.14	5.27	36.41	
河南	61.91	33.05	20.91	53.96	7.95	12.8	25.84	18.47	44.31	
山东	25.07	10.87	11.43	22.30	2.77	11.0	5.91	48.73	54.64	1.26
河北								5.24	5.24	
合计	534.62	328.04	124.61	452.65	81.97	15.3	239.52	79.59	319.11	9.59

表 17-46　方案综合价值及公平协调度分析

方案	P6D（同比例调整）	P6W（整体动态均衡配置）			P6I（增量动态均衡配置）		
		α=1	α=0	α=0.5	α=1	α=0	α=0.5
配置策略	无	仅考虑效率	仅考虑公平	公平效率兼顾	仅考虑效率	仅考虑公平	公平效率兼顾
综合价值*（亿元）	662	706	356	679	704	311	683
公平协调度	0.613	0.566	1.000	0.956	0.602	0.926	0.852

*综合价值仅考虑刚弹性、弹性供水产生的价值。

为了进一步分析各省（自治区）间配水的公平性，对比了 P6D、P6W、P6I 三个方案流域内各省（自治区）的弹性缺水率，见表 17-47。基于本次预测的 2030 年需水量及分层结果，P6D 方案中各省（自治区）间弹性缺水率差异较大，上、中、下游各省（自治区）的缺水率分别为 52.8%、22.0%、39.3%；P6W 方案由于进行了全局均衡优化，各省（自治区）间的弹性缺水率差异最小，上、中、下游各省（自治区）的缺水率分别为 45.8%、41.6%、39.3%，基本实现了区域均衡配置；P6I 方案由于考虑到了维持各省（自治区）现状指标不减少，对增量部分进行了均衡优化，上、中、下游各省（自治区）的缺水率分别为 47.5%、37.0%、39.3%，且各省（自治区）间的差异较 P6D 方案有了明显改善。

表 17-47　河流域内各省（自治区）弹性需水的缺水率对比　（单位：%）

方案	青海	四川	甘肃	宁夏	内蒙古	陕西	山西	河南	山东	上游	中游	下游
P6D	67.7	100.0	56.6	48.2	51.9	36.1	11.3	35.2	51.1	52.8	22.0	39.3
P6W	41.6	41.6	41.6	41.6	53.0	41.6	41.6	35.2	51.1	45.8	41.6	39.3
P6I	43.4	43.4	43.4	43.4	54.5	43.4	32.0	35.2	51.1	47.5	37.0	39.3

17.7　场景 7（规划中期场景）

17.7.1　配置结果

场景 7 是考虑河北天津分水指标调减 11.66 亿 m^3 和动态减少河道内汛期输沙用水 20.28 亿 m^3 增加河道外供水的现状情景，改变河道内与河道外水量配置关系为 32.07：67.93，采用不同的优化模式确定河道外各省（自治区）的配置，形成三个方案 P7D、

P7W 和 P7I，见表 17-48。三个方案均配置河道外水量 332.89 亿 m^3，河道内水量 157.15 亿 m^3，考虑引汉济渭等增加的河道内来水 3.04 亿 m^3，入海水量为 160.19 亿 m^3。

表 17-48　配置方案及占比

方案	青海	四川	甘肃	宁夏	内蒙古	陕西	山西	河南	山东	河北天津	河道外	河道内
P7D（亿 m^3）	13.20	0.37	28.46	37.45	54.86	35.57	40.35	51.86	65.53	5.24	332.89	157.15
占比（%）	2.69	0.08	5.81	7.64	11.20	7.26	8.23	10.58	13.37	1.07	67.93	32.07
P7W（亿 m^3）	16.54	0.43	35.19	42.39	58.24	36.62	35.81	44.43	58.00	5.24	332.89	157.15
占比（%）	3.38	0.09	7.18	8.65	11.88	7.47	7.31	9.07	11.84	1.07	67.93	32.07
P7I（亿 m^3）	16.27	0.43	34.25	41.30	56.95	36.09	36.41	46.81	59.14	5.24	332.89	157.15
占比（%）	3.32	0.09	6.99	8.43	11.62	7.37	7.43	9.55	12.07	1.07	67.93	32.07

注：占比是指配置水量占天然径流的比例。

P7D 方案，首先调整河北、天津的配置水量，再考虑 20.28 亿 m^3 新增的河道外供水，采用同比例调整方法确定其他省（自治区）配置水量。与基准方案 P1D 相比，河北天津的配置占比有所下降，从基准方案的 3.45% 下降到 1.07%，上中下游其他省（自治区）均有所增加，各省（自治区）增加的比例一致。

P7W 方案，首先调整河北、天津的配置水量，考虑 20.28 亿 m^3 新增的河道外供水，再采用整体动态均衡优化方法确定其他省（自治区）配置水量。与 P7D 方案相比，山西、河南、山东的配置占比降低，上中游其他省（自治区）占比增加。与 P2W 相比，P7W 方案考虑了新增加 20.28 亿 m^3 河道外供水，新增水量配置给了除河北、天津外的其他各省（自治区）。

P7I 方案，首先调整河北、天津的配置水量，再考虑 20.28 亿 m^3 新增的河道外供水，采用增量动态均衡优化方法确定其他省（自治区）配置水量。与 P7D 方案相比，山西、河南、山东的配置占比降低，上中游其他省（自治区）占比增加。与 P7W 方案相比，两个方案的优化调整方向一致，均减少了山西、河南、山东的配置占比，增加了其他省（自治区）配置占比，但 P7I 方案各省（自治区）调整幅度相对较小。与 P2I 方案相比，P7I 方案考虑了新增加 20.28 亿 m^3 河道外供水，新增的供水量配置给了青海、甘肃、宁夏、内蒙古和陕西五省（自治区）。

规划中期场景下，黄河干流关键断面水量及开发利用率见表 17-49。方案 P7D、P7W、P7I 河口镇断面下泄水量分别为 184.61 亿 m^3、168.36 亿 m^3、171.59 亿 m^3，断面以上河段地表水资源开发利用率分别为 51.5%、58.0%、56.7%；利津断面下泄水量均为 160.19 亿 m^3，断面以上河段地表水资源开发利用率分别为 82.9%、83.6%、83.5%。

表 17-49　黄河干流关键断面下泄水量及开发利用率

方案	断面下泄水量（亿 m^3）					断面以上黄河地表水资源开发利用率（%）				
	兰州	河口镇	三门峡	花园口	利津	兰州	河口镇	三门峡	花园口	利津
P7D	299.45	184.61	229.07	253.41	160.19	10.1	51.5	62.6	62.4	82.9
P7W	293.28	168.36	214.20	242.70	160.19	12.2	58.0	66.8	65.3	83.6
P7I	293.94	171.59	217.58	244.67	160.19	11.9	56.7	65.9	64.7	83.5

该场景下，利津断面下泄水量 160.19 亿 m^3，较 2001 ~ 2018 年现状实测水平的 167.26 亿 m^3减少 7.07 亿 m^3，较黄河“八七”分水方案新径流条件下利津水量 177.43 亿 m^3减少 17.24 亿 m^3。

17.7.2　供需结果

P7D 方案流域内供水量为 456.11 亿 m^3，缺水量为 78.51 亿 m^3，与黄流规供需方案相比，缺水量减少 15.65 亿 m^3；P7W 方案流域内供水量为 465.21 亿 m^3，缺水量为 69.41 亿 m^3，与黄流规供需方案相比，缺水量减少 24.75 亿 m^3；P7I 方案流域内供水量为 463.34 亿 m^3，缺水量为 71.28 亿 m^3，与黄流规供需方案相比，缺水量减少 22.88 亿 m^3，见表 17-50。各省（自治区）供需方案见表 17-51 ~ 表 17-53。

表 17-50　供需方案对比　（单位：亿 m^3）

方案	需水量	流域内供水量	流域内缺水量	流域内地表水耗水量
黄流规供需方案	547.33	453.17*	94.16*	247.26
P7D	534.62	456.11	78.51	245.75
P7W	534.62	465.21	69.41	251.15
P7I	534.62	463.34	71.28	249.92

*对《黄河流域综合规划（2012—2030 年）》中 2030 年供需方案加入了 10 亿 m^3的引汉济渭供水量。

表 17-51　P7D 供需方案

省（自治区）	需水量（亿 m^3）	向流域内配置的供水量（亿 m^3）			缺水量（亿 m^3）	缺水率（%）	黄河地表水消耗量（亿 m^3）			外流域调水消耗量（亿 m^3）
		地表水供水量	地下水供水量	合计			流域内消耗量	流域外消耗量	合计	
青海	26.91	16.45	3.24	19.69	7.22	26.8	13.20	0	13.20	
四川	0.50	0.41	0.02	0.43	0.07	14.0	0.37	0	0.37	
甘肃	61.57	38.37	5.61	43.98	17.59	28.6	26.58	1.88	28.46	
宁夏	87.96	56.08	7.78	63.86	24.10	27.4	37.45	0	37.45	
内蒙古	105.23	62.72	25.17	87.89	17.34	16.5	54.86	0	54.86	
陕西	96.89	59.83	29.47	89.30	7.59	7.8	35.57	0	35.57	8.33
山西	68.58	43.90	20.98	64.88	3.70	5.4	35.08	5.27	40.35	
河南	61.91	40.15	20.91	61.06	0.85	1.4	32.47	19.39	51.86	
山东	25.07	13.59	11.43	25.02	0.05	0.2	10.17	55.36	65.53	1.26
河北								5.24	5.24	
合计	534.62	331.50	124.61	456.11	78.51	14.7	245.75	87.14	332.89	9.59

表 17-52　P7W 供需方案

省（自治区）	需水量（亿 m^3）	向流域内配置的供水量（亿 m^3）			缺水量（亿 m^3）	缺水率（%）	黄河地表水消耗量（亿 m^3）			外流域调水消耗量（亿 m^3）
		地表水供水量	地下水供水量	合计			流域内消耗量	流域外消耗量	合计	
青海	26.91	20.14	3.24	23.38	3.53	13.1	16.54	0	16.54	
四川	0.50	0.47	0.02	0.49	0.01	2.0	0.43	0	0.43	
甘肃	61.57	45.60	5.61	51.21	10.36	16.8	33.31	1.88	35.19	
宁夏	87.96	63.93	7.78	71.71	16.25	18.5	42.39	0	42.39	
内蒙古	105.23	66.36	25.17	91.53	13.70	13.0	58.24	0	58.24	
陕西	96.89	60.94	29.47	90.41	6.48	6.7	36.62	0	36.62	8.33
山西	68.58	39.06	20.98	60.04	8.54	12.5	30.54	5.27	35.81	
河南	61.91	33.19	20.91	54.10	7.81	12.6	25.97	18.46	44.43	
山东	25.07	10.91	11.43	22.34	2.73	10.9	7.11	50.89	58.00	1.26
河北								5.24	5.24	
合计	534.62	340.60	124.61	465.21	69.41	13.0	251.15	81.74	332.89	9.59

表 17-53　P7I 供需方案

省（自治区）	需水量（亿 m^3）	向流域内配置的供水量（亿 m^3）			缺水量（亿 m^3）	缺水率（%）	黄河地表水消耗量（亿 m^3）			外流域调水消耗量（亿 m^3）
		地表水供水量	地下水供水量	合计			流域内消耗量	流域外消耗量	合计	
青海	26.91	19.83	3.24	23.07	3.84	14.3	16.27	0	16.27	
四川	0.50	0.47	0.02	0.49	0.02	2.0	0.43	0	0.43	
甘肃	61.57	44.60	5.61	50.21	11.36	18.5	32.37	1.88	34.25	
宁夏	87.96	62.23	7.78	70.01	17.95	20.4	41.30	0	41.30	
内蒙古	105.23	64.98	25.17	90.15	15.08	14.3	56.95	0	56.95	
陕西	96.89	60.38	29.47	89.85	7.04	7.3	36.09	0	36.09	8.33
山西	68.58	39.70	20.98	60.68	7.90	11.5	31.14	5.27	36.41	
河南	61.91	35.83	20.91	56.74	5.17	8.4	28.44	18.37	46.81	
山东	25.07	10.71	11.43	22.14	2.93	11.7	6.93	52.21	59.14	1.26
河北								5.24	5.24	
合计	534.62	338.73	124.61	463.34	71.28	13.3	249.92	82.97	332.89	9.59

17.7.3 河道外各省（自治区）配置水量的公平与效益分析

经计算，方案（P7D、P7W、P7I）配置河道内水量 157.15 亿 m^3、河道外水量 332.89 亿 m^3。当均衡参数 α 取值从 1（仅考虑效率）向 0（仅考虑公平）变化，综合价值呈现出递减的规律，公平性呈现出递增规律；当 $\alpha=0.5$ 时，P7W、P7I 方案有效兼顾了效率与公平，见表 17-54。如果将河道外指标增量按同比例调整方法分配（P7D 方案），此时综合价值略高于 $\alpha=0.5$ 时的 P7W 及 P7I 方案，而公平协调度较低。

表 17-54 方案综合价值及公平协调度分析

方案	P7D（同比例调整）	P7W（整体动态均衡配置）			P7I（增量动态均衡配置）		
		$\alpha=1$	$\alpha=0$	$\alpha=0.5$	$\alpha=1$	$\alpha=0$	$\alpha=0.5$
配置策略	无	仅考虑效率	仅考虑公平	公平效率兼顾	仅考虑效率	仅考虑公平	公平效率兼顾
综合价值*（亿元）	892	896	444	848	894	558	855
公平协调度	0.472	0.376	1.000	0.976	0.332	0.933	0.872

*综合价值仅考虑刚弹性、弹性供水产生的价值。

为了进一步分析各省（自治区）间配水的公平性，对比了 P7D、P7W、P7I 三个方案流域内各省（自治区）的弹性缺水率，见表 17-55。基于本次预测的 2030 年需水量及分层结果，P7D 方案中各省（自治区）间弹性缺水率差异较大，上、中、下游各省（自治区）的缺水率分别为 55.4%、26.1%、2.8%；P7W 方案由于进行了全局均衡优化，各省（自治区）间的弹性缺水率差异最小，上、中、下游各省（自治区）的缺水率分别为 39.3%、34.6%、34.6%，基本实现了区域均衡配置；P7I 方案由于考虑到了维持各省（自治区）现状指标不减少，对增量部分进行了均衡优化，上、中、下游各省（自治区）的缺水率分别为 42.5%、34.4%、26.6%，且各省（自治区）间的差异较 P7D 方案有了明显改善。

表 17-55 黄河流域内各省（自治区）弹性需水的缺水率对比 （单位：%）

方案	青海	四川	甘肃	宁夏	内蒙古	陕西	山西	河南	山东	上游	中游	下游
P7D	70.7	100.0	58.8	50.9	54.5	40.5	15.2	3.7	0.1	55.4	26.1	2.8
P7W	34.6	34.6	34.6	34.6	47.4	34.6	34.6	34.6	34.6	39.3	34.6	34.6
P7I	37.6	37.6	38.0	38.2	50.1	37.6	32.0	22.9	37.1	42.5	34.4	26.6

17.8 场景 8（规划远期场景）

西线调水后黄河流域水资源配置方案，即将西线调入水量 80 亿 m^3 和黄河天然径流进行统一配置，考虑下游河道不淤积和适宜生态用水等河道内生态环境用水，按照本次研究提出的均衡配置方法，统筹考虑分水的公平性和效率因素，优化配置河道内和河道外用水、河道外各省（自治区、直辖市）用水。

采用新径流 490.04 亿 m^3，西线调入水量 80 亿 m^3。河道外经济社会需水 534.62 亿 m^3。来沙量6亿t时，经小浪底拦沙2亿t，河道内生态环境用水193亿 m^3，其中非汛期生态用水93亿 m^3，汛期输沙、河道内生态及河口近海用水100亿 m^3，下游河道基本实现冲淤平衡。

通过均衡配置，来沙6亿t河道内配置水量193.00亿 m^3，考虑引汉济渭等增加的河道内来水3.04亿 m^3，入海水量达到196.04亿 m^3，河道外耗水377.04亿 m^3，各省（自治区、直辖市）耗水量见表17-56。

表 17-56　西线调水后整体动态均衡配置模式下各省（自治区、直辖市）耗水量（单位：亿 m^3）

指标	青海	四川	甘肃	宁夏	内蒙古	陕西	山西	河南	山东	河北、天津	合计
P8W *	17.97	0.44	39.46	47.06	64.13	39.35	39.39	48.13	61.11	20.00	377.04

* 耗水量含西线一期工程（调水80亿 m^3）。

规划远期场景下，黄河干流关键断面水量及开发利用率见表17-57。方案P8W河口镇断面下泄水量为233.74亿 m^3，断面以上河段地表水资源开发利用率为50.7%；利津断面下泄水量为199.08亿 m^3，断面以上河段地表水资源开发利用率为79.9%。

表 17-57　黄河干流关键断面下泄水量及开发利用率

方案	断面下泄水量（亿 m^3）					断面以上黄河地表水资源开发利用率（%）				
	兰州	河口镇	三门峡	花园口	利津	兰州	河口镇	三门峡	花园口	利津
P8W	370.09	233.74	274.75	301.04	199.08	10.6	50.7	61.2	60.8	79.9

考虑南水北调西线一期工程生效后，当中游来沙6亿t时，流域内河道外供水量为496.40亿 m^3，缺水率为7.1%。与《黄河流域综合规划（2012—2030年）》2030年西线生效后配置方案相比，流域内缺水量分别增加6.65亿 m^3，详见表17-58和表17-59。

表 17-58　方案缺水量对比　　（单位：亿 m^3）

方案*	需水量	流域内供水量	流域内缺水量
《黄河流域综合规划（2012—2030年）》西线生效后配置方案*	547.33	515.76*	31.57
P8W	534.62	496.40	38.22

* 将《黄河流域综合规划（2012—2030年）》2030年西线生效后配置方案中引汉济渭供水量15亿 m^3 供水量减少为10亿 m^3。

表 17-59　P8W 供需方案

省（自治区）	需水量（亿 m^3）	向流域内配置的供水量（亿 m^3）			缺水量（亿 m^3）	缺水率（%）	黄河及西线水消耗量（亿 m^3）			其他外流域调水消耗量（亿 m^3）
		地表水供水量	地下水供水量	合计			流域内消耗量	流域外消耗量	合计	
青海	26.91	21.70	3.24	24.94	1.97	7.3	17.97	0	17.97	
四川	0.50	0.47	0.02	0.49	0.01	2.0	0.44	0	0.44	
甘肃	61.57	50.20	5.61	55.81	5.76	9.4	37.58	1.88	39.46	
宁夏	87.96	71.21	7.78	78.99	8.97	10.2	47.06	0	47.06	
内蒙古	105.23	72.70	25.17	97.87	7.36	7.0	64.13	0	64.13	
陕西	96.89	63.85	29.47	93.32	3.57	3.7	39.35	0	39.35	8.33
山西	68.58	42.88	20.98	63.86	4.72	6.9	34.12	5.27	39.39	
河南	61.91	36.66	20.91	57.57	4.34	7.0	29.20	18.93	48.13	
山东	25.07	12.12	11.43	23.55	1.52	6.1	8.24	52.87	61.11	1.26
河北								20.00	20.00	
合计	534.62	371.79	124.61	496.40	38.22	7.1	278.09	98.95	377.04	9.59

17.9 方案综合分析

17.9.1 河道内外用水配置关系分析

场景1、场景2、场景4的8个方案，仅考虑河道外各省（自治区、直辖市）间水量指标的再分配，其河道内外配置关系维持黄河“八七”分水方案的36.21∶63.79。场景3的3个方案将河南、山东调减指标的一半（3.5亿 m^3）还水于河，其河道内外配置关系调整为36.92∶63.08。场景5及场景7的6个方案采用高效输沙方法，适当减少了河道内汛期输沙用水，增加了河道外供水，河道内外分水比例发生了相应调整，场景5（P5D、P5W、P5I）河道内调整出2.04%的天然径流量，其河道内外水量比例关系调整为34.17∶65.83；场景7（P7D、P7W、P7I）河道内调整出4.14%的天然径流量，其河道内外水量比例关系调整为32.07∶67.93。场景6的3个方案将河南、山东调减指标的一半（3.5亿 m^3）还水于河，同时采用高效输沙方法，适当减少了河道内汛期输沙用水，河道内外配置关系调整为34.88∶65.12。

将各场景下的配置方案的断面下泄水量及地表水资源开发利用率与基准方案进行对比，见表17-60。兰州、河口镇、三门峡、花园口、利津断面下泄水量变化分别为-8.6亿～-0.9亿 m^3、-28.2亿～-4.3亿 m^3、-35.4亿～-7.5亿 m^3、-34.4亿～-8.9亿 m^3、-20.3亿～3.5亿 m^3，断面以上地表水资源开发利用率变化分别为0.4%～2.9%、1.8%～11.3%、2.1%～9.8%、2.2%～8.6%、-0.1%～5.6%。

表17-60 各方案断面下泄水量及地表水资源开发利用率变化（与基准方案相比）

与基准方案相比	断面下泄水量变化（亿 m^3）					断面以上地表水资源开发利用率变化（%）				
	兰州	河口镇	三门峡	花园口	利津	兰州	河口镇	三门峡	花园口	利津
P1W	-6.0	-16.2	-17.0	-14.3	0.0	2.1	6.5	4.9	3.8	0.8
P2D	-0.9	-4.3	-7.5	-8.9	0.0	0.4	1.8	2.1	2.2	0.3
P2W	-6.4	-18.1	-19.9	-17.4	0.0	2.2	7.3	5.6	4.5	0.9
P2I	-4.5	-9.3	-11.8	-12.4	0.0	1.5	3.8	3.3	3.1	0.6
P3D	-1.8	-8.8	-14.8	-14.1	3.5	0.7	3.6	4.1	3.5	-0.1
P3W	-5.8	-15.0	-15.4	-14.1	3.5	2.0	6.0	4.4	3.7	0.3
P3I	-5.1	-12.1	-15.0	-14.1	3.5	1.8	4.9	4.2	3.6	0.2
P4D	-2.2	-10.9	-18.2	-17.6	0.0	0.8	4.3	4.9	4.3	0.7

续表

与基准方案相比	断面下泄水量变化（亿 m³）					断面以上地表水资源开发利用率变化（%）				
	兰州	河口镇	三门峡	花园口	利津	兰州	河口镇	三门峡	花园口	利津
P4W	-6.3	-17.3	-18.8	-17.6	0.0	2.2	6.9	5.3	4.5	1.2
P4I	-5.7	-14.8	-18.5	-17.6	0.0	2.0	5.9	5.2	4.4	1.1
P5D	-1.7	-8.1	-13.9	-16.2	-10.0	0.6	3.2	3.8	3.9	2.7
P5W	-7.5	-23.0	-27.5	-25.8	-10.0	2.6	9.2	7.7	6.5	3.2
P5I	-6.3	-16.9	-21.7	-22.3	-10.0	2.2	6.8	6.0	5.5	3.0
P6D	-3.0	-14.6	-24.6	-24.1	-6.5	1.1	5.8	6.6	5.8	2.2
P6W	-7.2	-21.5	-25.2	-24.1	-6.5	2.5	8.6	7.1	6.1	2.7
P6I	-6.8	-19.8	-25.0	-24.1	-6.5	2.3	7.9	7.0	6.0	2.6
P7D	-2.5	-11.9	-20.5	-23.7	-20.3	0.9	4.8	5.5	5.7	4.9
P7W	-8.6	-28.2	-35.4	-34.4	-20.3	2.9	11.3	9.8	8.6	5.6
P7I	-8.0	-24.9	-32.0	-32.5	-20.3	2.7	10.0	8.9	8.1	5.5

场景 1 的 P1W 与基准方案相比，兰州、河口镇、三门峡、花园口、利津断面下泄水量分别减少 6.0 亿 m³、16.2 亿 m³、17.0 亿 m³、14.3 亿 m³、0 亿 m³，断面以上黄河地表水资源开发利用率分别提高 2.1%、6.5%、4.9%、3.8%、0.8%。

场景 2 的 P2D、P2W、P2I 与基准方案相比，兰州、河口镇、三门峡、花园口、利津断面下泄水量分别减少 0.9 亿 ~6.4 亿 m³、4.3 亿 ~18.1 亿 m³、7.5 亿 ~19.9 亿 m³、8.9 亿 ~17.4 亿 m³、0 亿 m³，断面以上黄河地表水资源开发利用率分别提高 0.4% ~2.2%、1.8% ~7.3%、2.1% ~5.6%、2.2% ~4.5%、0.3% ~0.9%。

场景 3 的 P3D、P3W、P3I 与基准方案相比，兰州、河口镇、三门峡、花园口断面下泄水量分别减少 1.8 亿 ~5.8 亿 m³、8.8 亿 ~15.0 亿 m³、14.8 亿 ~15.4 亿 m³、14.1 亿 m³，利津断面水量增加 3.5 亿 m³；断面以上黄河地表水资源开发利用率分别提高 0.7% ~2.0%、3.6% ~6.0%、4.1% ~4.4%、3.5% ~3.7%、-0.1% ~0.3%。

场景 4 的 P4D、P4W、P4I 与基准方案相比，兰州、河口镇、三门峡、花园口、利津断面下泄水量分别减少 2.2 亿 ~ 6.3 亿 m³、10.9 亿 ~ 17.3 亿 m³、18.2 亿 ~ 18.8 亿 m³、17.6 亿 m³、0 亿 m³，断面以上黄河地表水资源开发利用率分别提高 0.8% ~ 2.2%、4.3% ~6.9%、4.9% ~5.3%、4.3% ~4.5%、0.7% ~1.2%。

场景 5 的 P5D、P5W、P5I 与基准方案相比，兰州、河口镇、三门峡、花园口、利津断面下泄水量分别减少 1.7 亿 ~7.5 亿 m³、8.1 亿 ~23.0 亿 m³、13.9 亿 ~27.5 亿 m³、16.2 亿 ~25.8 亿 m³、10.0 亿 m³，断面以上黄河地表水资源开发利用率分别提高 0.6% ~ 2.6%、3.2% ~9.2%、3.8% ~7.7%、3.9% ~6.5%、2.7% ~3.2%。

场景 6 的 P6D、P6W、P6I 与基准方案相比，兰州、河口镇、三门峡、花园口、利津断面下泄水量分别减少 3.0 亿 ~ 7.2 亿 m^3、14.6 亿 ~ 21.5 亿 m^3、24.6 亿 ~ 25.2 亿 m^3、24.1 亿 m^3、6.5 亿 m^3，断面以上黄河地表水资源开发利用率分别提高 1.1% ~ 2.5%、5.9% ~ 8.6%、6.6% ~ 7.1%、5.8% ~ 6.1%、2.2% ~ 2.7%。

场景 7 的 P7D、P7W、P7I 与基准方案相比，兰州、河口镇、三门峡、花园口、利津断面下泄水量分别减少 2.5 亿 ~ 8.6 亿 m^3、11.9 亿 ~ 28.2 亿 m^3、20.5 亿 ~ 35.4 亿 m^3、23.7 亿 ~ 34.4 亿 m^3、20.3 亿 m^3，断面以上黄河地表水资源开发利用率分别提高 0.9% ~ 2.9%、4.8% ~ 11.3%、5.5% ~ 9.8%、5.7% ~ 8.6%、4.9% ~ 5.6%。

将各场景下利津断面下泄水量与现状实测水平 167.26 亿 m^3 和黄河“八七”分水方案新径流条件下利津水量 177.43 亿 m^3 进行对比，见表 17-61。场景 1、场景 2、场景 4 利津断面下泄水量较现状实测增加 13.21 亿 m^3，较黄河“八七”分水方案新径流条件下配置水量增加 3.04 亿 m^3；场景 3 利津断面下泄水量较现状实测增加 16.71 亿 m^3，较黄河“八七”分水方案新径流条件下配置水量增加 6.54 亿 m^3；场景 5 利津断面下泄水量较现状实测增加 3.21 亿 m^3，较黄河“八七”分水方案新径流条件下配置水量减少 6.96 亿 m^3；场景 6 利津断面下泄水量较现状实测增加 6.25 亿 m^3，较黄河“八七”分水方案新径流条件下配置水量减少 3.92 亿 m^3；场景 7 利津断面下泄水量较现状实测减少 7.07 亿 m^3，较黄河“八七”分水方案新径流条件下配置水量减少 17.24 亿 m^3。

表 17-61　利津断面下泄水量对比　（单位：亿 m^3）

场 景	本次优化配置	较现状实测变化	较黄河“八七”分水方案新径流配置水量变化
场景 1	180.47	13.21	3.04
场景 2	180.47	13.21	3.04
场景 3	183.97	16.71	6.54
场景 4	180.47	13.21	3.04
场景 5	170.47	3.21	-6.96
场景 6	173.51	6.25	-3.92
场景 7	160.19	-7.07	-17.24

17.9.2　河道外各省（自治区、直辖市）用水配置关系分析

(1) 同比例调整方法下区域配置关系

该方法下除指标调减的省（自治区）之外，其余省（自治区）配置水量较基准方案均有增加。其中，P2D、P5D、P7D 三个方案分别考虑了河北、天津调减指标与河道内节

省输沙水量的组合情况，流域 9 省（自治区）可重新分配水量分别为 11.66 亿 m^3、21.66 亿 m^3、31.94 亿 m^3，主要增加了山东、河南、内蒙古的配置占比；三个方案中上游省（自治区）配置变幅（即配置量与分水指标差值占天然径流量的比例）分别为 0.98%、1.81%、2.67%，中游省（自治区）配置变幅分别为 0.55%、1.02%、1.51%，下游省（自治区）配置变幅分别为 0.85%、1.58%、2.34%；上、中、下游配置关系维持基准方案的 41.0∶23.2∶35.8。P3D、P4D 两个方案同时考虑了河北和天津、河南、山东指标调减，上中游 7 省（自治区）可重新分配水量分别为 15.16 亿 m^3、18.66 亿 m^3，主要增加了内蒙古、山西、宁夏的配置占比；上游省（自治区）配置变幅分别为 1.98%、2.43%，中游省（自治区）配置变幅分别为 1.12%、1.37%，下游省（自治区）配置变幅为 -1.43%；上、中、下游配置关系分别调整为 43.1∶24.3∶32.6、43.3∶24.5∶32.2。P6D 方案同时考虑了河北和天津、河南、山东指标的调减及河道内节省的输沙水量，上中游 7 省（自治区）可重新分配水量为 25.16 亿 m^3，主要增加了内蒙古、山西、宁夏的配置占比；上游省（自治区）配置变幅为 3.28%，中游省（自治区）配置变幅为 1.85%，下游省（自治区）配置变幅为 -1.43%；上、中、下游配置关系分别调整为 43.8∶24.7∶31.5。采用同比例调整方法，重新分配水量的配置由黄河“八七”分水方案中各省（自治区）指标决定，其特点是相对简单和协调难度小，对流域社会经济和水资源等变化情况反映不足，同时也不能有效兼顾区域间配置的效率与公平。方案（P2D ~ P7D）各省（自治区、直辖市）配置占比与基准方案比较，详见表 17-62。方案中各省（自治区、直辖市）配置成果用配置占比表示，即各省（自治区、直辖市）配置水量（亿 m^3）与利津断面天然径流量（490 亿 m^3）的比值（%）。

表 17-62　方案（P2D ~ P7D）各省（自治区、直辖市）配置占比与基准方案比较

（单位:%）

方案差值	河道外指标增幅	省（自治区、直辖市）配置变幅									
		青海	四川	甘肃	宁夏	内蒙古	陕西	山西	河南	山东	河北、天津
P2D-P1D	0	0.10	0	0.21	0.27	0.40	0.26	0.29	0.38	0.48	-2.38
P3D-P1D	0.71	0.19	0.01	0.42	0.55	0.81	0.52	0.59	-0.51	-0.92	-2.38
P4D-P1D	0	0.24	0.01	0.52	0.68	0.99	0.64	0.73	-0.51	-0.92	-2.38
P5D-P1D	2.04	0.18	0.01	0.38	0.51	0.74	0.48	0.54	0.70	0.88	-2.38
P6D-P1D	1.33	0.32	0.01	0.69	0.91	1.34	0.87	0.99	-0.31	-0.41	-2.38
P7D-P1D	4.14	0.26	0.01	0.57	0.74	1.09	0.71	0.80	1.03	1.30	-2.38

（2）整体动态均衡配置方法下区域配置关系

P1W 方案对分水方案涉及的全部省（自治区、直辖市）进行了整体动态均衡优化，其结果显示在兼顾流域整体配置的效率与公平后，山西、河南、山东、河北和天津的配置水量较基准方案均有所调减；上、中、下游配置关系调整为 45.9 ∶ 22.2 ∶ 31.9。P2W、P5W、P7W 三个方案主要优化增加了青海、甘肃、宁夏、内蒙古、陕西的配置占比，减少了山西、河南、山东的配置占比；上游省（自治区）配置变幅分别为 4.14%、5.27%、6.44%，中游省（自治区）配置变幅分别为-0.09%、0.35%、0.80%，下游省（自治区）配置变幅分别为-1.68%、-1.20%、-0.72%；上、中、下游配置关系分别调整为 46.1 ∶ 22.1 ∶ 31.8、46.4 ∶ 22.1 ∶ 31.5、46.6 ∶ 22.1 ∶ 31.3。P3W、P4W、P6W 三个方案固定调减河南、山东的配置占比，优化增加了青海、甘肃、宁夏、内蒙古、陕西的配置占比；上游省（自治区）配置变幅分别为 3.45%、3.97%、4.92%，中游省（自治区）配置变幅分别为-0.36%、-0.16%、0.21%，下游省（自治区）调减幅度为-1.43%；上、中、下游配置关系分别调整为 45.5 ∶ 22.0 ∶ 32.5、45.8 ∶ 22.0 ∶ 32.2、46.3 ∶ 22.2 ∶ 31.5。整体动态均衡配置方法下，区域间配置关系变化明显，上游省（自治区）及陕西配置占比增加，下游省（自治区）及山西配置占比减少。现状内蒙古、甘肃、宁夏年度用水超指标现象时有发生，本次整体动态均衡配置方法有效增加了上游缺水地区的配置量。方案（P2W～P7W）省（自治区、直辖市）配置占比（%）与基准方案比较，详见表 17-63。

表 17-63　方案（P1W～P7W）各省（自治区、直辖市）配置占比与基准方案比较（单位：%）

方案差值	河道外指标增幅	省（自治区、直辖市）配置变幅									
		青海	四川	甘肃	宁夏	内蒙古	陕西	山西	河南	山东	河北、天津
P1W-P1D	0	0.71	0.02	1.23	0.97	0.80	0.47	-0.71	-1.10	-0.75	-1.63
P2W-P1D	0	0.74	0.02	1.34	1.10	0.95	0.54	-0.63	-1.01	-0.67	-2.38
P3W-P1D	0.71	0.68	0.02	1.16	0.90	0.70	0.42	-0.78	-0.51	-0.92	-2.38
P4W-P1D	0	0.73	0.02	1.29	1.04	0.89	0.51	-0.67	-0.51	-0.92	-2.38
P5W-P1D	2.04	0.84	0.02	1.63	1.42	1.36	0.73	-0.38	-0.75	-0.45	-2.38
P6W-P1D	1.33	0.81	0.02	1.54	1.32	1.23	0.67	-0.46	-0.51	-0.92	-2.38
P7W-P1D	4.14	0.94	0.02	1.94	1.75	1.78	0.92	-0.12	-0.48	-0.23	-2.38

(3) 增量动态均衡配置方法下区域配置关系

增量动态均衡配置方法与整体动态均衡配置方法优化思路基本一致，区别在于增量动态均衡配置在保证各省（自治区、直辖市）分水指标不减少的前提下进行各省（自治区、直辖市）间效率和公平的统筹。从整体上看，其配置幅度小于整体动态均衡配置。P2I、P5I、P7I 三个方案优化增加了甘肃、青海、宁夏、内蒙古、陕西的配置占比；上游省（自治区）配置变幅分别为 2.13%、3.88%、5.70%，中游省（自治区）配置变幅分别为 0.25%、0.54%、0.81%，下游省（自治区）配置变幅均为 0；上、中、下游配置关系分别调整为 42.8 ∶ 22.7 ∶ 34.5、44.2 ∶ 22.4 ∶ 33.4、45.5 ∶ 22.1 ∶ 32.4。P3I、P4I、P6I 三个方案固定调减了河南、山东的配置占比，优化增加了甘肃、青海、宁夏、内蒙古、陕西的配置占比；上游省（自治区）配置变幅分别为2.78%、3.40%、4.53%，中游省（自治区）配置变幅分别为0.31%、0.41%、0.60%，下游省（自治区）配置变幅为-1.43%；上、中、下游配置关系分别调整为44.4：23.0：32.6、44.9：22.9：32.2、45.7：22.8：31.5。方案（P2I~P6I），各省（自治区、直辖市）配置占比与基准方案比较，详见表17-64。

表 17-64 方案（P2I~P6I）各省（自治区、直辖市）配置占比与基准方案比较（单位：%）

方案差值	河道外指标增幅	省（自治区、直辖市）配置变幅									
		青海	四川	甘肃	宁夏	内蒙古	陕西	山西	河南	山东	河北、天津
P2I-P1D	0	0.59	0.02	0.73	0.56	0.23	0.25	0	0	0	-2.38
P3I-P1D	0.71	0.63	0.02	0.98	0.70	0.46	0.31	0	-0.51	-0.92	-2.38
P4I-P1D	0	0.68	0.02	1.14	0.88	0.68	0.41	0	-0.51	-0.92	-2.38
P5I-P1D	2.04	0.75	0.02	1.25	1.00	0.87	0.54	0	0	0	-2.38
P6I-P1D	1.33	0.78	0.02	1.44	1.21	1.09	0.60	0	-0.51	-0.92	-2.38
P7I-P1D	4.14	0.89	0.02	1.75	1.53	1.52	0.81	0	0	0	-2.38

17.9.3 不同配置方案调整的幅度分析

综合以上方案，将三种优化方法下各省（自治区）配置占比的均值、最大值、最小值绘制入图17-1。三种优化方法下，青海配置占比变幅分别为0.10%~0.32%、0.68%~0.94%、0.59%~0.89%，甘肃配置占比变幅分别为0.21%~0.69%、1.16%~1.94%、0.73%~1.75%，宁夏配置占比变幅分别为0.27%~0.91%、0.90%~1.75%、0.56%~1.53%，内蒙古配置占比变幅分别为0.40%~1.34%、0.70%~1.78%、0.23%~1.52%，陕西配置占比变幅分别为0.26%~0.87%、0.42%~0.92%、0.26%~0.81%，山西配置占比变幅分别为0.29%~0.99%、-0.78%~-0.12%、0，河南配置占比变幅分别为-0.51%~1.03%、-1.10%~-0.48%、-0.51%~0，山东配置占比变幅分别为-0.92%~1.30%、-0.92%~-0.23%、-0.92%~0。整体来看，同比例调整方法下山东、内蒙古、河南、山西等在黄河“八七”分水方案中指标较大的省（自治区）配置增幅较大，整体动态均衡配置方法下甘肃、内蒙古、宁夏、青海、陕西配置增幅较大，增量动态均衡配置方法下与整体动态均衡配置方法的省（自治区）配置占比变化基本一致，各省（自治区）的配置增幅略小。配置占比减幅主要出现在整体动态均衡配置方法下的山西、河南、山东三省，减幅均值分别为0.53%、0.70%、0.70%，以及增量动态均衡配置方法下的河南（-0.51%）及山东（-0.92%）。

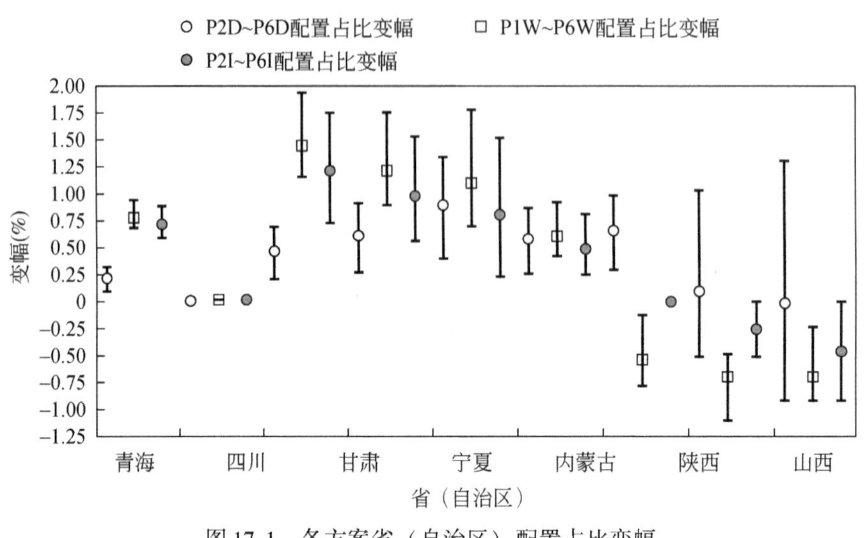

图 17-1 各方案省（自治区）配置占比变幅

17.9.4 方案减淤效果分析

分别采用下游河道冲淤量计算的经验公式、下游河道高效输沙公式、小浪底水库和下游河道冲淤长系列模拟等方法，计算不同汛期输沙水量下的下游河道全年淤积比，见表 17-65。在中游来沙 6 亿 t，小浪底年平均拦沙 2 亿 t，进入下游河道 4 亿 t 情境下，分析各类方案下游河道的冲淤效果。场景 1 ~4 中的 11 个方案汛期输沙用水为 117.43 亿 m^3，下游河道基本可以实现全年冲淤平衡。场景 5、6 的 6 个方案，减少 10 亿 m^3 输沙水量用于河道外配置，汛期输沙用水为 107.43 亿 m^3，下游河道全年淤积比为 2.8% ~5.1%，淤积量在 0.11 亿 ~0.20 亿 t。场景 7 的 3 个方案，减少 20.28 亿 m^3 输沙水量用于河道外配置，汛期输沙用水为 97.15 亿 m^3，下游河道全年淤积比为 10.0% ~14.3%，淤积量在 0.40 亿 ~0.57 亿 t。

表 17-65 各方案下游河道冲淤效果

场景	汛期输沙需水量（亿 m^3）	全年淤积比（%）	利津断面河道内需水量（亿 m^3）
场景 1 ~4	117.43	冲淤平衡	177.43
场景 5、6	107.43	2.8 ~5.1	167.43
场景 7	97.15	10.0 ~14.3	157.15

17.9.5 方案缓解缺水分析

从各方案的流域内供需结果来看，场景 1 的 P1D（基准方案）流域内缺水量达

113.26 亿 m³，缺水率高达 21.2%，为本次所有方案计算中缺水率最大的方案；场景 7 的 P7W 流域内缺水量为 69.41 亿 m³，缺水率为 13.0%，为本次所有方案计算中缺水率最小的方案，详见表 17-66。

表 17-66　各方案 2030 年流域水资源供需分析

场景	方案编号	流域内		
		供水量（亿 m³）	缺水量（亿 m³）	缺水率（%）
场景 1	P1D（基准方案）	421.36	113.26	21.2
	P1W	439.77	94.85	17.7
场景 2	P2D	439.09	95.53	18.4
	P2W	443.68	90.94	17.0
	P2I	440.04	94.58	17.7
场景 3	P3D	438.98	95.64	17.9
	P3W	441.20	93.42	17.5
	P3I	440.69	93.93	17.6
场景 4	P4D	442.90	91.72	17.2
	P4W	445.31	89.31	16.7
	P4I	444.89	89.73	16.8
场景 5	P5D	446.42	88.20	16.5
	P5W	454.29	80.33	15.0
	P5I	451.74	82.88	15.5
场景 6	P6D	450.42	84.20	15.7
	P6W	452.94	81.68	15.3
	P6I	452.65	81.97	15.3
场景 7	P7D	456.11	78.51	14.7
	P7W	465.21	69.41	13.0
	P7I	463.34	71.28	13.3

17.9.6　580 亿 m³ 天然径流条件下配置方案分析

上述各场景方案优化配置分析采用 1956～2016 年系列（多年平均天然径流量 490 亿 m³），黄河“八七”分水方案所采用的 1919～1975 年系列（多年平均天然径流量 580 亿 m³），按照按不同时期黄河天然径流量的比例关系，对本次研究的各配置方案进行“还原”分析，提出各场景方案在 580 亿 m³ 天然径流条件下配置成果。

在 580 亿 m^3 天然径流条件下南水北调西线生效前各配置方案配置成果，青海配置水量为 14.65 亿 ~ 19.58 亿 m^3，较黄河“八七”分水方案增加 0.55 亿 ~ 5.48 亿 m^3。四川配置水量为 0.42 亿 ~ 0.51 亿 m^3，增加 0.02 亿 ~ 0.11 亿 m^3。甘肃配置水量为 31.60 亿 ~ 41.65 亿 m^3，增加 1.20 亿 ~ 11.25 亿 m^3。宁夏配置水量为 41.58 亿 ~ 50.17 亿 m^3，增加 1.58 亿 ~ 10.17 亿 m^3。内蒙古配置水量为 59.95 亿 ~ 68.93 亿 m^3，增加 1.35 亿 ~ 10.33 亿 m^3。陕西配置水量为 39.44 亿 ~ 43.34 亿 m^3，增加 1.44 亿 ~ 5.34 亿 m^3。山西配置水量为 38.57 亿 ~ 48.82 亿 m^3，变化范围 -4.53 亿 ~ 5.72 亿 m^3。河南配置水量为 49.02 亿 ~ 61.38 亿 m^3，变化范围在 -6.38 亿 ~ 5.98 亿 m^3。山东配置水量为 64.67 亿 ~ 77.56 亿 m^3，变化范围在 -5.33 亿 ~ 7.56 亿 m^3。河北天津配置水量为 6.20 亿 ~ 10.56 亿 m^3，变化范围在 -13.80 亿 ~ -9.44 亿 m^3，详见表 17-67 和图 17-2。

表 17-67　西线生效前 580 亿 m^3 天然径流条件下河道外配置水量（单位：亿 m^3）

方案	青海	四川	甘肃	宁夏	内蒙古	陕西	山西	河南	山东	河北、天津	河道外
P1D*	14.10	0.40	30.40	40.00	58.60	38.00	43.10	55.40	70.00	20.00	370.00
P2D	18.20	0.50	37.51	45.65	63.23	40.71	38.98	49.02	65.64	10.56	370.00
P3D	14.65	0.42	31.60	41.58	60.91	39.50	44.80	57.58	72.76	6.20	370.00
P4D	18.42	0.51	38.15	46.35	64.11	41.11	39.47	49.57	66.11	6.20	370.00
P5D	17.54	0.50	34.63	43.24	59.95	39.44	43.10	55.40	70.00	6.20	370.00
P6D	15.23	0.43	32.83	43.20	63.28	41.04	46.54	52.44	64.67	6.20	365.86
P7D	18.07	0.50	37.10	45.20	62.66	40.45	38.57	52.44	64.67	6.20	365.86
P1W	17.74	0.50	36.08	44.09	61.25	39.79	43.10	52.44	64.67	6.20	365.86
P2W	15.49	0.44	33.39	43.93	64.36	41.74	47.34	52.44	64.67	6.20	370.00
P3W	18.33	0.50	37.88	46.06	63.74	40.95	39.23	52.44	64.67	6.20	370.00
P4W	18.04	0.50	37.01	45.11	62.54	40.39	43.10	52.44	64.67	6.20	370.00
P5W	15.13	0.43	32.63	42.93	62.89	40.78	46.26	59.46	75.13	6.20	381.84
P6W	18.99	0.51	39.87	48.23	66.48	42.22	40.91	51.07	67.36	6.20	381.84
P7W	18.44	0.51	37.64	45.79	63.63	41.13	43.10	55.40	70.00	6.20	381.84
P2I	15.97	0.45	34.43	45.30	66.37	43.04	48.82	52.44	64.67	6.20	377.69
P3I	18.81	0.51	39.34	47.65	65.75	41.87	40.45	52.44	64.67	6.20	377.69
P4I	18.62	0.51	38.74	47.00	64.92	41.49	43.10	52.44	64.67	6.20	377.69
P5I	15.62	0.44	33.69	44.32	64.93	42.11	47.76	61.38	77.56	6.20	394.01
P6I	19.58	0.51	41.65	50.17	68.93	43.34	42.39	52.59	68.65	6.20	394.01
P7I	19.25	0.51	40.54	48.88	67.41	42.72	43.10	55.40	70.00	6.20	394.01

*还原到天然径流量 580 亿 m^3 后 P1D 方案即为黄河“八七”分水方案。

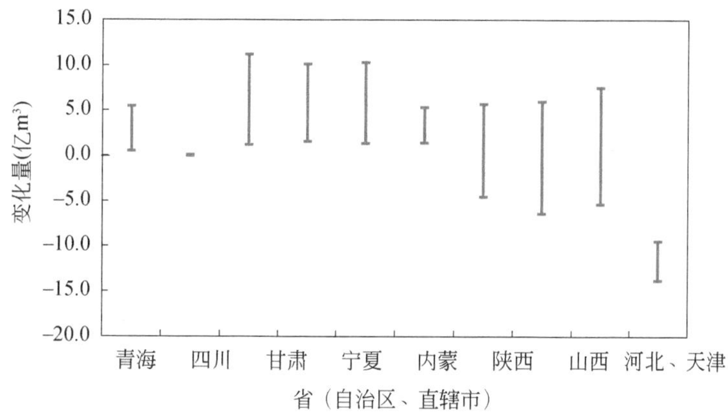

图 17-2　本研究水资源配置方案相对于黄河“八七”分水方案的变化量

17.10　认识与建议

1）分水方案调整要考虑供水工程条件变化以及水沙变化情况，研究多种情景方案组合。

一是新增供水工程情景。黄河“八七”分水方案是南水北调生效之前的黄河分水方案，当前东中线一期工程已经生效，二期工程正在规划实施，这些新增的水源工程供水区和黄河下游引黄地区有一定的重叠关系，本研究考虑东中线一期工程生效调减了河北天津引黄指标，将部分引黄地区的城镇生活用水由东中线二期供水，据此调减河南、山东的引黄指标。

二是考虑动态调整河道内外的配置关系情景。根据近期黄河来沙偏少的阶段性和动态性特点，首先保证和增加河道内生态用水，并通过运用动态高效输沙，适当减少部分输沙水量，增加河道外供水。本研究将这些影响因素导致的“配置变量”组合为不同的情景进行各省（自治区、直辖市）的均衡配置。

2）黄河分水方案要根据重大水源条件变化，采取适应的优化配置方法和策略，进行分阶段优化调整。南水北调西线生效之前采用增量动态均衡配置方法，实现分水方案的微调优化。南水北调西线生效后采用整体动态均衡配置方法，对西线调水水量和黄河流域水资源统一进行再优化配置。

一是南水北调西线生效之前黄河分水方案调整应考虑以黄河“八七”分水方案为基础进行增量动态均衡配置。由于南水北调西线尚未生效，东线和中线工程对黄河下游地区的贡献优先，黄河流域水资源配置大的水源和工程条件没有发生变化，因此分水方案调整应以“八七”分水方案为基础。再者，黄河分水涉及方方面面利益关系，加之现状环境变化较为显著，分水调整应均衡考虑用水的公平性和效率性两方面的因素。为此，本次研究了同比例调整、整体动态均衡配置、增量均衡配置三种配置方法。同比例调整方法的优点是方法简单，但是没有考虑各省（自治区、直辖市）社会经济发展的新形势及水资源需求的新变化，各省（自治区、直辖市）弹性缺水差异较大，配置对变化环境的适应性不高。整体动态均衡配置方法在满足各省（自治区、直辖市）刚性需求后更好地兼顾了各省（自治区、直辖市）之间的用水效率与公平，优化调整的幅度较大，且山西、河南、山东三省配置占比较“八七”分水方案减小，方案协调可能面临较大难度。增量均衡配置方法对增量指标进行均衡优化，其配置方向与整体动态均衡配置方法一致，但调整的幅度较小，且保证有关省（自治区、直辖市）配置占比不减少。黄河流域分水具有的流域资源性缺水且天然径流量显著减少的大背景，南水北调东中线生效也从一定程度上改变了“八七”分水方案的水源工程条件，本次研究建议在南水北调西线工程生效之前采用增量均衡配置方法。增量均衡配置方法可以保证有关省（自治区、直辖市）分水占比不减少，维持“八七”分水方案总体格局，并根据新的水源条件和水沙变化情况，兼顾公平性和效率性而对分水方案有所微调优化。

二是流域分水方案调整应体现生态优先原则，还水于河，增加河流生态用水。综合考虑黄河下游干流生态需水、河口近海水域生态需水、淡水湿地生态补水及汛期输沙需水量，本次研究将利津断面非汛期生态水量由《黄河流域综合规划（2012—2030 年）》的 50 亿 m^3 提升至 60 亿 m^3，有利于维持下游河道生境健康和稳定。通过在优化配置中优先保障基本生态用水以及考虑东中线和引汉济渭等调水工程向干支流补水，增加河道内生态水量，利津断面入海水量较现状水平（2001 ~ 2018 年）均有所提高，其中场景 2、场景 4、场景 5 利津断面入海水量达到 180.47 亿 m^3，较现状水平增加 13.21 亿 m^3；场景 3 利津断面入海水量达到 183.97 亿 m^3，较现状水平增加 16.71 亿 m^3；场景 6 利津断面入海水量达到 173.97 亿 m^3，较现状水平增加 6.71 亿 m^3。另外，通过对河道内水量及流量过程的优化调配，黄河干支流主要断面生态基流保证率较现状水平均有所提升。

三是综合考虑流域重大水源条件、上游刚性需求及上游河段生态流量保障、各河段水资源开发利用等情况，研究认为现状场景建议 P2I，南水北调东中线二期生效后建议 P3I，古贤水库生效之后建议 P6I。

P2I 与基准方案相比，优化配置调整方向为上游增加、中游微增、下游和河北天津减少，调整的幅度为上游 2.13%、中游 0.25%、下游和河北天津 -2.38%。考虑现状天然径流 490 亿 m^3 条件，上述变化幅度相对应的水量指标为上游增加配置指标 10.44 亿 m^3，中游增加配置指标 1.22 亿 m^3，下游与河北和天津减少 11.66 亿 m^3。

P3I 与基准方案相比，优化配置调整方向为上游增加、中游微增、下游与河北和天津减少，调整的幅度为上游 2.78%、中游 0.31%、下游与河北和天津 -3.81%。考虑现状天然径流 490.04 亿 m^3 条件，上述变化幅度相对应的水量指标为上游增加配置指标 13.65 亿 m^3，中游增加配置指标 1.51 亿 m^3，下游与河北和天津减少 18.66 亿 m^3。

P6I 与基准方案相比，优化配置调整方向为上游增加、中游微增、下游与河北和天津减少，调整的幅度为上游 4.53%、中游 0.60%、下游与河北和天津-3.81%。考虑现状天然径流 490 亿 m^3 条件，上述变化幅度相对应的水量指标为上游增加配置指标 22.21 亿 m^3，中游增加配置指标 2.95 亿 m^3，下游与河北和天津减少 18.66 亿 m^3。

四是通过上述大量场景和建议方案分析，研究了多种情景下的分水方案调整优化方向和变化幅度，南水北调西线工程生效之前河段之间配置调整的幅度宜在 10 亿～22 亿 m^3。通过 P2I、P3I、P6I 三个方案与基准方案对比，可以看出分水方案优化调整方向为上游增加、中游微增、下游与河北和天津减少。调整的幅度为上游（2.13%～4.53%）、中游（0.25%～0.60%）、下游和河北天津（-3.81%～-2.38%），考虑现状天然径流 490 亿 m^3 条件，上述变化幅度相对应的水量指标为上游增加配置指标 10.44 亿～22.21 亿 m^3，中游增加配置指标 1.22 亿～2.95 亿 m^3，下游与河北和天津减少 11.66 亿～18.66 亿 m^3。届时按照近期（2001～2018 年系列）上游河段水资源开发利用率将达到 62.2%～65.0%，河道内生态用水较现状水平有所减少。综合以上建议方案成果，南水北调西线生效之前河段之间配置水量调整的幅度宜控制在 10 亿～22 亿 m^3。

五是基于不同场景的推荐方案，提出分阶段减少流域缺水路线图。现状场景下，考虑南水北调东中线一期工程生效，推荐方案 P2I 较基准方案可减少流域内缺水 18.7 亿 m^3；规划中期场景二，考虑南水北调东中线二期工程生效，推荐方案 P3I 较基准方案可减少流域内缺水 19.3 亿 m^3，增加下游生态用水 3.5 亿 m^3；规划中期场景三，考虑南水北调东中线二期工程生效及古贤水库生效，推荐方案 P6I 较基准方案可减少流域内缺水 31.3 亿 m^3，增加下游生态用水 3.5 亿 m^3。减少流域缺水路线见图 17-3。

六是南水北调西线生效后统筹考虑西线调入水量和黄河流域水资源进行整体动态均衡优化配置。按照有关规划和前期工作，南水北调西线调入 80 亿 m^3 进入黄河源头地区，约占现状天然径流量的 16.3%，将大大改变黄河流域水源条件。在这种情况下，应统筹考虑黄河流域水资源和调入水量统一配置，维持适宜的河道生态条件，兼顾河道外各省（自治区、直辖市）的用水公平性和效率因素，进行流域水资源整体动态优化再配置。

3）分水方案调整是流域水资源存量的再分配，改变了流域缺水的分布，但是不改变缺水总量。分水方案调整并没有改变流域经济社会发展及其需水要求，在一定程度上分水方案调整改变了流域缺水的空间分布，但是并没有改变黄河流域总体缺水程度，黄河流域仍然是严重缺水流域，黄河流域资源性缺水问题仍然需要依靠南水北调西线等跨流域调水工程来解决。

4）分水方案调整应开展技术方案制定等深化工作。黄河分水方案调整十分复杂，本

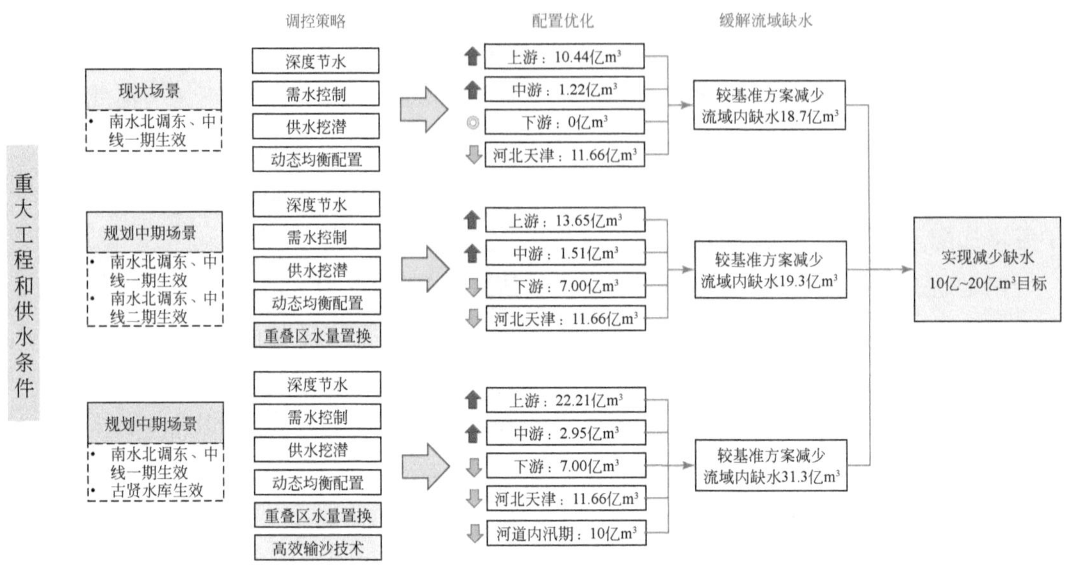

图 17-3　减少流域缺水路线

次研究取得的初步成果主要从配置思路、技术方法、策略上进行了一些研究探索，由于黄河河情与分水方案调整的复杂性，一些问题仍需要进一步深化研究，包括变化环境下下游河道内生态和输沙用水量，东中线对黄河下游地区供水的可能性、可行性及规模等。另外，分水方案调整需要开展规划层面的技术方案研究工作，以及后续大量的管理协调工作。

第18章 成果创新性与应用

18.1 成果总结

18.1.1 黄河“八七”分水方案运用情况

分水方案出台背景。黄河流域水资源量仅占全国水资源总量的2%，却承载了全国12%的人口、13%的粮食产量和14%的GDP。人均水资源量491m^3，仅为全国的24.5%，水资源短缺是流域长期面临的突出问题。20世纪70～80年代黄河流域经济社会快速发展，地表水耗用水量急剧增加，加上缺乏有效的规划和管理，上游省（自治区）无序引水，致使黄河下游自1972年开始频繁断流。在此背景下，1982～1987年，经相关省（自治区、直辖市）多次协调，最终由国务院根据黄委意见，批准了《黄河可供水量分配方案》，要求相关省（自治区、直辖市）贯彻执行。

分水方案执行情况与效果。1988～1998年，由于没有建立起全流域水资源统一管理的机制与体制，无法对实际引水量实行有效监督与控制，分水方案并未得到有效落实，一遇枯水年份或用水高峰季节，沿黄引水工程都争先引水，造成分水失控。已建工程的引水能力远大于河道流量，一遇干旱同时引水，造成引水失控，下游河道断流。1998年12月国家计划委员会、水利部联合颁布实施了《黄河可供水量年度分配及干流水量调度方案》和《黄河水量调度管理办法》，授权黄委统一管理和调度黄河水资源，之后开展了20年的黄河水量调度实践，依据“八七”分水方案，制定调度年份黄河水量分配方案、制定月旬水量调度方案、进行实时水量调度及监督管理等。同时，随着国家不断加强水资源管理，“八七”分水方案经历了不同来水情况下年度分水方案制定、黄河取水许可总量控制、新径流条件下分水方案制定、用水总量控制红线等细化与完善的过程，为分水方案落实提供了强力保障。统一调度以来，“八七”分水方案有效抑制了各省（自治区、直辖市）经济社会用水快速增长，推动了流域强化节水和产业结构优化升级；保障了枯水年份用水秩序，以及流域及供水区生活、生产和生态环境用水安全；实现了黄河干流20年不断流，改善了河流生态系统功能和水环境质量。

流域面临的新形势。30 多年来，流域经济社会情况以及河流状况发生了诸多新的变化，流域水资源面临诸多新的形势。①水沙基本条件改变。黄河来水量显著减少，天然径流量由方案制定采用的 1919～1975 年系列的 580 亿 m^3 衰减到 1956～2016 年系列的 490 亿 m^3，预测未来黄河天然径流量将进一步减少；黄河来沙量明显减少，干流潼关站实测来沙量由 1919～1975 年系列的 15.27 亿 t 减少至 2000～2018 年系列的 2.44 亿 t。②水沙调控能力提升。黄河干流总库容达 900 亿 m^3，在防洪、防凌、减淤和水量调度等方面持续发挥巨大作用。小浪底水库目前剩余 41.0 亿 m^3 拦沙库容，能在未来较长时间通过拦沙运用维持下游河道 4000m^3/s 左右中水河槽。③流域用水总量和结构性变化。各省（自治区、直辖市）GDP 占比、用水总量及结构，均较分水方案制定时期发展了较大变化。河道外刚性耗水持续增长，缺水严峻程度加剧，多数省（自治区、直辖市）已无剩余黄河分水指标或处于临界状态，部分省（自治区、直辖市）和年份超过年度分水指标；干流河道离功能性不断流以及维持河道适宜性生态环境的要求还有一定的差距，部分支流断流情况严重。未来流域经济社会发展和生态环境改善的需水总量仍将有一定的刚性增长。④流域重大水源条件变化。现状，南水北调东线一期、中线一期工程生效后，其供水区包含了河北、天津的部分地区；未来，南水北调东线二期规划及引江补汉工程规划，从供水重叠区域、工程技术、供水成本、水价承受能力等方面综合分析，具有置换山东、河南黄河流域外部分用水指标的可能性。此外，2030 年考虑古贤水利枢纽投入运行，黄河水沙调控体系将更加完善。⑤国家战略需求变化。“八七”分水方案是南水北调工程生效前的黄河水量分配方案，其方案制定采用现状年为 1980 年，规划水平年为 2000 年。在中央财经委员会第六次会议上，习近平总书记提出“八七”分水方案调整，要坚持“生态优先，大稳定，小调整”，按照下游地区更多使用南水北调供水，腾出适量水量用于增加生态流量和保障中上游省份生活等基本用水需求的思路，优化和细化“八七”分水方案。

18.1.2　流域水资源动态配置原理、方法与技术

方案调整研究思路。通过分析分水方案基本条件可以发现，水沙条件改变与工程调控能力大幅提升，这为调整河道内外/输沙及生态用水量配置关系提供了潜力；经济发展/用水特征改变表明各省（自治区、直辖市）间的配置关系需要进一步改善；国家战略需求变化提出了分水方案“生态优先，大稳定，小调整”的基本原则。基于黄河流域的新变化与新问题，本次研究提出流域水资源动态均衡配置技术体系，包括基于水-沙-生态多因子的流域水资源动态配置机制、统筹公平与效率的流域水资源均衡调控原理、水资源动态均衡配置方法及模型系统四部分。其中，基于水-沙-生态多因子的流域水资源动态配置机制由河道内的高效动态输沙技术及生态环境流量过程耦合方法组成；统筹公平与效率的流域水

资源均衡调控原理由流域分层需水分析方法、用水公平协调性分析方法、水资源综合价值评估方法及福利函数权衡四部分组成；基于动态配置机制及均衡调控原理构建水资源动态均衡配置方法，该方法根据是否保障各省（自治区、直辖市）既定分水指标不减少分为增量动态均衡及整体动态均衡配置两种优化策略；各类方法与技术共同构成水资源动态均衡配置模型系统。

基于水-沙-生态多因子的流域水资源动态配置机制。当前黄河流域水资源配置仅关注径流年度变化，对于多沙河流还应关注泥沙变化。为提高水资源配置对水沙动态变化及生态保护的适应性，需要建立基于水-沙-生态多因子的动态配置，用于优化河道内外配置关系、确定经济社会配置总量。高效动态输沙技术，在未来黄河来沙量 4 亿 ~ 8 亿 t 的情景下，考虑规划的古贤水库及小浪底水库联合调水调沙运用，从更符合黄河下游冲淤规律的角度出发，构建了非汛期、汛期平水期河道冲刷，汛期洪水期高效输沙（排沙比大于 80%）的全下游高效动态输沙技术。将断面生态需水过程、动态输沙需水过程、三角洲淡水湿地生态补水量、河口近海生态需水量进行流量过程及水量的科学耦合，合理确定出生态优先的河道内保障水量。综合高效动态输沙技术和生态流量过程耦合方法，动态减少洪水期输沙水量，适当增加非汛期河道内生态水量，突破“八七”分水方案河道内外按比例分配的静态限制，形成河道内水量动态配置，构建了基于水-沙-生态多因子的动态配置机制。

统筹公平与效率的流域水资源均衡调控原理。流域水资源均衡调控是通过统筹兼顾流域内区域及行业间用水效率及用水公平性，实现水资源的可持续利用与生态环境系统良性维持。本次研究基于分层需水及社会福利函数，创建基于综合价值和公平协调性的流域水资源均衡调控原理，并提出水资源分级分类均衡配置方法，解决缺水流域经济社会用水的合理配置问题。①黄河流域水资源需求分层原则和分析方法。引入马斯洛需求层次理论，将农业、生活、工业、生态等需水过程分成三个层次，分别为刚性需求、刚弹性需求和弹性需求，采用缺水率指标反映不同部门不同阶段的供需满足情况，并对黄河流域内 2030 年生活、工业、农业、生态环境和输沙需水进行计算分析。②基于能值的流域水资源综合价值评估方法。针对水资源价值表现形式和量纲不统一的问题，根据生态经济学原理，从水资源生态经济系统物质循环和能量流动角度，界定了流域水资源综合价值的内涵，提出了流域水资源经济、社会、生态环境等价值构成。创建了以能值为统一度量单位的流域水资源综合价值评估方法。③用水公平协调性计算方法。引进马斯洛需求层次理论，针对不同用水区域和用水部门的特点，将其满意度函数按照需求层次进行分层计算，力求通过满意度函数来表征不同用水区域和用水部门对于水资源配置方案的满意程度。引入模糊隶属度函数用于对不同水资源分区各用水部门的需水量与配水量之间的满意关系进行衡量。根据配水量与各用水部门层次需求的需水量满足程度，构建基于需水分层的戒上型（单调减函数）满意度函数。采用基尼系数来衡量各用水户满意度之间的差异，分别构建部门用水协调性指标与区域用水公平协调性指标，并将两者合称为流域用水公平协调性表征指标，统一衡量区域及部门间的用水状态。④引入福利经济学中的社会福利函数，将水资源使用过程中效率与公平相互不兼容的两个主要方面相统一，形成水资源均衡调控的基本目标。

黄河流域水资源动态均衡配置方法及模型系统。根据是否保障各省（自治区、直辖市）原有分水指标不减少设计了整体动态均衡、增量动态均衡两种优化配置方法，并根据流域水量调控实践中的分水方案丰增枯减调整方式，设计同比例调整方法，作为本次研究的对比方法。流域水资源动态均衡配置模型系统由流域分层需水分析模型、水资源综合价值评估模型、用水公平协调性分析模型、水资源供需网络模拟模型、供水规则优化模型耦合而成。①流域分层需水分析模型通过刚性需水-刚弹性需水-弹性需水三个层次预测未来河道外社会经济用水需求。主要分为农业分层需水预测、工业分层需水预测、生活分层需水预测及河道外生态环境分层需水预测等部分。该模型为水资源供需网络模拟模型提供需水边界，为用水公平协调性分析模型提供满意度计算边界，并根据方案的供水总量反馈均衡参数给供水规则优化模型。②水资源综合价值评估模型是基于自然资源经济学和生态经济价值理论，采用能值分析方法，评价流域不同分区、行业的水资源价值量，进一步分析黄河流域水资源利用效率及其差异。该模型根据水资源供需网络模拟模型提供的基本主体（部门）供水量计算方案的水资源综合价值并将结果反馈给供水规则优化模型。③用水公平协调性分析模型包括用水主体满意度计算与公平协调性量化计算两个部分。用水主体满意度计算根据基本主体（部门）供水量与三层需水的满足程度进行计算。以用水主体满意度为输入，采用用水基尼系数计算方法，综合区域用水公平性与部门用水协调性得到用水公平协调性量化指标，并将结果反馈给供水规则优化模型。④供水规则优化模型根据水资源综合价值评估模型及用水公平协调性分析模型的反馈，计算每个方案的社会福利函数值并控制优化过程。如果不能满足计算终止条件则形成新的供水规则集进行下一次迭代计算，如果满足计算终止条件则停止计算并输出优化方案。⑤水资源供需网络模拟模型是在流域水资源条件、工程技术等约束和系统供水规则下，采用网络分析技术定量描述不同用水单元的水资源供-用-耗-排过程，完成时间、空间和行业间三个层面上从水源到用水的供需过程分析，并输出对应规则下经济、社会和生态环境供水保障情况，再将基本主体（部门）的供水结果反馈给流域分层需水分析模型、水资源综合价值评估模型及用水公平协调性分析模型。

18.1.3 变化环境下黄河分水方案优化研究

黄河流域水资源调控策略。影响供水系统的驱动因素包括地表水工程、输沙水量变化、地下水可开采量、废污水排放量、水利投资、水价等。影响需水系统的驱动因素包括人口规模、GDP、产业结构、灌溉面积、水价、用水效率、纳污能力等。通过对黄河流域水资源供需的驱动因素分析，识别出黄河流域影响水资源供需的共同因子，包括自然和社会两个方面。自然因子包括降水、来沙、纳污能力等；社会因子包括 GDP、水价、再生水回用等。从非常规水源挖潜、输沙水量动态优化、水库及外调水工程三个方面研究了未来黄河流域水资源供给侧的关键要素；从人口及经济合理增长、产业用水结构调整、深度节水三个方面研究了未来黄河流域水资源需求侧的关键要素。建立了基于系统动力学模型的供需联动调控分析方法，在整体发展边界下进行全流域供需宏观调控，确定最小缺水率下代价最小的调控措施。通过调控关键因子，从总体上研判河道外需水预测方向及效果。

黄河流域需水预测及分层。通过流域整体水资源供需联动调控计算，得到 2030 年黄河流域内社会经济整体发展边界。基于发展边界、分层需水原则，采用强化节水模式得到 2030 年流域内河道外社会经济用水需求量。采用强化节水定额，预测未来 2030 年河道外总需水量将达到 534.62 亿 m^3。采用需水分层原则及计算模型得到 2030 年黄河流域河道外刚性、刚弹性和弹性需水分别为 319.01 亿 m^3、200.01 亿 m^3、15.60 亿 m^3，占比分别为 59.7%、37.4%、2.9%。综合以往黄河干支流重要断面生态水量/流量计算成果，综合得到 17 个干支流重要控制断面生态水量（流量）。下游利津断面采用本次研究提出的生态流量过程耦合方法，综合河流廊道功能维持、鱼类至岸边觅食、湿地发育的断面生态流量过程，河口淡水湿地生态水量需求，河口近海水域生态水量需求，下游河道输沙用水需求等因素，得到下游利津断面生态环境综合需水量。

变化环境下分水方案分期优化调整场景研究。根据重大工程和供水条件变化，形成四期分水方案优化调整场景，分别为现状场景，东中线一期工程生效；中期场景，东中线二期工程生效和古贤工程生效；远期场景，西线工程生效。考虑黄河流域水沙变化、经济社会发展、生态环境演变、工程调控措施、分期优化调整场景等，构建了黄河流域水资源调控的方案集，包括 8 个场景的 21 个调整方案。

采用黄河流域水资源动态均衡配置模型，分别计算了各个方案的配置结果、供需结果，分析了河道外各省（自治区、直辖市）配置水量的公平与效益、河道内外用水配置关系、河道外各省（自治区、直辖市）用水配置关系、不同配置方案调整的幅度、方案减淤效果、方案缓解缺水效果。研究提出黄河“八七”分水方案调整的认识与建议，为流域机构采纳作为黄河流域水资源优化配置的重要理论与技术基础。

一是南水北调西线生效之前黄河分水方案调整应考虑以“八七”分水方案为基础进行增量动态均衡配置。由于南水北调西线尚未生效，东线和中线工程对黄河下游地区的贡献优先，黄河流域水资源配置大的水源和工程条件没有发生变化，因此分水方案调整应以“八七”分水方案为基础。增量均衡配置方法既可以保证有关省（自治区、直辖市）分水占比不减少，维持“八七”分水方案总体格局，并根据新的水源条件和水沙变化情况，兼顾公平性和效率性而对分水方案有所微调优化。

二是流域分水方案调整应体现生态优先原则，还水于河，增加河流生态用水。本次研究将利津断面非汛期生态水量由《黄河流域综合规划（2012—2030年）》的50亿m^3提升至60亿m^3，有利于维持下游河道生境健康和稳定；通过对河道内水量及流量过程的优化调配，黄河干支流主要断面生态基流保证率较现状水平均有所提升。

三是综合考虑流域重大水源条件、上游刚性需求及上游河段生态流量保障、各河段水资源开发利用等情况，提出现状南水北调东中线一期工程生效、中期南水北调东中线二期工程生效、中期南水北调东中线二期工程与古贤水库生效三种场景下的推荐方案（P2I、P3I、P6I）。

四是提出了分水指标的优化调整方向和变化幅度，优化调整方向为上游增加、中游微增、下游和河北天津减少，优化调整调整的幅度为上游增加2.13%～4.53%（考虑现状天然径流490.04亿m^3条件，上述变化幅度相对应的水量指标为10.44亿～22.21亿m^3）、中游微调0.25%～0.60%（对应的水量指标为1.22亿～2.95亿m^3）、下游和河北天津减少2.38%～3.81%（对应的水量指标为11.66亿～18.66亿m^3），南水北调西线工程生效前河段之间配置调整幅度宜在10亿～22亿m^3。

五是基于不同场景的推荐方案，提出减少流域缺水的路线图，实现2030年减少流域缺水10亿～20亿m^3的目标。现状场景下，考虑南水北调东中线一期工程生效，推荐方案P2I较基准方案可减少流域内缺水18.7亿m^3；规划中期场景二，考虑南水北调东中线二期工程生效，推荐方案P3I较基准方案可减少流域内缺水19.3亿m^3，增加下游生态用水3.5亿m^3；规划中期场景三，考虑南水北调东中线二期工程生效及古贤水库生效，推荐方案P6I较基准方案可减少流域内缺水31.3亿m^3，增加下游生态用水3.5亿m^3。

六是南水北调西线生效后统筹考虑西线调入水量和黄河流域水资源进行整体动态均衡优化配置。未来，西线工程生效后将调入80亿m^3进入黄河源头地区，大大改变黄河流域水源条件。在这种情况下，应统筹考虑黄河流域水资源和调入水量统一配置，维持适宜的河道生态条件，兼顾河道外各省（自治区、直辖市）的用水公平性和效率因素，进行流域水资源整体动态优化再配置。

18.2 成果创新性

围绕流域水资源优化配置的重大科学问题和实践难题，系统开展了理论创建—技术构建—应用实践的全链条创新，建立了缺水流域水资源动态均衡配置理论，创建了流域水资源均衡调控与动态配置技术，研发了黄河流域水资源动态均衡配置模型系统，构建了多种场景下分水方案调整集，提出了黄河“八七”分水方案分阶段调整策略。

科技创新 1：针对流域水资源配置的公平与效率调控难题，以流域水资源综合价值为驱动，以用水公平协调性为导向，构建流域水资源社会福利函数，提出了统筹公平与效率的流域水资源均衡调控原理，实现了缺水流域水资源调控的公平与效率的科学统筹。

缺水流域水资源具有稀缺性，流域区域之间、部门之间、用户之间存在强烈的用水竞争关系，用水公平与用水效率之间存在突出矛盾，流域水资源配置是一个复杂的多目标决策问题。

1）构建流域水资源社会福利函数。

针对缺水流域水资源配置中公平与效率的权衡难题，应用福利经济学中社会福利的概念及理论，研究了多种福利函数形态，在阿马蒂亚·森社会福利函数基础上，建立统筹公平与效率的流域水资源社会福利函数，并引入均衡参数 α，通过调节 α 来实现流域水资源均衡配置，实现统筹公平与效率的流域水资源均衡调控。流域水资源社会福利函数为 $F = F_{\mathrm{V}}^{\alpha} F_{\mathrm{E}}^{1-\alpha}$，其中 F 是水资源调控效果的表征函数，F_{V} 是流域用水效率表征函数，F_{E} 是流域用水公平表征函数，α 为均衡参数，取值范围 0 ~ 1。

2）提出统筹公平与效率的流域水资源均衡调控原理。

基于流域水资源社会福利函数，均衡参数 α 引导流域水资源调控策略，权衡用水公平和用水效率，追求流域水资源社会福利整体最大化。均衡参数 α 可以引导不同的流域水资源配置策略，均衡参数 α 越大流域水资源配置越偏重效率，α 越小流域水资源配置越偏重公平。构建基于分层需水的流域水资源分级分类均衡调控，解决缺水流域各部门不同等级需水的合理配置问题，实现缺水流域水资源调控的公平和效率的科学统筹：对于刚性需水，按照公平优先的原则进行水量配置，均衡参数 α 取值为 0；对于刚弹性需水，采用统筹兼顾效率与公平的方法，均衡参数 α 取值为（0，1）；对于弹性需水，按照效率优先原则，水资源优先配置给效率高的区域，均衡参数 α 取值为 1。

科技创新 2：建立流域刚性-刚弹性-弹性需水分层分析方法、流域用水公平协调性表征方法、多沙河流水资源综合价值评估方法、基于水-沙-生态多因子的流域水资源动态配置机制，创建了流域水资源均衡调控与动态配置技术体系，发展了缺水流域水资源优化配置新技术新方法。

1）建立流域刚性-刚弹性-弹性需水分层分析方法。

针对缺水流域需水的紧迫性和破坏情况下的影响程度，根据马斯洛需求层次理论结合部门用水特点，提出了生产、生活、生态需水分层原则和分析方法，将流域需水分为刚性、刚弹性和弹性需水三个层次。2030 年黄河流域河道外国民经济需水量为 534.62 亿 m^3，其中刚性、刚弹性和弹性需水分别为 319.01 亿 m^3、200.01 亿 m^3、15.60 亿 m^3，占比分别为

59.7%、37.4%、2.9%。

2）建立流域用水公平协调性表征方法。

针对区域及行业用水难以有效公平分配的问题，根据配置水量与三层需水的满足程度关系，构建满意度曲线，提出基于模糊隶属度的用水满意度。引用基尼系数的概念和计算方法构建了用水基尼系数。基于用水满意度和用水基尼系数构建了区域用水公平性和部门用水协调性指标，提出流域用水公平协调性表征函数。

3）建立多沙河流水资源综合价值评估方法。

针对水资源价值表现形式和量纲不统一的问题，提出了多沙河流流域水资源综合价值内涵和构成，包括经济价值、社会价值、生态环境价值等，创建了以能值为统一度量单位的流域水资源综合价值评估方法。

4）建立基于水-沙-生态多因子的流域水资源动态配置机制。

针对流域水资源配置对水沙动态变化及生态保护的适应性不高的问题，建立了基于水-沙-生态多因子的流域水资源动态配置机制，将河道内外静态配置关系优化为动态配置关系。建立运用生态流量过程耦合方法，优先满足并提高河道内生态环境用水量及关键期生态流量。根据来沙量动态变化，运用高效输沙技术，合理确定河道内汛期输沙用水。

5）提出流域水资源整体动态均衡配置和增量动态均衡配置方法。

根据黄河流域水资源优化配置与“八七”分水方案的关系，提出流域水资源整体动态均衡配置和增量动态均衡配置两类优化方法。流域水资源整体动态均衡配置是不考虑“八七”分水方案作为基础，进行变化环境下流域水资源动态均衡配置，是对黄河流域水资源整体再优化配置。流域水资源增量动态均衡配置是考虑流域重大水源工程变化等场景，维持“八七”分水方案总体格局，仅对工程变化场景下的供水增量进行动态均衡配置，是对“八七”分水方案的微调优化。

科技创新3：研发了黄河流域水资源动态均衡配置模型系统，建立了多场景下分水优化调整方案集，提出了黄河“八七”分水方案分阶段优化调整策略，政策建议为流域机构采纳作为黄河流域水资源优化配置的重要理论与技术支撑。

1）研发了黄河流域水资源动态均衡配置模型系统。

应用组件技术、多模型耦合技术、大规模优化模型求解技术等技术，研发流域水资源综合价值评估模型、流域分层需水分析模型、用水公平协调性分析模型、供水规则优化模型、水资源供需网络模拟模型，并进行耦合。运用分层配水-协同计算-规则优化-网络模拟，实现模型间的数据传递、反馈、迭代和寻优，构建黄河流域水资源动态均衡配置模型系统。

2）建立了多场景下分水优化调整方案集，构建了黄河“八七”分水方案分阶段优化调整策略，提出了不同场景推荐方案减少流域缺水路线图。

考虑重大工程生效以及与引黄地区供水重叠区域用水等，采用同比例调整、整体动态均衡配置、增量动态均衡配置方法，建立了多场景下分水优化调整方案集，共8类场景21个调整方案。

研究提出黄河“八七”分水方案调整的政策咨询报告，为流域机构采纳作为黄河流域水资源优化配置的重要理论与技术基础。一是南水北调西线生效之前黄河分水方案调整应考虑以“八七”分水方案为基础进行增量动态均衡配置。二是流域分水方案调整应体现生态优先原则，还水于河，增加河流生态用水。三是综合考虑流域重大水源条件、上游刚性需求及上游河段生态流量保障、各河段水资源开发利用等情况，提出现状南水北调东中线一期工程生效、中期南水北调东中线二期工程生效、中期南水北调东中线二期工程与古贤水库生效三种场景下的推荐方案。四是提出了分水指标的优化调整方向和变化幅度，优化调整方向为上游增加、中游微增、下游和河北天津减少，优化调整调整的幅度为上游增加2.13%～4.53%、中游微增0.25%～0.60%、下游和河北天津减少2.38%～3.81%，南水北调西线工程生效前河段之间配置调整幅度宜在10亿～22亿m^3。五是南水北调西线生效后统筹考虑西线调入水量和黄河流域水资源进行整体动态均衡优化配置。基于不同场景的推荐方案，提出减少流域缺水的路线图，实现2030年减少流域缺水10亿～20亿m^3的目标。

18.3 成果应用

研究创建基于综合价值与均衡调控的流域水资源动态配置理论，研发黄河流域水资源动态均衡配置模型，建立变化环境下缺水流域水资源动态均衡配置技术体系，提出适应环境变化的黄河流域水资源动态均衡配置方案以及黄河“八七”分水方案优化调整建议，开展黄河水量动态优化配置的应用示范。

(1) 应用于国家重大规划

成果提出的“八七”分水方案制定与实施情况、运用30年发挥的多方面重要作用、当前存在的不适应特征分析、优化调整总体策略等为黄河流域生态保护与高质量发展国家战略制定和落地提供了重要技术支撑，在《黄河流域生态保护与高质量发展水安全保障规划》等国家重大规划中得到应用。

(2) 应用于流域水资源配置方案编制

成果提出的流域水资源动态均衡配置方法、南水北调西线生效之前多场景分析、根据水源工程建设分阶段分水方案调整策略等，编制了政策咨询报告，得到流域机构黄河水利委员会肯定和采纳。成果在水利部《黄河八七分水方案调整方案制定》等中得到应用和采纳，成为分水方案调整技术分析的重要基础。

（3）应用于支流分水方案编制

研发的流域水资源动态均衡配置方法和模型体系应用于黄河支流分水方案编制，并得到水利部的批复包括：《北洛河流域水量分配方案》《无定河流域水量分配方案》《洮河流域水量分配方案》《渭河流域水量分配方案》《伊洛河流域水量分配方案》。成果列入《第一批重点河湖生态流量保障目标（试行）》《第二批重点河湖生态流量保障目标（试行）》，由水利部印发实施，成为断面生态流量管理的重要依据。

（4）应用于流域省（自治区）水资源规划与管理

应用于青海省水资源规划与管理。提出的黄河流域水资源动态均衡配置模型和技术等成果，在《青海黄河流域生态保护和高质量发展水安全保障规划》《湟水流域综合规划》《湟水流域水网规划》等重大规划中得到应用。提出的黄河流域水资源供需双侧调控策略及水资源动态均衡配置方案已在青海省最严格水资源管理、主要支流水量分配方案中得到应用，指导了青海省水资源精细化管理实践，提高了供水保证率、湟水等主要支流入黄断面水质达标率和生态流量保证率。

应用于甘肃省水资源规划与管理。提出的适应环境变化的水资源调控方案等成果，在《甘肃省水安全保障规划》《洮流域综合规划》《兰州市黄河水生态修复规划》等重大规划中得到应用。提出的水资源供需双侧联合调控策略和基于综合价值与均衡调控的流域水资源动态配置模型，在祖厉河、葫芦河、马莲河等中小河流流域综合治理中推广应用，指导了甘肃省最严格水资源管理实践，显著提高了供水保证率、河流生态流量保障程度和水功能区水质达标率。

应用于宁夏回族自治区水资源规划与管理。提出的黄河流域水资源动态均衡配置理论、技术和模型等成果，在《宁夏水安全保障战略规划纲要》《宁夏黄河流域生态保护和高质量发展先行区水利专项规划》《宁夏引黄灌区现代化建设规划》等重大规划中得到应用。提出的适应环境变化的黄河流域水资源动态均衡配置方案已在宁夏回族自治区最严格水资源管理、主要支流水量分配方案中得到应用，指导了水资源精细化管理，提高了青铜峡、红寺堡等灌区的供水保证率，显著改善了宁夏回族自治区清水河、苦水河等主要河流的水量和水质状况，提升了宁夏回族自治区黄河水资源管理与保护的科技水平。

应用于内蒙古自治区水资源规划与管理。提出的黄河水资源适应性调控方案等成果，在《内蒙古自治区黄河流域生态保护和高质量发展规划》《呼和浩特市水资源综合规划》等重大规划中得到应用。提出的水资源供需双侧联动调控策略和适应环境变化的黄河流域水资源动态均衡配置方案，已在内蒙古自治区最严格水资源管理、主要支流水量分配方案中得到应用，提高了河套灌区、黄河南岸灌区供水保证率，指导了水资源科学保护、高效利用和精细化管理。

应用于河南省水资源规划与管理。提出的黄河流域水资源动态均衡配置理论和模型等成果，在《河南省黄河流域生态保护和高质量发展水利专项规划》《郑州市水资源综合规划》等规划中得到应用。研究提出的水资源供需双侧联动调控策略和适应环境变化的黄河流域水资源动态均衡配置方案等成果，已应用于河南省伊洛河和沁河水资源精细化管理实践，有效保障了供水保证率和重要断面生态流量保证程度，提高了水功能区水质达标率。

应用于山东省水资源规划与管理。提出的黄河流域水资源动态均衡配置理论和模型等成果，在《山东省水安全保障总体规划》《山东省水资源综合利用中长期规划》等规划中得到应用。研究提出的水资源供需双侧联动调控策略和适应环境变化的黄河流域水资源动态均衡配置方案等成果，已应用于山东省黄河干支流水资源精细化管理实践，有效协调了 4～6 月灌区用水高峰同河口三角洲生态用水的矛盾，提高了位山灌区、潘庄灌区、李家岸灌区的供水保证率和利津断面生态流量保证率。

(5) 应用于重大工程分析论证

提出的水资源均衡配置原理、模型及技术，水资源适应性调控方案等成果为青海的引黄济宁工程、引大济湟工程，甘肃的引洮供水工程、兰州市水源地、马莲河水库，宁夏的盐环定扬黄工程、银川都市圈城乡供水工程，内蒙古的河套灌区节水改造工程、引黄入呼供水工程、岱海生态应急补水工程、乌梁素海生态修复专用补水通道工程，河南的小浪底北岸灌区、西水东引工程，山东的黄水东调应急工程、东平湖综合治理工程、引黄涵闸改建工程等重大工程论证提供了重要支撑。

18.4 展　　望

黄河分水方案调整十分复杂，本次研究取得的初步成果主要从配置思路、技术方法、策略上进行了一些学术性探索，由于黄河河情与分水方案调整的复杂性，一些问题仍需要进一步深化研究，如变化环境下下游河道内生态和输沙用水量，东中线对黄河下游地区供水的可能性、可行性以规模等。另外，分水方案调整需要开展规划层面的技术方案研究工作，以及后续大量的管理协调工作。

参考文献

伯拉斯. 1983. 水资源科学分配. 戴国瑞，译. 北京：水利电力出版社.

常丙炎，薛松贵，张会言. 1998. 黄河流域水资源合理分配和优化调度. 郑州：黄河水利出版社.

畅建霞，黄强. 2005. 黄河流域水资源多维临界调控模型体系的设计. 西安：西安理工大学学报，(4)：365-369.

陈丹，陈菁，罗朝晖. 2006. 天然水资源价值评估的能值方法及应用. 水利学报，(10)：1188-1192.

陈丹，陈菁，关松，等. 2008. 基于能值理论的区域水资源复合系统生态经济评价. 水利学报，39（12）：1384-1389.

陈家琦，王浩，杨小柳. 2002. 水资源学. 北京：中国水利水电出版社.

陈银娥. 2000. 西方福利经济理论的发展演变. 华中师范大学学报（人文社会科学版），(4)：89-95.

陈志恺. 1981. 中国水资源初步评价. 北京：水利部水资源研究及区划办公室.

邓益斌，尹庆民. 2015. 中国水资源利用效率区域差异的时空特性和动力因素分析. 水利经济，33（3）：19-23.

董璐，孙才志，邹玮，等. 2014. 水足迹视角下中国用水公平性评价及时空演变分析. 资源科学，36（9）：1799-1809.

董增川，叶秉如. 1990. 水电站库群优化调度的分解方法. 河海大学学报，(6)：70-78.

董增川，卞戈亚，王船海，等. 2009. 基于数值模拟的区域水量水质联合调度研究. 水科学进展，20（2）：184-189.

董子敖，闫建生，尚忠昌，等. 1983. 改变约束法和国民经济效益最大准则在水电站水库优化调度中的应用. 水力发电学报，(2)：1-11.

方创琳. 1996. 河西走廊绿洲生态系统的动态模拟研究. 生态学报，(4)：389-396.

冯尚友. 1991. 水资源系统工程. 武汉：湖北科学技术出版社.

冯文琦，纪昌明. 2006. 水资源优化配置中的市场交易博弈模型. 华中科技大学学报（自然科学版），(11)：83-85.

冯耀龙，韩文秀，王宏江，等. 2003. 区域水资源承载力研究. 水科学进展，(1)：109-113.

付湘，陆帆，胡铁松. 2016. 利益相关者的水资源配置博弈. 水利学报，47（1）：38-43.

付意成，魏传江，王瑞年，等. 2009. 水量水质联合调控模型及其应用. 水电能源科学，27（2）：31-35.

甘泓，汪林，倪红珍，等. 2008. 水经济价值计算方法评价研究. 水利学报，(11)：1160-1166.

甘泓，汪林，曹寅白，等. 2013. 海河流域水循环多维整体调控模式与阈值. 科学通报，58（12）：1085-1100.

何慧爽. 2015. 基于区位熵和基尼系数的中国用水结构与效率研究. 资源开发与市场，31（7）：816-819.

贺北方，周丽，马细霞，等. 2002. 基于遗传算法的区域水资源优化配置模型. 水电能源科学，(3)：10-12.

侯保灯，高而坤，吴永祥，等. 2014. 水资源需求层次理论和初步实践. 水科学进展，25（6）：897-906.

胡鞍钢，王亚华. 2000. 转型期水资源配置的公共政策：准市场和政治民主协商. 中国软科学，(5)：5-11.

胡继连，葛颜祥. 2004. 黄河水资源的分配模式与协调机制——兼论黄河水权市场的建设与管理. 管理世界，(8)：43-52.

胡继连. 2010. 农用水权的界定、实施效率及改进策略. 农业经济问题，31（11）：40-46.

胡振鹏，冯尚友. 1990. 综合利用水库运行管理的多目标风险分析. 水电能源科学，(2)：133-142.

胡振鹏，傅春，周国栋. 2001. 水资源使用权有偿转让浅议. 中国水利，(5)：16-17.

华士乾. 1988. 水资源系统分析指南. 北京：水利电力出版社.

黄晓荣，张新海，裴源生，等. 2006. 经济用水与生态用水的优化模拟耦合模型研究. 人民黄河，(1)：44-46.

姜文来，武霞，林桐枫. 1998. 水资源价值模型评价研究. 地球科学进展，(2)：67-72.

蒋云良，徐从富. 2003. 智能 Agent 与多 Agent 系统的研究. 计算机应用研究，(4)：31-34.

蒋云钟，赵红莉，甘治国，等. 2008. 基于蒸腾蒸发量指标的水资源合理配置方法. 水利学报，(6)：720-725.

蓝盛芳，钦佩，陆宏芳. 2002. 生态经济系统能值分析. 北京：化学工业出版社.

李晨洋，张志鑫. 2016. 基于区间两阶段模糊随机模型的灌区多水源优化配置. 农业工程学报，32（12）：107-114.

李建芳，粟晓玲，王素芬. 2010. 基于基尼系数的内陆河流域用水公平性评价——以石羊河流域为例. 西北农林科技大学学报（自然科学版），38（8）：217-222.

李实. 1999. 阿玛蒂亚·森与他的主要经济学贡献. 改革，(1)：101-109.

李孝廉，郝俊卿，王雁林. 2010. 黄河流域三水转化关系及其模式探讨. 干旱区地理，33（4）：607-614.

李友辉，孔琼菊. 2010. 农业水资源价值的能值研究. 江西农业学报，22（3）：121-125.

刘丙军，陈晓宏. 2009. 基于协同学原理的流域水资源合理配置模型和方法. 水利学报，40（1）：60-66.

刘戈力，曹建廷. 2007. 介绍几种国际河流水量分配方法. 水利规划与设计，(1)：29-32.

刘健民，张世法，刘恒. 1993. 京津唐水资源系统供水规划和调度优化的递阶模型. 水科学进展，4（2）：98-105.

刘金华. 2013. 水资源与社会经济协调发展分析模型拓展及应用研究. 北京：中国水利水电科学研究院博士学位论文.

龙爱华，徐中民，张志强，等. 2002. 基于边际效益的水资源空间动态优化配置研究——以黑河流域张掖地区为例. 冰川冻土，(4)：407-413.

卢文峰，胡蝶. 2014. 水资源配置研究概述. 人民长江，45（S2）：1-5.

吕翠美. 2009. 区域水资源生态经济价值的能值研究. 郑州：郑州大学博士学位论文.

罗定贵. 2003. 模糊数学在水资源价值评价中的应用. 地下水，(3)：181-182.

马海良，王若梅，訾永成. 2015. 中国省际水资源利用的公平性研究. 中国人口·资源与环境，25（12）：70-77.

马艳红，牛娟，刘海龙. 2019. 基于多角度的山西省水资源基尼系数分析. 山西师范大学学报（自然科学版），33（2）：100-105.

牛存稳，贾仰文，王浩，等. 2007. 黄河流域水量水质综合模拟与评价. 人民黄河，（11）：58-60.

裴源生，赵勇，张金萍. 2007. 广义水资源合理配置研究（Ⅰ）——理论. 水利学报，（1）：1-7.

彭少明，郑小康，王煜，等. 2016. 黄河典型河段水量水质一体化调配模型. 水科学进展，27（2）：196-205.

彭祥，胡和平. 2006. 黄河水资源配置博弈均衡模型. 水利学报，（10）：1199-1205.

齐雪艳，吴泽宁，管新建. 2013. 基于能值理论的燕山水库环境影响评价. 水电能源科学，31（4）：129-132.

裘杏莲，陈惠源. 1989. 大型水电系统动能指标优化计算聚合库偶动态规划法. 水力发电学报，（3）：12-19.

邵东国，郭宗楼. 2000. 综合利用水库水量水质统一调度模型. 水利学报，（8）：10-15.

沈佩君，王博，王有贞，等. 1994. 多种水资源的联合优化调度. 水利学报，（5）：1-8.

沈振荣，张瑜芳，杨诗秀. 1992. 水资源科学实验与研究——大气水、地表水、土壤水、地下水相互转化关系. 北京：中国科学技术出版社.

施熙灿，林翔岳，梁青福，等. 1982. 考虑保证率约束的马氏决策规划在水电站水库优化调度中的应用. 水力发电学报，（2）：11-21.

孙永健. 2008. 水权制度与区域经济可持续发展. 商场现代化，（31）：291-292.

汤万龙. 2007. 基于ET的水资源管理模式研究. 北京：北京工业大学硕士学位论文.

佟金萍. 2006. 基于CAS的流域水资源配置机制研究. 南京：河海大学博士学位论文.

汪恕诚. 2004. 水权转换是水资源优化配置的重要手段. 水利规划与设计，（3）：1-3.

王浩，游进军. 2008. 水资源合理配置研究历程与进展. 水利学报，（10）：1168-1175.

王浩，游进军. 2016. 中国水资源配置30年. 水利学报，47（3）：265-271.

王浩，秦大庸，王建华. 2002. 流域水资源规划的系统观与方法论. 水利学报，（8）：1-6.

王浩，陈敏建，秦大庸. 2003a. 西北地区水资源合理配置和承载能力研究. 郑州：黄河水利出版社.

王浩，秦大庸，王建华. 2003b. 黄淮海流域水资源合理配置. 北京：科学出版社.

王慧敏，张莉，杨玮. 2008. 南水北调东线水资源供应链定价模型. 水利学报，（6）：758-762.

王慧敏，朱九龙，胡震云，等. 2004. 基于供应链管理的南水北调水资源配置与调度. 海河水利，（3）：5-8.

王劲峰，刘昌明，于静洁，等. 2001. 区际调水时空优化配置理论模型探讨. 水利学报，（4）：7-14.

王同生，朱威. 2003. 流域分质水资源量的供需平衡. 水利水电科技进展，（4）：1-3.

王先甲，肖文. 2001. 水资源的市场分配机制及其效率. 水利学报，（12）：26-31.

王先甲，黄彬彬，胡振鹏，等. 2010. 排污权交易市场中具有激励相容性的双边拍卖机制. 中国环境科学，30（6）：845-851.

王小军，张建云，刘九夫，等．2011. 我国生活用水公平问题研究．自然资源学报，26（2）：328-334.

王亚华．2003. 完善流域水资源分配制度应从九类机制着手．中国水利，(7)：19-22.

王煜，彭少明，张新海，等．2014. 缺水地区水资源可持续利用的综合调控模式．人民黄河，36（9）：54-56.

魏传江．2006. 水资源配置中的生态耗水系统分析．中国水利水电科学研究院学报，(4)：282-286.

魏加华，王光谦，翁文斌，等．2004. 流域水量调度自适应模型研究．中国科学 E 辑：技术科学，(S1)：185-192.

吴泽宁，索丽生，曹茜．2007. 基于生态经济学的区域水质水量统一优化配置模型．灌溉排水学报，(2)：1-6.

武萍，张慧，邢衍．2018. 青海省水资源利用的匹配性研究．中国人口·资源与环境，28（7）：46-53.

夏军，石卫，陈俊旭，等．2015. 变化环境下水资源脆弱性及其适应性调控研究—以海河流域为例．水利水电技术，46（06）：27-33.

解建仓，张永进．2005. 面向水利信息化的中间件技术及其支持服务平台．中国水利，(5)：35-39.

徐华飞．2001. 我国水资源产权与配置中的制度创新．中国人口·资源与环境，(2)：44-49.

徐良辉．2001. 跨流域调水模拟模型的研究．东北水利水电，(6)：1-3.

许新宜．2001. 水资源合理配置是南水北调工程总体规划的理论基础．中国水利，(8)：22-24.

许新宜，王浩，甘泓．1997. 华北地区宏观经济水资源规划理论与方法．郑州：黄河水利出版社．

严登华，罗翔宇，王浩，等．2007. 基于水资源合理配置的河流“双总量”控制研究——以河北省唐山市为例．自然资源学报，(3)：321-328.

杨缅昆．2009. 社会福利指数构造的理论和方法初探．统计研究，26（7）：37-42.

杨朝晖．2013. 面向生态文明的水资源综合调控研究．北京：中国水利水电科学研究院博士学位论文．

尹明万，谢新民，王浩，等．2003. 安阳市水资源配置系统方案研究．中国水利，(14)：14-16.

游进军，王忠静，甘泓，等．2008. 两阶段补偿式跨流域调水配置算法及应用．水利学报，(7)：870-876.

于陶，黄江疆，林云达．2006. 期权理论与南水北调东线工程“水银行”设想．水利经济，(2)：75-77.

袁汝华，朱九龙，陶晓燕，等．2002. 影子价格法在水资源价值理论测算中的应用．自然资源学报，(6)：757-761.

张吉辉，李健，唐燕．2012. 中国水资源与经济发展要素的时空匹配分析．资源科学，34（8）：1546-1555.

张雷，邹进，胡吉敏，等．2011. 马斯洛需求层次理论在水资源开发利用进程中的应用．水电能源科学，29（9）：28-30.

张林，徐勇，刘福成．2008. 多 Agent 系统的技术研究．计算机技术与发展，(8)：80-83，87.

张守平，魏传江，王浩，等．2014. 流域/区域水量水质联合配置研究Ⅰ：理论方法．水利学报，45（7）：757-766.

张勇传，李福生，熊斯毅，等．1982. 变向探索法及其在水库优化调度中的应用．水力发电学报，(2)：1-10.

张志果，邵益生．2013. 我国城镇居民用水公平性分析．给水排水，49（7）：131-133.

章恒全，杨雅婷，张陈俊．2019. 基于基尼系数的湖北省用水公平性研究．水利经济，37（1）：1-6.

赵建世, 王忠静, 翁文斌. 2002. 水资源复杂适应配置系统的理论与模型. 地理学报, (6): 639-647.

赵鸣雁, 程春田, 李刚. 2005. 水库群系统优化调度新进展. 水文, (6): 18-23.

赵永, 王劲峰, 蔡焕杰. 2008. 水资源问题的可计算一般均衡模型研究综述. 水科学进展, (5): 756-762.

赵勇, 解建仓, 马斌. 2002. 基于系统仿真理论的南水北调东线水量调度. 水利学报, (11): 38-43.

赵勇, 陆垂裕, 肖伟华. 2007. 广义水资源合理配置研究（Ⅱ）——模型. 水利学报, (2): 163-170.

郑宏丽, 刘玉东. 2002. 石河水库供水成本动态分析计算. 河北水利, (5): 40-41.

中国科学院地学部. 1999. 关于缓解黄河断流的对策与建议. 地球科学进展, 14 (1): 1-3.

周祖昊, 王浩, 秦大庸, 等. 2009. 基于广义 ET 的水资源与水环境综合规划研究 Ⅰ: 理论. 水利学报, 40 (9): 1025-1032.

Holland J H. 2001. 隐秩序: 适应性造就复杂性. 周晓牧, 韩晖译. 上海: 上海科技出版社.

Abolpour B, Javan M, Karamouz M. 2007. Water allocation improvement in river basin using adaptive neural fuzzy reinforcement learning approach. Applied Soft Computing, 7 (1): 265-285.

Afzal J, Noble D H, Weatherhead E K. 1992. Optimization model for alternative use of different quality irrigation waters. Journal of Irrigation and Drainage Engineering, 118 (2): 218-228.

Arjoon D, Tilmant A, Herrmann M. 2016. Sharing water and benefits in transboundary river basins. Hydrology and Earth System Sciences, 20 (6): 2135-2150.

Babel M S, Gupta A D, Nayak D K. 2005. A model for optimal allocation of water to competing demands. Water Resources Management, 19 (6): 693-712.

Bender M J, Simonovic S P. 2000. A fuzzy compromise approach to water resource systems planning under uncertainty. Fuzzy sets and Systems, 115 (1): 35-44.

CamaraA S, Ferreira F C, Loucks D P, et al. 1990. Multidimensional simulation applied to water resources management. Water Resources Research, 26 (9): 1877-1886.

Cohon J L, Marks D H. 1975. A review and evaluation of multiobjective programing techniques. Water Resources Research, 11 (2): 208-220.

Davijani M H, Banihabib M E, Anvar A N, et al. 2016. Multi-objective optimization model for the allocation of water resources in arid regions based on the maximization of socioeconomic efficiency. Water Resources Management, 30 (3): 927-946.

de Lange W J, Wise R M, Forsyth G G, et al. 2010. Integrating socio-economic and biophysical data to support water allocations within river basins: An example from the Inkomati Water Management Area in South Africa. Environmental Modelling and Software, 25 (1): 43-50.

Dottridge J, Jaber N A. 1999. Groundwater resources and quality in northeastern Jordan: Safe yield and sustainability. Applied Geography, 19 (4): 313-323.

Dudley N J, Burt O R. 1973. Stochastic reservoir management and system design for irrigation. Water Resources Research, 9 (3): 507-522.

Emery D A, Meek B I. 1960. The simulation of a complex river system. Dunod: 237-255.

Fattahi P, Fayyaz S. 2010. A compromise programming model to integrated urban water management. Water

Resources Management, 24 (6): 1211-1227.

Feiwel G. 2012. Samuelson and Neoclassical Economics. New York: Springer Science & Business Media.

Feng Y, He D, Gan S, et al. 2006. Linkages oftransboundary water allocation and its eco- thresholds with international laws. Chinese Science Bulletin, 51 (22): 25-32.

Fleming R A, Adams R M, Kim C S. 1995. Regulating groundwater pollution: effects of geophysical response assumptions on economic efficiency. Water Resources Research, 31 (4): 1069-1076.

Gleick P H. 1998. The human right to water. Water Policy, 1 (5): 487-503.

Grigg N S, Bryson M C. 1975. Interactive simulation for water system dynamics. Journal of the Urban Planning and Development Division, 101 (1): 77-92.

Grimble R J. 1999. Economic instruments for improving water use efficiency: theory and practice. Agricultural Water Management, 40 (1): 77-82.

Gu R, Dong M. 1998. Water quality modeling in the watershed-based approach for waste load allocations. Water Science and Technology, 38 (10): 165-172.

Haimes Y Y, Allee D J. 1982. Multiobjective Analysis in Water Resources. New York: American Society of Civil Engineers.

Haimes Y Y, Hall W A. 1974. Multiobjectives in water resource systems analysis: The surrogate worth trade off method. Water Resources Research, 10 (4): 615-624.

Herbertson P W, Dovey W J. 1982. Allocation of fresh water resources of a tidal estuary. Optimal Allocation of Water Resources, (7): 1001-1013.

Hufschmidt M M, Fiering M B. 1966. Simulation Techniques for Design of Water-Resource Systems. Cambridge: Harvard University Press.

Joeres E F, Liebman J C, Revelle C S. 1971. Operating Rules for Joint Operation of Raw Water Sources. Water Resources Research, 7 (2): 225-235.

Kelman J. 2002. Water allocation for economic production in a semi- arid region. International Journal of Water Resources Development, 18 (3): 391-407.

Kralisch S, Fink M, Flügel W, et al. 2003. A neural network approach for the optimisation of watershed management. Environmental Modelling and Software, 18 (8-9): 815-823.

Kucukmehmetoglu M. 2012. An integrative case study approach between game theory and Pareto frontier concepts for the transboundary water resources allocations. Journal of Hydrology, 450: 308-319.

Lee D J, Howitt R E, Marino M A. 1993. A stochastic Model water quality: application to salinity in the Colorado River. Water Resources Research, 29 (3): 475-483.

Lefkoff L J, Gorelick S M. 1990. Simulating physical processes and economic behavior in saline, irrigated agriculture: Model development. Water Resources Research, 26 (7): 1359-1369.

Maass A, Hufschmidt M M, Dorfman R, et al. 1962. Design of water resource system. Soil Science, 94 (2): 135-138.

Madani K, Zarezadeh M, Morid S. 2014. A new framework for resolving conflicts over transboundary rivers using bankruptcy methods. Hydrology and Earth System Sciences, 18 (8): 3055-3068.

Mahan R C, Horbulyk T M, Rowse J G. 2002. Market mechanisms and the efficient allocation of surface water resources in southern Alberta. Socio-Economic Planning Sciences, 36 (1): 25-49.

Mankiw N G. 2020. Principles of Economics. Stamford : Cengage Learning.

Matthews P J. 1995. Water quality objectives: a tool to ensure environmental protection and wise expenditure. Water Science and Technology, 32 (5-6): 7-14.

Mckinney D C, Cai X. 2002. Linking GIS and water resources management models: an object-oriented method. Environmental Modelling and Software, 17 (5): 413-425.

Minsker B S, Padera B, Smalley J B. 2000. Efficient methods for including uncertainty and multiple objectives in water resources management models using genetic algorithms//Computational Methods in Water Resources XIII: 567-572.

Mulvihill M E, Dracup J A. 1974. Optimal timing and sizing of a conjunctive urban water supply and waste water system with nonlinear programing. Water Resources Research, 10 (2): 170-175.

Nafarzadegan A R, Vagharfard H, Nikoo M R, et al. 2018. Socially-optimal and Nash Pareto-based alternatives for water allocation under uncertainty: an approach and application. Water Resources Management, 32 (9): 2985-3000.

Nyagumbo I, Rurinda J. 2012. An appraisal of policies and institutional frameworks impacting on smallholder agricultural water management in Zimbabwe. Physics and Chemistry of the Earth, 47: 21-32.

Odum H T. 2002. Emergy Accounting. Dordrecht: Springer.

Odum H T, Nilsson P O. 1997. Environmental Accounting-EMERGY and Environmental Decision Making. Forest Science, 43 (2): 305-305.

Oftadeh E, Shourian M, Saghafian B. 2016. Evaluation of the bankruptcy approach for water resources allocation conflict resolution at basin scale, Iran' s Lake Urmia experience. Water Resources Management, 30 (10): 3519-3533.

Pearson D, Walsh P D. 1982. derivation and use of control curves for the regional allocation of water resources. International Association of Hydrological Sciences, 275-283.

Percia C, Oron G, Mehrez A. 1997. Optimal operation of regional system with diverse water quality sources. Journal of Water Resources Planning and Management, 123 (2): 105-115.

Perera B, James B, Kularathna M. 2005. Computer software tool REALM for sustainable water allocation and management. Journal of Environmental Management, 77 (4): 291-300.

Prodanovic P, Simonovic S P. 2010. An operational model for support of integrated watershed management. Water Resources Management, 24 (6): 1161-1194.

Rao A S, Georgeff M P. 1991. Modeling rational agents within a BDI-architecture. KR, 91: 473-484.

Read L, Madani K, Inanloo B. 2014. Optimality versus stability in water resource allocation. Journal of Environmental Management, 133: 343-354.

Romijn E, Tamiga M. 1982. Multi-objective optimal allocation of water resources. Water Resources Planning and

Management, 108 (2): 217-229.

Rosegrant M W, Ringler C, Mckinney D C, et al. 2000. Integrated economic-hydrologic water modeling at the basin scale: The Maipo River basin. Agricultural Economics, 24 (1): 33-46.

Salewicz K A, Loucks D P. 1989. Interactive simulation for planning, managing and negotiating. IAHS publ, (180): 263-268.

Sechi G M, Zucca R. 2015. Water resource allocation in critical scarcity conditions: a bankruptcy game approach. Water Resources Management, 29 (2): 541-555.

Sethi L N, Panda S N, Nayak M K. 2006. Optimal crop planning and water resources allocation in a coastal groundwater basin, Orissa, India. Agricultural Water Management, 83 (3): 209-220.

Sheer D P. 1983. Assured Water Supply for the Washington MetropolitanArea. Marland: Interstate Commission on the Potomac River Basin.

Singh M G, Titli A. 1978. Systems: Decomposition, Optimisation, and Control. Oxford: Pergamon.

Somlyódy L. 1997. Use of optimization models in river basin water quality planning. Water Science and Technology, 36 (5): 209-218.

Tisdell J G. 2001. The environmental impact of water markets: An Australian case- study. Journal of Environmental Management, 62 (1): 113-120.

Wang L, Fang L, Hipel K W. 2008. Basin-wide cooperative water resources allocation. European Journal of Operational Research, 190 (3): 798-817.

Watkins D W, Mckinney D C. 1995. Robust optimization for incorporating risk and uncertainty in sustainable water resources planning. IAHS Publications-Series of Proceedings and Reports-Intern Assoc Hydrological Sciences, 231: 225-232.

Willis R, Yeh W W. 1987. Groundwater systems planning and management. Prentice-Hall, (3): 75-79.

Willis R, Finney B A, Zhang D. 1989. Water resources management in north China plain. Journal of Water Resources Planning and Management, 115 (5): 598-615.

Wong H S, Sun N, Yeh W W. 1997. Optimization of conjunctive use of surface water and groundwater with water quality constraints//Aesthetics in the Constructed Environment: 408-413.

Wooldridge M, Jennings N R. 1995. Intelligent agents: Theory and practice. The Knowledge Engineering Review, 10 (2): 115-152.

Yang Y S, Kalin R M, Zhang Y, et al. 2001. Multi-objective optimization for sustainable groundwater resource management in a semiarid catchment. Hydrological Sciences Journal, 46 (1): 55-72.

Yeh W W G. 1985. Reservoir management and operations models: A state-of-the-art review. Water Resources Research, 21 (12): 1797-1818.

Zaman A M, Malano H M, Davidson B. 2009. An integrated water trading-allocation model, applied to a water market in Australia. Agricultural Water Management, 96 (1): 149-159.

Zeleny M. 1973. Compromise programming, multiple criteria decision-making. Multiple Criteria Decision Making: 263-301.